高等学校学前教育专业教材

学前儿童发展心理学

XUEQIAN ERTONG FAZHAN XINLIXUE

王振宇◎主编

人民教育出版社

·北京·

图书在版编目（CIP）数据

学前儿童发展心理学/王振宇主编. —2 版. —北京：人民教育出版社，2015.7(2021.1 重印)
高等学校学前教育专业教材
ISBN 978-7-107-29780-9

Ⅰ. ①学…　Ⅱ. ①王…　Ⅲ. ①学前儿童—儿童心理学—发展心理学—高等学校—教材
Ⅳ. ①B844.12

中国版本图书馆 CIP 数据核字（2015）第 145799 号

高等学校学前教育专业教材　学前儿童发展心理学

出版发行	人民教育出版社 （北京市海淀区中关村南大街 17 号院 1 号楼　邮编：100081）
网　　址	http://www.pep.com.cn
经　　销	全国新华书店
印　　刷	人民教育出版社印刷厂
版　　次	2015 年 7 月第 2 版
印　　次	2021 年 1 月第 7 次印刷
开　　本	787 毫米×1 092 毫米　1/16
印　　张	25.75
字　　数	323 千字
印　　数	24 001~27 000 册
定　　价	38.30 元

出版说明

近年来，我国幼儿园教育的改革和研究受到高度重视，并取得了可喜的成绩。特别是2001年教育部《幼儿园教育指导纲要（试行）》的颁布，对幼儿园教育和幼儿园教师提出了更高的要求。培养幼儿教育师资的各高等院校学前教育专业也迫切需要高质量的新教材。为此，我们受教育部师范教育司的委托，组织高等师范院校的教师以及相关人员，编写了这套“高等学校学前教育专业教材”。

本套教材包含学前教育专业必修的基础理论课程和与实际工作密切相关的职业技能课程，提供了国内外学前教育的新理念、新方法、新成果，既有一定的理论高度，又有较强的操作性。主要供大学专科和大学本科学前教育专业使用，也可供幼儿教育管理者、幼儿园教师、幼儿师范学校和中职幼师班的学生参考使用。

本套教材的编写得到了教育部师范教育司和各地师范院校的大力支持，在此一并致谢。对于本套教材的疏漏和不足之处，欢迎广大师生在使用过程中提出宝贵意见。

人民教育出版社

幼儿教育课程教材研究开发中心

2010年6月

编 写 说 明

为了适应我国学前教育的发展和高等学校学前教育专业（本科学历）教学的需要，人民教育出版社委托笔者主持编写本教材。

一、本教材的特点

1. 指导思想的时代性。本教材力图最大限度地体现学科发展的新成果和新观念，充分反映学前儿童心理的主体性、客观性和规律性。

2. 理论体系的新颖性。本教材力图阐明儿童发展的多元性和复杂性，除着重阐述认知、情感、社会化三条心理发展主线的年龄特征和发展趋势外，还努力反映学前儿童在游戏和各类艺术活动中的心理特点，贴近学前儿童的主观世界。此外，本教材在介绍有关知识的同时，注重科学的儿童观和发展观的宣传，力图让学习者树立应有的科学精神。

3. 教学的实用性。本教材的知识组织是针对学前教育专业需要的。为了便于学习，本教材提供适量的信息栏，以解释相关的基本概念和提供必要的背景资料，提高学习的趣味性。

二、本教材的组成

1. 绪论，介绍学科研究对象、研究方法。

2. 发展中的学前儿童心理，阐述学前儿童（0～6 岁）认知、情感、个性有关因素的发展。

3. 交往中的学前儿童心理，阐述学前儿童的语言发展特点，学前儿童在亲子关系、同伴关系和各种社会行为中的心理特点。

4. 活动中的学前儿童心理，阐述学前儿童在音乐、美术等艺术活动和游戏中的心理特点。

5. 学前儿童的朴素理论，阐述与学前儿童的心理理论、朴素物理学、朴素生物学有关的研究成果。

6. 结语——学前儿童在发展中，阐述学前儿童心理发展的整体观及早期发展的心理价值。

三、本教材编写组

主　编：王振宇

编写者：王振宇（第一、二、六章）

庞建萍（第三章）

张　奇（第四章第一节第一部分和第二节）

周念丽（第四章第一节第二部分）

曹中平（第四章第三节）

鄢超云（第五章）

四、鸣谢

在本教材编写过程中，我们引用了大量的研究资料，凡直接引用者，我们都注明了出处。在此，我们向所有的研究者专诚致谢！

学前儿童发展心理学，是学前教育专业的重要课程，旨在让学习者认识学前儿童的心理特征和发展趋势，并树立科学的儿童观和教育观。教材建设是课程建设的核心，是学科建设的重点，是实现培养目标的依托。一本好的教材是介绍知识、启发思维、形成思想的载体，是编者与读者相互切磋的平台。教材编写又是一项繁重、细致的学术工作，需要接受教学实践的检验。我们诚挚地欢迎大家提出意见，以便不断提高教材质量。

王振宇

2015年5月

目 录

[第一章]
绪　论

本章提要

学前儿童发展心理学是发展心理学的一个分支，而发展心理学又是心理学科中的一个重要门类。考虑到大多数学生事先都不了解心理学科的基本知识，本章首先向大家介绍心理学的研究对象、研究方法，着重说明对心理的基本认识和对个体心理发展应该要树立的几个基本观点。本章所阐述的基本内容和基本观点，对于以后的学习和应用具有一定的引领作用。

有一位略带诗人气质的心理学家曾经这样描绘他心目中的儿童：

在儿童的身上集中着人类精神的本源：
儿童的执着，表现着人类求真的实验精神；
儿童的烂漫，体现着人类求美的艺术精神；
儿童的率真，反映着人类求善的道德精神。
在儿童清澈的明眸中，
闪烁着科学家的敏锐、艺术家的热情和哲学家的简洁。
我想，所谓成熟，
不过是重新体验儿时游戏的认真态度
和重新审视儿时积累的早期经验。
只有了解儿童，才会尊重儿童。

尊重儿童，就是尊重人类本身。①

每个人都有自己难忘的童年。作为学前教育专业的学生，我们将来的工作对象是学前儿童。因此在我们的生活中，儿童，是一个永远挥之不去的情结。儿童，反映着人生的美丽，激励着生活的信念，复制着人类的希望，传承着人类的文明。

图1-1 “让我看看!”——在儿童的身上集中着人类精神的本源
（叶雨昕提供）

但是，事实上，我们对儿童还了解得很少。因此，我们应该好好地研究儿童。

发展心理学是心理学的重要分支。发展心理学通常把人的一生划分为不同的时期，称之为年龄阶段。而划分年龄阶段的标准往往因研究重点的不同而不一致。本书为了突出研究对象学前儿童，特将整个儿童期做如下分段：

（1）胎内期，从受孕到出生，生命从受精卵分裂开始，历时 9 个月，快速演变为人类胎儿；

（2）新生儿期，从出生至 1 个月（医学上定为 28 天）；

① 王振宇编著：《儿童心理学》，江苏教育出版社 2000 年版。

（3）婴儿期，从出生后1个月至1岁；

（4）幼儿早期，1岁至3岁；

（5）幼儿期，3岁至6岁；

（6）童年期（学龄初期），6岁至11或12岁；

（7）少年期（学龄中期），11或12岁至14或15岁；

（8）青年初期（学龄后期），14或15岁至16或17岁。

从（1）到（5）统称学前期。

第一节　心理现象与心理学

每个人都有心理现象。例如，每个人的成长都要经过一定的发展阶段，每个人对所处的环境的刺激都有自己的感受，每个人都在与他人的交往中展现自己的交往技巧和道德品质，每个人都在实践活动中造就自己的性格特征和个性系统。因此，心理现象是人类最普遍、最熟悉，也是宇宙间最复杂、最深奥的现象。

一、心理学的研究对象

心理现象（简称心理）的具体形式是多种多样的。心理学通常把心理现象划分为心理过程和个性心理两大类。

（一）心理过程

无论何时何地，人都生活在环境之中。周围环境的种种刺激作用在我们的感觉器官上，大脑随即做出反映，于是我们便看到它们的颜色和形状，听到各种声音，嗅到各种气味等，这就是我们的感觉和知觉。我们经常回忆起感知过的事物和经历过的事情（即记忆）；对种种问题进行思考，做出决定（即思维）；我们还要与各种人交往，对有关的人物和事件表现出一定的态度，或爱或憎，或喜或忧（即情感）；我们还要不断地克服困难，排除干扰，把工作做好（即意志）。总之，人在自己的生活中，每时每刻（甚至在睡梦中）都在从事着形形色色的主观活动，如感觉、知觉、记忆、想象、思维、情感、意志等。所有这些活动，构成了人复杂的心理过程。

为了研究的方便，心理学把心理过程划分为三个具体过程，它们是认识过程、情感过程和意志过程。

认识过程包括感觉、知觉、记忆、想象和思维。思维是认识过程的核心。恩格斯称思维是“地球上的最美的花朵”①，因为它是高度发展的物质——人脑的本质活动。

情感过程是人在认识事物时产生的各种内心体验，如喜、怒、哀、惧等。

意志过程是人在活动中为了实现某一目的，对自己行为的自觉组织和自我调节。

心理过程是统一的，认识过程、情感过程和意志过程三者相互联系。认识过程是最基本的心理过程，它是情感过程和意志过程的基础；情感过程是认识过程和意志过程的动力；意志过程对认识过程和情感过程具有调控作用。

心理活动既表现在人的物质活动中，也表现在人与人的交往活动中。人们在交往活动中，必然有一个由陌生到了解的相互认识过程，并在这个过程中产生一系列情感体验，或喜欢，或厌恶。在人们的共同活动中，每个人都在不断地调节自己的言行，发挥意志过程的作用。

可见，无论是人的物质活动还是交往活动，都包含着复杂的心理过程。人的心理过程不是一成不变的。一方面，心理过程随着人的年龄的增长而不断分化，变得越来越精细；另一方面，心理过程随着人的活动的增加而日益复杂化。

（二）个性心理

个性心理简称个性。什么是个性呢？

一个人的心理过程的发展成熟水平，与其遗传素质、社会

---

①《马克思恩格斯全集》第20卷，人民出版社1971年版，第379页。

关系、所受教育和个人经验相结合，最终整合成一个人的总的精神面貌。这种总的精神面貌，称为个性。

个性并不是人一出生就有的，而是一个人的心理发展到一定程度以后形成的。个性形成后，人们会在自己的行为中表现出完整的、稳定的有社会意义的特征。无论在什么情景中，每个人总是按照一定的思维模式和行为模式处理事物。例如：有人凡事都严谨缜密，有人老是粗枝大叶；有人倾向于把成功归因于自己的能力和努力等内部因素，有人倾向于把失败归因于任务太难或运气不佳等外部因素。又如，每个人的言行既与他的社会地位、社会关系相联系，也与他的道德品质、文化修养、价值观念等相联系。再如，每个人在活动中总会表现出与他人不同的心理特征：有人多才多艺，有人一无所长；有人风风火火，有人老成持重。这些模式是固定的、可以预测的。

儿童的个性发展是一个长期的过程。对于学前儿童来说，他们的个性远没有形成。但学前儿童会在活动中表现出某些个性的因素，如一定的性格特征、特定的兴趣倾向或某些特殊能力等。这些个性特征还没有整合成稳定的、完整的系统。

心理过程和个性心理两者是不可分割的，它们相互作用，形成一个人复杂的心理现象。心理过程是个性心理形成的基础，而个性心理形成后又直接影响着心理过程。

心理过程和个性心理共同构成心理学的研究对象。心理学就是研究心理现象及其发展规律的学科。在人类知识的科学体系中，有两千五百多门学科。由于心理学是研究人自身的重要学科，因此，心理学在科学体系中处于中心的位置。

人类祖先很早就关注自身的心理现象，中外的许多思想家对心理现象发表过各种见解。例如，先秦思想家孟子关于人性的性善说和荀子的性伪说，集中表达了中国先哲们的心理观。古希腊的毕达哥拉斯（Pythagoras）对灵魂问题做了系统探索，认为人的灵魂是不朽的。亚里士多德（Aristotle）的《论灵魂》是一部系统阐述人的灵魂和心理的哲学著作，对身心关系表达出二元论的倾向。但所有这些探讨人类心理现象的学说和著作都是哲学取向的思辨，缺乏科学的规范。直到1879年，德国心理学家冯特（W. Wundt）在莱比锡大学设立第一个心理学实验室，才标志着科学心理学的诞生。心理学作为一门独立的学科，至今才一百三十多年。难怪德国心理学家艾宾浩斯（H. Ebbinghaus）说，心理学有漫长的过去，但只有短暂的历史。随着社会实践的需要和科学研究的深化，尤其随着人类对自身价值认识的提高，心理学有了蓬勃发展，学科分支的分化和整合层出不穷。

二、对心理的基本认识

科学心理学面临的两个基本问题是“心理的本质是什么”和“怎样研究心理”。下面着重说明第一个问题，第二个问题在本章第二节加以说明。

（一）心理具有物质基础

脑是心理的器官，心理是脑的机能，正如我们说肺是呼吸的器官，呼吸是肺的机能一样。

人脑是一种高度发展起来的物质，它无比精细，极度分化又高度组织化。这些特性确保了人类在地球上“万物之灵”的物种优势。如果没有人脑，人类在地球上就会是很不起眼的物种。

1. 人脑的结构

人脑由高级神经中枢和低级神经中枢构成。

高级神经中枢指大脑。大脑位于脑的顶部，分左右两半球，占整个脑重的80%。大脑表面覆盖着平均厚度为2.5毫米的灰质层，叫大脑皮质，简称皮质。大脑皮质是控制整个机体活动的最高管理者和调节者，由1 000亿个脑细胞分6层组成。脑细胞上长有突触，相互之间通过突触发生联系。它们按不同的密度、大小和类型互相交错在一起。灰质下面是白质。白质由脑细胞延伸出来的神经纤维组成。这些纤维纵横交错，相互联系，组成一个极度复杂的“有线通信网络”。大脑皮质可分为四个部分：额叶、顶叶、颞叶和枕叶（见图1-2）。人的额叶是进化过程中新发展起来的部位，占大脑皮质表面积的29%。脑科学研究成果表明，大脑是一个动态的结构，这个结构的发展和成熟，不仅取决于遗传因素，也取决于学习经验。学习经验会促使神经细胞长出新的突触，并影响大脑的结构。①

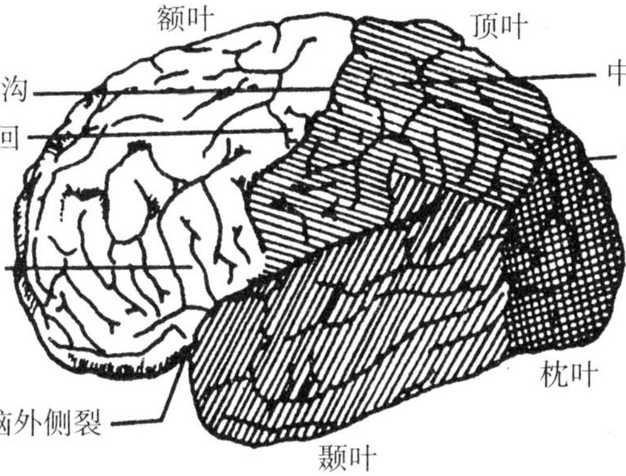

图1-2 大脑半球背外侧面图

低级神经中枢指大脑以下的中枢神经各部位，包括延髓、脑桥、中脑、间脑和小脑（见图1-3）。从种系进化的角度看，低级神经中枢的历史要比高级神经中枢来得悠久。从个体发展的角度看，低级神经中枢的形成和发展也早于高级神经中枢。低级神经中枢除了有传递和过滤神经信息（神经冲动）的功能外，还对维持生命的基本活动起重要的作用，如维持心跳、血压，发生吞咽、咳嗽、喷嚏反射，平衡和协调身体运动，调节自主神经活动等。同时，低级神经中枢还具备接受感觉信息、调节情绪和维持机体觉醒状态的功能。低级神经中枢的活动受高级神经中枢的控制。

---

① 参阅［美］J. D. 布兰思福特等编著，程可拉等译：《人是如何学习的——大脑、心理、经验及学校》，华东师范大学出版社 2002 年版，第五章。

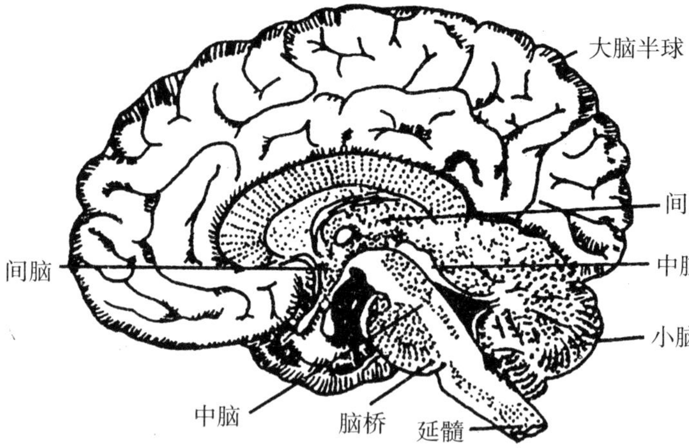

图1-3　脑的纵剖面图

脑和脊髓构成中枢神经系统。中枢神经系统向全身各部位发出的大量神经纤维组成外周神经系统。外周神经系统与感觉器官、肌肉、骨骼、内脏、腺体等相联系，形成从外周到中枢又从中枢到外周的信息环路。神经信息在这个环路中以每小时360千米（即100米/秒）的速度传递。一个信息不需0.1秒便传遍全身！

人脑的复杂结构为人的复杂心理现象提供了物质基础。

人脑的结构受遗传基因的控制，而控制人脑结构的基因又是人类几十万年来进化的结果。关于这方面的知识请参阅遗传学教材的有关内容。

2. 大脑的功能

正确认识大脑的功能比了解大脑的结构更为困难。心理学家把大脑比喻为一只“黑箱”，人们无法把它打开来直接观察，只能通过间接的方法加以研究。

（1）高级神经活动学说与心理。在揭示大脑皮质功能的学说中，苏联生理学家巴甫洛夫（И. П. Павлов）的高级神经活动学说最具影响。这个学说认为，神经系统最基本的活动方式是反射。反射是机体的神经系统对刺激做出的规律性的应答活动。反射按起源分为两类：无条件反射和条件反射。

无条件反射是先天固有的、不变的反射，由低级神经中枢控制。如新生儿生来就会吸吮，光线刺激引起瞳孔变化等，都属于无条件反射。

条件反射是后天形成的、容易变化的反射。每当无条件反射与某种无关刺激多次结合后，无关刺激获得信号的功能，引起无条件反射，就表明一个最初级的条件反射形成了。在初级条件反射的基础上，还可以建立更复杂的条件反射。如学校里的铃声对我们来说，具有多重的信号意义，可以引发我们不同的活动：起床、上课、吃饭、休息等。形成条件反射的信号有两类：一类是具体信号，包括环境中的各种刺激；另一类是抽象信号，如人类的语词。抽象信号是人类社会活动的产物。

按照巴甫洛夫的观点，条件反射是心理活动的生理基础。事实上，关于心理与生理之间的关系，仍是当代科学与哲学艰苦探索的重大课题。

（2）大脑的机能与心理。大脑的机能主要是接受、分析、综合、贮存和发布各种信息。机体的所有感觉器官都把刺激信息由神经传入大脑，经过大脑皮质的加工、整理、决策，然后发出信息，控制各器官和各系统的活动。各器官和系统的活动状况又会通过信息环路报告给大脑，以便做进一步的调节。

大脑两半球各自管理身体对侧的那一半，也就是说，左半球主管身体的右半侧，右半球主管身体的左半侧。大脑皮质上的四个叶在机能上也有分工。枕叶与视觉有关，颞叶与听觉有关，顶叶与躯体感觉有关，额叶在人的心理活动中具有特殊的作用，控制着人的有目的、有意识的行为。有研究表明，额叶受伤的病人智力下降，无法解答算术应用题，还会出现性格上的障碍。原本性格很温和的人，一旦额叶受伤，就变得暴躁、粗野，不能自制。大脑皮质各部位既分工又合作，在机能上相互联系，相互协调。关于人脑研究的成果表明，大脑皮质的绝大部分不承担具体的感觉和运动的功能，因而可以集中用于高级的心理过程，如思维。

大脑具有不对称性，左右两半球各有不同的优势。通常左半球的机能是阅读和计算，保障连贯的分析性的逻辑思维。右半球运用形象信息，保证空间定向、音乐知觉，以及对情绪、态度的理解。大脑两半球的机能不对称性是一个人在活动中逐渐稳定下来的，也是相对的。

大脑的机能同样也受学习经验的影响。学习经验能使神经细胞变得更加有力和有效，从而增强大脑的协调模式，如更有效地选择感知信息的输入，更准确地决策，增强记忆的持续性等。

通过以上分析，我们可以归纳出：脑是心理的器官，是心理活动的物质基础。心理是脑的机能。大脑的活动产生并制约着人的心理活动。同时，大脑的结构和机能也受学习经验的影响。

（二）心理具有客观源泉

心理是脑的机能，但人脑并不会自发地产生心理。

人的各种心理现象，都是人脑对外部世界的反映。外部世界是客观现实，客观现实是指在人的心理之外独立存在的一切事物，它们构成了人类赖以生存的环境。当这种客观现实通过感觉器官作用于人脑后，人脑就对它产生了映象，就是人的心理。

为了研究的方便，人们把赖以生存的环境分为物质环境和社会环境两大类。物质环境既包括各种自然现象，如天体宇宙、山河湖海、四季更替、飞禽走兽，也包括人造的环境，如城市、乡村、住宅、交通等。社会环境大到文化传统、风俗习惯、社会制度、社会规范，小到家庭、学校、同伴团体及各种人际关系。所有这些客观存在的事物以及一切事物之间的关系，都是人脑反映的对象，没有这些客观存在，就失去了心理活动的实际内容。因此，我们说，心理活动具有客观源泉。作为心理的源泉，物质环境和社会环境是相互联系的。事实上并不存在相互割裂的物质环境或社会环境。但从心理学的研究来看，社会环境对人的心理具有特别重要的作用。

（三）心理具有主观能动性

我们在阐述“心理具有客观源泉”时，讲到只有当客观现实作用于人脑时，人脑才对它产生映象。这里的“作用于”并不能理解为大脑只是简单地、被动地接受外部刺激，像镜子反映物像那样。心理对客观现实的反映是一种主观的、能动的反映。

所谓主观能动的反映，是指人脑对现实的反映受个人态度和经验的影响，而且，个人当时的主观状况，如情绪、动机、觉醒水平等，都会影响对现实的反映，从而使反映带有个人的特点。为了说明这一点，让我们看图1-4。立方体中有两个顶角 x 和 y，哪一个角离你近些？你会饶有趣味地发现：一会儿顶角 x 近些，这时你是从上往下看；一会儿顶角 y 近些，这时你是从下往上看的。这一类图形称为两可图。在现实生活中，我们观察外部世界，比看两可图更复杂，也就更需要结合个人的态度了。人们总是从事物与自己的关系上来决定自己的行为（见信息栏1-1）。心理一方面反映客观现实的性质和特性，另一方面反映个人对现实的态度。也就是说，个人对客观事物的认识、陈述和规定往往带有主观的色彩。

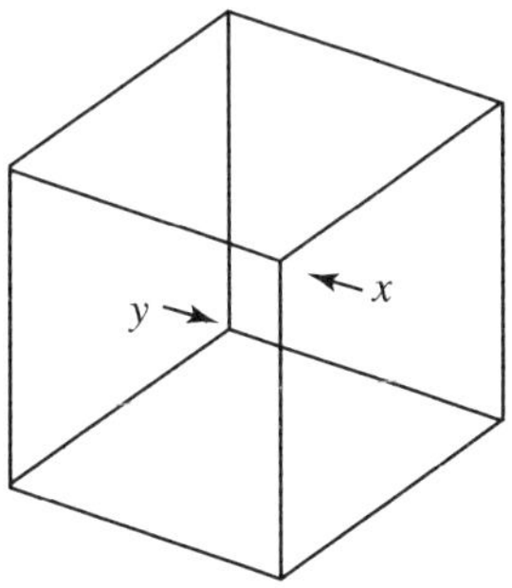

图1-4　两可图形

信息栏1-1　把钱捐给谁？

美国的一位社会心理学家在大学生中做了一个实验。他向大学生介绍了三种情况：一是非洲某国发生严重旱灾，许多人面临饥荒和死亡的威胁；二是学校里有一个学生因无力承担学费而面临辍学的困境；三是系办公室欲添置一台复印机供学生使用。参加实验的学生以无记名的方式自由选择捐款的对象。结果是：85%的学生捐款买复印机，12%的学生捐款给经济困难学生，3%的学生捐款给非洲难民。实验表明，大学生都有助人的愿望，但更关心与自己切身利益相关的事情。

此外，个人的经验也左右着对现实的反映。人们总是按个人已有的经验去理解眼前的事物，把眼前的事物与原有的经验接轨，努力理解新事物，并接受新事物；否则，人们很难接受新事物。原有的经验对新事物的认识具有两重性——可能帮助和加速理解，也可能阻碍和拒绝理解。

人的心理的主观能动性还表现在它能支配和调节人的行为，能反作用于客观现实，改造自然，改造社会，以满足人们的各种需要。人的心理活动与人的需要相联系，具有一定的动机。在行动之前，人总是对行动的可行性进行反复论证，权衡得失，对行为方式做出抉择。而且，人的行为不断地接受大脑的评价和修正（即反馈）。心理的这一能动性，使人的行为程序前后一致，保证了内部动机与外部行为结果之间的统一。

当然，人的心理的主观能动性的大小依赖于人们对客观规律的认识水平，并且也要接受社会道德的规范和衡量。发挥主观能动性的最高境界是实事求是，也就是尊重自然规律，遵守自然规律，按科学精神办事，既要克服无所作为的消极观念，也要克服藐视自然、违背科学规律的唯意志论；否则，人类不可避免地要受到自然规律的惩罚。

总之，人的心理一方面受客观现实的制约，另一方面受人的主观条件的影响。因此，心理是主观与客观相互作用的结果。

信息栏1-2　　反射、反应和反映

教材中经常出现三个“反”：反射、反应和反映。你能加以分辨吗?

反射是神经系统对外界刺激所做的有规律的应答，是神经系统的最基本的活动形式。

反应是指有机体对刺激的回答，是与刺激相对应的概念，是刺激产生的结果。各种刺激引起人的一切心理活动，包括言语在内，都是反应。

反映是物与物相互作用留下痕迹的过程。反映有不同的形式，人的心理是最高级的反映形式。人的心理的最高层次——意识不仅能反映事物的现象，而且能反映事物的本质和规律，并且能指导人的行动。反映是哲学，尤其是认识论范畴的重要概念，也是心理学的重要概念。

（四）心理具有发展过程

无论是从人类的种系还是从个人的一生来看，心理都是不断发展的。对于一个人（心理学通常称“个体”）来说，从出生到成熟期间，心理发展的总趋势是从简单到复杂、从低级到高级、从混沌到分化的上升过程。而从成熟到衰老期间，心理发展的总趋势是从健全到衰减、从灵活到呆板、从清晰到朦胧的下降过程。

自从奥地利心理学家弗洛伊德（S. Freud）提出儿童心理发展阶段论后，心理发展呈阶段性已经成为大多数发展心理学家的共识。美国心理学家埃里克森（E. H. Erikson）把人的一生划分为八个阶段，更强调终生发展的观念。无论从哪个角度来划分阶段，阶段与阶段之间是相互联系的。前一阶段的出现为后一阶段做好准备，后一阶段的出现又包含着前一阶段的特性。比如，一个成人的思维水平已达到逻辑思维的水平，但他仍保留着形象思维和动作思维的能力。心理的发展不仅是量的增加，更重要的是质的变化。以思维为例，一个人思维水平的发展，不仅仅表现在解决某一类问题的速度上（量的变化），更表现在能解决不同水平的问题上（质的变化）。

儿童的心理发展最能体现这个发展过程。

综上所述，我们可以归纳为：心理是脑的功能，脑是心理的器官；心理是脑对客观现实的主观反映，客观现实是心理的源泉；心理是发展的；心理学是研究心理现象及其发展规律的学科。

第二节　学前儿童发展心理学及其研究方法

学前儿童发展心理学（简称学前儿童心理学），是一门专门研究学前儿童（0～6岁）心理特点和心理发展规律的学科。

学前儿童发展心理学是发展心理学的分支之一。发展心理学包括动物心理学、儿童（0～17岁）心理学、青年心理学、中年心理学和老年心理学等。儿童心理学是发展心理学的主体，学前儿童发展心理学是儿童心理学的前端。

一、学前儿童发展心理学的任务

（一）学科的沿革

人类对儿童的重视和研究是近二百年的事。在漫长的历史长河中，儿童并不被当作独立的个体，而只被作为比较小、比较弱、比较笨的成人。人们认为，儿童只有在成人社会中按成人的规范生长，变得强壮和聪明起来，才显露他们身上确实始终存在的成人特征。错误的儿童观导致错误的教育观，体罚儿童成了传统经验，更由于社会生产力的低下，保育、医疗条件差，加上受宗教和习俗两方面的错误观念的影响，婴儿死亡率非常高。儿童的成长是一件十分艰难的事情。如今，人们习惯于把“发现儿童”归功于17世纪英国哲学家洛克（J. Locke）和18世纪法国启蒙思想家卢梭（J. Rousseau）。洛克摈弃了传统的性恶论和性善论，指出儿童天生既不是善良的，也不是罪恶的，儿童的心理最初只是一块白板，它的变化取决于后天的学习和经验。人类之所以千差万别，便是教育之故。他反对体罚儿童，明确提出好的教育应是向儿童提供好的榜样和让儿童反复练习，习惯成自然。卢梭进一步明确提出：“儿童是有他特有的看法、想法和感情的；如果想用我们的看法、想法和感情去代替他们的看法、想法和感情，那简直是最愚蠢的事情。”① 他指出，儿童教育要顺应自然，不能催熟，不应体罚，教育要注意个别差异，不要造就“稚气的博士和衰老的儿童”。在我国悠久的传统文化中，儿童虽然没有得到过任何主体的地位，但在文学艺术作品、哲学论著、医学专著、教育论集中，有关儿童成长及儿童身心特点的描写和阐述，也不乏真知灼见。比洛克早 160 年出生的明代思想家王守仁（阳明）曾说：“大抵童子之情，乐嬉游而惮拘检，如草木之始萌芽，舒畅之则条达，摧挠之则衰痿。”对儿童的教育应“趋向鼓舞，中心喜悦，则其进自不能已”，而不要“日惟督以句读课仿，责其检束”，更不可动辄“鞭挞绳缚，若待拘囚”。② 中外先哲的这类儿童观对现代儿童心理学和学前教育，无疑具有启蒙意义。1882 年，德国儿童心理学家普莱尔（W. Preyer）根据对自己孩子三年的观察所撰写的《儿童心理》一书出版，标志着儿童心理学的诞生。一百多年来，儿童心理学，包括学前儿童心理学，作为发展心理学的分支，无论在研究范围还是研究方法上都取得了长足进步，为认识儿童心理的特点和发展规律做出越来越大的贡献。

（二）学前儿童发展心理学的研究任务

第一，阐明学前儿童心理的特征和各种心理过程的发展趋势。

0～6 岁是人生的初始阶段。学前儿童的身心处于快速的发展之中，他们有既不同于成人，也不同于学龄期儿童的心理特点。这些特点一方面具有阶段性，明显地反映出初始阶段的特点，另一方面又有持续性，对人的终生发展具有某种后效作用。对于学前儿童来说，各种心理过程都有其发生和发展的规律和趋势。如有关学前儿童认知、情感、社会化的发生和发

① ［法］卢梭著，李平沤译：《爱弥儿——论教育》上卷，人民教育出版社 2001 年版，第 88 页。

② 转引自孟宪承选编，孙培青注释：《中国古代教育文选》，人民教育出版社 2003 年版，第 286 页。

展，以及这些发展对个性最终形成的作用的研究，能使我们认识学前儿童心理发展的整体性和连续性。

第二，揭示儿童心理发展变化的机制。

20 世纪 50 年代以前，儿童心理学偏重于对儿童行为的记录和行为模式的归纳。随着研究的深入，儿童心理学进一步注重揭示儿童心理为什么会发生，为什么得以发展，什么因素在推动着儿童心理的发展，儿童心理发展的条件是什么。这些问题就是发展的机制。归纳起来，这一任务就是要回答以下理论问题：

（1）关于遗传和环境（或称成熟和学习）在儿童心理发展中的关系；

（2）关于儿童心理发展的因素（动力）；

（3）关于儿童心理的量变与质变、连续发展与发展阶段的关系。

阐明发展趋势和揭示发展机制这两大任务是不可分割的。第一个任务是基础性的，第二个任务是本质性的。因为只有完成第一个任务，我们才有认识儿童的可能，而完成第二个任务，我们才能真正掌握儿童心理发展的本质规律，才能有效地促进和预测儿童心理和行为的变化。

两大任务的核心是“发展”。发展是个体在活动中整个反映结构不断改造更新的过程。更准确地说，“发展是由一种新结构的获得或从一种旧结构向一种新结构的转化组成的”① 过程。发展并不是简单的数量积累或直观的位置移动，也不是单纯的内部次序的轮回。发展，意味着一个结构的内部出现了新性质的改变。

为了阐述发展，在儿童心理学范畴内涌现出了众多的流派，对于认识儿童心理发展的实质具有重要的意义。

---

①［美］卢文格著，韦子木译：《自我的发展》，浙江教育出版社 1998 年版，第 31 页。

（三）学习学前儿童发展心理学的意义

第一，探索学前儿童心理发生和发展的规律，充实儿童心理发展理论体系，促进心理科学的发展。

儿童心理学自诞生以来，无数的学者运用各种研究方法收集儿童心理发展的基本事实，归纳和揭示了儿童期心理发展的基本规律，总结出各种儿童心理发展的理论，促进了儿童心理学本身的发展。由于理论和研究方法的制约，0～6 岁学前儿童心理的研究一直是个薄弱环节。当代发展心理学的研究成果越来越清晰地表明，学前儿童具有出乎意料的心理能力，生命的最初阶段对今后心理发展具有重要影响。因此，学习学前儿童发展心理学使我们能正确认识学前儿童的心理特点，也能帮助我们认识人类意识的起源。我们知道，宇宙、生命和意识是人类科学努力探索的三大主题。心理学是研究意识的重要学科之一。儿童心理的发生和发展与人类心理的发生和发展具有某种程度的相似性。恩格斯指出："正如母体内的人的胚胎发展史，仅仅是我们的动物祖先以蠕虫为开端的几百万年的躯体发展史的一个缩影一样，孩童的精神发展则是我们的动物祖先、至少是比较晚些时候的动物祖先的智力发展的一个缩影，只不过更加压缩了。"① 学前期是人一生中身心发展最快的阶段之一，研究学前儿童心理与脑、环境（包括教育）的关系，研究儿童动作发展和各种活动与思维发展之间的联系，充分认识学前儿童心理发生和发展的过程和规律，对于认识人类心理（或称意识）的重要性是显而易见的。

第二，为一切有关儿童的实际工作提供科学依据。

学前儿童发展心理学的研究成果对一切有关儿童的实际工作都具有指导作用。

首先，为学前教育提供心理学依据。学前儿童具有身心的特殊性，相应的保育和教育必须适应他们的水平和需要。对于

① 《马克思恩格斯选集》第 4 卷，人民出版社 1995 年版，第 383 页。

强调“早期教育”的当代学前教育来说，培养了解学前儿童心理特点的教师队伍，更是时代的基本要求。任何一个真正热爱和认真对待学前教育的人都不可能否认这一点。

其次，学前儿童发展心理学为儿童心理健康、儿童医疗和保健提供必要的知识，有助于宣传普及“优生优育”的先进理念，维护儿童心理健康发展，有利于评定儿童心理发展的水平，诊断和治疗儿童心理方面的疾病，尤其与儿童智力发育不全、儿童神经精神病的诊断和治疗有着密切的关系。

最后，学前儿童发展心理学对儿童文学艺术的创作、儿童玩具的设计和制作、儿童服装的设计、儿童食品的开发和调配等具有广泛的指导意义。

随着研究的深入，学前儿童发展心理学必将对正确认识儿童的特点、保护儿童和谐发展、维护儿童的合法权益、提高儿童生命质量和推进社会文明进步做出应有的贡献。

二、学前儿童发展心理学的研究方法

学前儿童发展心理学的研究方法既有儿童心理学研究方法的普遍性，又有本学科的特殊性。儿童心理学的研究方法包括实证研究法和理论研究法两大类。

（一）实证研究法

英国哲学家培根（F. Bacon）说：“科学是实验的科学，科学就在于用理性方法去整理感性材料。归纳、分析、比较、观察和实验是理性方法的主要条件。”① 儿童心理学与其他学科一样，重视用理性方式去整理感性材料。任何从事科学研究的人总是对两种变量之间的关系发生兴趣，并努力找出它们之间的内在逻辑关系。为此，研究者通常通过一定的控制手段，观察、测量自变量和因变量之间的相应变化，从这些变化中找

① 转引自《马克思恩格斯全集》第 2 卷，人民出版社 1957 年版，第 163 页。

出规律来。

任何研究都有一个时间上的取向。据此，我们把研究分为横断研究和纵向研究两种类型。

横断研究指在同一时间对某个年龄组或几个年龄组的儿童的心理发展水平加以观测，求出某种心理水平的代表值，或求出几个年龄组儿童的代表值并加以比较。

纵向研究指对一个或一组儿童进行定期的系统的随访观测（即追踪），找出心理发展过程的特点。

这两种类型的研究各有千秋。横断研究的焦点在同一时刻的大规模样组的行为上，能在较短的时间内得到同一年龄或几个年龄组被试的大量数据，比较节省时间和精力。大规模样组的数据比较有代表性和稳定性。但这种方法由于时间较短，难以寻找发展的连续性和转折点，也难以分析出儿童早期经验对当前反应的影响。此外，如果研究者在组织样组时控制不当，容易形成抽样误差，造成虚假结果。纵向研究倾向于对一个人或一组人的发展做连续的观察和说明。它的最大优点在于可以使研究者随着时间的进程，直接地测量个体变化的速率，取得发展的第一手资料。纵向研究对于探索某种心理现象的稳定性（或不稳定性）和发展快慢是必不可少的，如早期经验对后期行为的影响、一个智力特殊儿童的心理特点、自闭症儿童的行为变化等，都适合进行长期追踪研究。但这类研究耗时费力，对象有时缺乏典型性，且难以保持长期的合作关系。

信息栏1-3　　被试、样组和抽样误差

从理论上讲，科学研究的对象越多，结果也越具有代表性。但实际上，研究受人力、物力、时间等条件的限制，我们不可能把研究范围里的所有对象都找来作为被试。当研究某一年龄或具有某一特性的对象时，研究者在研究范围里抽取一部分人（或单位）作为被试，组成一个有代表性的被试组——样组（也称样本），通过研究这个样组取得一定的资料和数据，再根据这些资料和数据来推测全体的情况。抽取样组最根本的原则是要有代表性，能反映总体的特性。一般而言，心理学研究要求采取随机性原则，保证一个研究范围内的所有对象被抽取的可能性是同等的。

通常，我们把30人以下的样组称为小样组，超过30人的样组称为大样组。

如果研究者违背随机性原则，抽取的样组缺乏足够的代表性，如被试太少，或所得的数据偏向于高分或低分的一端，那么，根据由样组所得的资料和数据推测全体的情况就会产生误差。心理学把抽样导致的误差称为抽样误差。

既然横断研究和纵向研究各有利弊，彼此又不可代偿，最好的途径是将两种研究结合起来，综合利用。如欲研究0～6岁学前儿童的情绪发展，研究者可以选择0岁、2岁、4岁儿童若干名，进行为期2年的定期或不定期观察。2年期满后，便得到0～2岁、2～4岁、4～6岁儿童情绪发展的连续资料。

横断研究和纵向研究可以具体体现为以下三种方法。

1. 观察法

观察法是有计划、有目的地观察儿童在一定条件下言行的变化，做出详细的记录，然后进行分析处理，从而判断他们心理活动特点的方法。

观察法是科学研究最基本的方法。通过观察，人们可以收集到最直接的资料，包括事件发生、发展的过程和相关的数据。按不同的维度，观察法分为以下几种具体类型。

从时间上看，分为长期观察和定期观察。长期观察指研究者在一个相当长的时期内，连续进行系统观察，积累资料，并加以整理和分析。定期观察指按一定的时间间隔持续观察（如每周一次），到一定阶段后予以总结。

从范围上看，分为全面观察和重点观察。全面观察指在同一研究中对若干心理现象同时加以观察、记录。重点观察则是在同一研究中只观察、记录某一种心理现象。

从规模上看，可分为群体观察和个体观察。群体观察指研究者的观察对象是一组儿童，记录这一群体中发生的各种行为表现。个体观察又称个案法，是对某一特定儿童进行专门的观察。个案法是一种最简单、最直接的心理学研究方法，具有启蒙和试点的作用。

图1-5　皮亚杰在街心花园观察儿童游戏

2. 调查法

调查法包括谈话法、问卷法、测验法和产品分析法四种。

谈话法，指研究者根据一定的研究目的和计划直接询问儿童的看法、态度，或让儿童做简单的演示，并让他们说明为什么这样做，以了解他们的想法，从中分析儿童的心理特点。结合简单演示的谈话法又称临床法。

问卷法，指根据研究目的，以书面形式将要收集的材料列成明确的问题，让被试回答。更为常用的形式是将一个问题回答的各种可能性罗列在问卷上，让被试圈定，研究者根据被试的回答来分析结果。

测量法，指用编好的心理测验作为工具，测量儿童的某一行为表现，然后将测得的数据与心理测验提供的平均水平相比较，可以看出被试的个别差异。在心理学中，测量法常用于测量智力和个性特征。

产品分析法，指研究者从儿童的艺术作品或作业、日记、考卷中分析儿童的心理特点。婴儿的涂鸦、幼儿早期的绘画就是值得分析的产品。

3. 实验法

实验法是一种有计划、有控制的观察。研究者根据一定的研究目的，事先拟订周密的计划，把与研究无关的因素控制起来，在一定的条件下引发被研究者的某种行为，从而研究一定条件与某种行为之间的因果关系。在心理学中，通常把实验的研究者称为主试，把被研究者称为被试。实验法是一种较严格的、客观的研究方法，在心理学中占有重要位置（见信息栏1-4）。实验法既可以在实验室里进行，也可以在被试原有的环境中进行。对学前儿童开展的研究，更适合在儿童熟悉的自然环境中进行。

信息栏1-4　如何用实验法对婴儿进行研究

婴儿，包括新生儿都不会说话，无法报告自己的感受，人们如何用实验法对婴儿进行研究呢？

在婴儿知觉研究中，最有效的行为测量是注视行为。心理学家发现，婴儿并不是毫无区别地看待周围环境中的各种刺激，而是能发现身边某些刺激比另一些刺激更有趣。他们对感兴趣的刺激注视时间比较长，对不感兴趣的对象注视时间比较短。研究者利用这一特点，设计一种专门的装置，让婴儿躺在装置里，装置的上部开有两个孔，通过这两个孔向婴儿呈现一对刺激。一种专门的仪器能准确地记录婴儿眼球运动的轨迹和对某一刺激注视的时间，从而确定婴儿对哪一个刺激更感兴趣——视觉偏好。例如，通过这一装置，研究者发现婴儿对人脸有特殊的偏好。其他感觉也有偏好，如有人发现，新生儿偏好母亲的声音。

根据婴儿对刺激注视时间不同的特点，心理学家还进一步创设了习惯化、去习惯化的研究方法。

如果多次让婴儿接受一种刺激，由于对原有刺激形成习惯化，婴儿会减少对它的注视时间。这时再呈现一个新的刺激，婴儿会对新刺激去习惯化，表现为注视时间延长。此外，许多研究者还利用婴儿其他的非言语行为（如吸吮、转头、眨眼、伸手）以及某些生理反应（如心跳频率）等指标推断婴儿的知觉情况。我们都知道，吸吮是婴儿最成熟的天性，如果我们已经测到一个婴儿在正常情况下的吸吮频率，那么，他在一个新刺激的作用下表现出吸吮频率加快，吸吮频率的变化就是对新刺激反应的指标。利用这些方法，儿童心理学家在最近的几十年里，设计了许多精彩实验，收集到众多关于婴儿的心理资料，发现婴儿的知觉、记忆甚至其他认识能力大大超出人们的常识。所有这些成果有力地促进了儿童心理学对婴儿心理的研究，使儿童心理学对早期儿童的认识变得充实起来。

科学研究每一次在方法上的突破，都会极大地促进学科知识的发展。

儿童心理学还从文化人类学中引进了跨文化研究法，即在不同的文化背景中，运用相同的方法收集资料并加以分析，目的在于比较不同社会文化背景对儿童发展的影响，从而了解哪些发展模式具有普遍意义，哪些特点只是特定文化的产物（见信息栏1-5）。

信息栏1-5　　心理的文化差异

在不同的文化中，心理既有相似之处，也有差异。

许多国家的心理学家对瑞士心理学家皮亚杰（J. Piaget）的儿童守恒实验和美国心理学家科尔伯格（L. Kohlberg）的儿童道德发展阶段研究进行了跨文化的验证，发现其研究结论具有普遍性。

而不同文化中的心理差异也是十分有趣的。如日本的母亲及日本和美国的儿童都认为在百货大楼里迷路是件令人生气的事，而美国的母亲则体会到害怕。南太平洋的萨摩亚人在言语中不区分憎恨和厌恶。

又如，在一些需要复述或组织策略的学习中，受过学校教育的西方儿童的回忆成绩优于其他社会中未受过教育的儿童，但他们对故事或视觉场景的回忆并没有什么优势。澳大利亚土著中的儿童对物体排列位置的记忆，优于英裔澳大利亚儿童。

在同一文化中也存在亚文化的差异。如在西方文化中，与美国的父母和教师相比，德国的父母和教师对儿童的策略训练更直接，因而德国儿童比美国儿童更倾向于自发地使用组织策略。在我国的文化中，不同民族的儿童在道德发展中也各有特点。有学者研究发现，在公正观发展方面，对无意的人身伤害，各族儿童反应一致，而对有意的人格侮辱，各族儿童的不满意有显著差异。蒙古族儿童较多以服从作为公正判断的原则，彝族儿童多数主张对等原则，维吾尔族儿童则多数以公道作为公正的原则。

以上介绍的研究方法注重收集数量化的资料和数据，研究两个现象之间可能存在的内在关系。尤其是实验法，人们更倾向于通过它探求事物之间的因果关系。我们把这类实证研究称为量化研究。这类研究具有良好的组织性、严密性、概括性，是心理学的主流研究。但人的心理具有高度的完整性和复杂性，很难像物理学、生理学的研究那样严密控制，也不可能完全分解开来孤立研究。近年来，心理学引进了社会学的“质的研究”、生态学的真实环境研究等方法，在研究对象的选取上采用人种心理学（ethnopsychology）的定点对象选择法，大大拓宽了研究的视野。① 在学前教育领域里，有日益受到重视

① 参阅陈向明著：《质的研究方法与社会科学研究》，教育科学出版社2000年版。

的行动研究法。①

研究方法是收集资料和数据的手段，不是研究工作的框框。在实际研究中，研究者不必拘泥于单一的方法，作茧自缚。明智的态度是根据需要，将各种研究方法综合起来灵活使用，以便从多维度、多层次收集第一手资料。

（二）理论研究法

研究儿童心理的发展，除了大量采用实证研究法之外，还需要采用理论研究法；否则，具体材料越多，对儿童心理的认识就越混乱，达不到科学研究的目的。

理论研究可分两个层次。

第一层次的理论研究法是元分析研究（meta-analysis of research），就是运用测定和统计分析的技术，对某一领域中所有的研究记录和发现做综合的处理，以寻找更为一般的结论的方法。虽然元分析研究仍立足于定量的分析，但由于它更具普遍性，更远离具体事实，更接近普遍规律，因而结论也更可靠。元分析研究是理论研究的基础层次。例如，美国得克萨斯大学法尔博（T. Falbo）等曾对115篇有关独生子女研究的报告进行元分析，发现了这类研究本身的发展特点和独生子女的一些普遍特性，特别是亲子关系对独生子女发展的重要性等，在这一领域里具有广泛的影响。②

第二层次的理论研究是发展理论的研究。儿童心理的发展理论，是对发展趋势、发展阶段、发展模式、发展因素等的概括和总结。在发展心理学中，有各种不同的发展理论，如行为主义的发展理论、精神分析的发展理论、认知发展理论等。每一个理论都对儿童心理发展的规律做出阐述，具有特定的贡

---

① 参阅刘晶波著：《师幼互动行为研究——我在幼儿园里看到了什么》，南京师范大学出版社1999年版。

② Falbo, T. & Polit, D. F. (1986). Quantitative review of the only child literature: Research evidence and theory development. *Psychological Bulletin*, 100 (2), 176-189.

献。由于儿童心理发展的固有复杂性和科学研究本身的局限性，任何一个发展理论都不可能包容人类心理发展的全部内容，理论与理论之间的不和谐是不可避免的。美国儿童心理学家格塞尔（A. Gesell）讲过："我们现在关于儿童的知识的准确性，如同一张 15 世纪的世界地图一般。"① 儿童心理的发展不可能像物理实验室里的基础实验那样简捷和确定。发展理论应该是多元的。

无论是实证研究还是理论研究，都离不开哲学方法论的指导。唯物辩证法是人类认识史上最科学、最全面、最深刻的哲学方法论，是防止孤立地、片面地、静止地认识儿童心理发展的理性保障。在儿童心理的学习和研究中，我们必须坚持唯物辩证法，使我们的认识始终遵循着正确的方向。

信息栏1-6　　如果没有皮亚杰

瑞士心理学家皮亚杰是 20 世纪最伟大的儿童心理学家。有人认为，如果没有皮亚杰，儿童心理学也许只是一门非常不起眼儿的学问。

22 岁的皮亚杰取得自然科学博士学位后，在西蒙（T. Simon）实验室里协助测试儿童的推理能力。他发现不同年龄的儿童所犯的测验错误是不同的，但同一年龄的儿童所犯错误的类型往往相同。他与儿童交谈，向他们提出关于周围世界的问题，仔细听他们的回答。从此，他开始了终生的研究方向——人是怎样获得知识的。他欣喜地说："我终于找到了自己的研究领域。"

从青年时代到 80 岁，皮亚杰大部分时间都在观察儿童，并参加儿童的游戏。他给儿童讲故事，也让儿童给他讲故事。他不时地问儿童："走路的时候，为什么太阳跟着你一起走？""做梦的时候，梦在哪里？"有时，皮亚杰也使用一些小道具，做一些小

① 转引自王振宇编著：《儿童心理发展理论》，华东师范大学出版社 2000 年版，第 37 页。

实验，并向儿童提出一些问题。皮亚杰把自己使用的研究方法称为临床法，通过这种方法，收集到大量有关儿童思维发展的事实。皮亚杰自己的三个孩子也成为他的主要研究对象。美国发展心理学家卡根（J. Kagan）说：皮亚杰发现的这些现象司空见惯，就在每个人的鼻子底下，可并非每个人都具有发现这些现象的天分。还有人称，皮亚杰收集的事实是儿童心理学最可靠的事实。在此基础上，皮亚杰构建了一套建立在生物学与认识论之间的全新的"发生认识论"，极大地推动了儿童心理学的研究和发展，把20世纪的儿童心理学推到了高峰。

皮亚杰去世后，他的理论的丰富性和对学科的启迪性并没有消逝，相反，更加激发了后人深入研究的激情。

三、个体的心理发展

个体的心理发展是一个非常复杂的系统过程，体现着心理发展的完整性。各种心理过程相互联系、相互影响、相互制约，共同发展。这种共同发展不是简单的同步关系，而是有着不断变化的复杂关系。例如，对婴幼儿来说，感知、记忆是他们的主导心理过程。这些心理过程直接影响着他们对事物的认识水平和活动能力，左右着他们的思维、情感（包括意志）。随着个体的发展，思维在儿童的心理活动中占据主导地位，个体的心理活动变得更加高级和完备，而且思维活动反过来开始影响儿童的感知。尽管在不同的发展水平上，心理的主导活动有所变化，但各种心理过程之间是紧密联系不可分割的。

人的一生发展始终体现着遗传因素、环境因素（也可称为成熟因素和学习因素），以及个体自身心理因素（如气质、需要、兴趣、动机、能力、知识结构、人际关系等）的相互作用。

在儿童心理学领域，就如何认识个体的心理发展，形成了许多理论派别。但无论持什么观点，其研究的主题总是围绕着以下四个问题。

（一）发展的连续性和阶段性

发展的连续性，指个体的心理发展是一个开放的系统。在生命延续的过程中，它既没有一个绝对的起点，也没有一个绝对的终点。每一个心理过程的进步，总是在先前的基础上发展起来的，而且这种发展是有机的、必然的，不是外加的、偶然的。发展的连续性体现着个体心理发展的总趋势。在发展心理学范畴，个体心理的发展既包括早期由低级到高级、由简单到复杂、由混沌到分化的上升过程，也包括后期由健全到衰减、由灵活到呆板、由清晰到朦胧的下降过程。当然，儿童心理发展的总趋势是上升的。信息加工心理学也承认儿童信息加工的容量是不断扩大的，速度是逐步提高的。

发展的阶段性，指个体心理发展的连续过程是由一个个具体的发展阶段组成的。每一阶段都是从前一阶段中孕育和产生出来的，同时，又将加入到后一个阶段中去。不同的发展阶段，表现为不同的心理过程的质的差异，也表现为不同的主导活动和不同的心理能力。在具体行为上，又表现为不同的行为特征。从发展的总趋势上讲，个体心理发展的阶段是有次序的，是不可逾越的或倒退的。每一个心理发展阶段，体现着一种心理平衡。阶段与阶段之间的演变，体现着个体发展中心理由平衡经由不平衡再到达新的平衡的建构过程。

为了形象地说明连续性和阶段性，我们把发展的连续性比作一个儿童在平缓的斜坡上不断地往高处行进。他的步伐平稳而连贯，步步升高。而发展的阶段性就像一个儿童在台阶上攀登，每一步登高都是突发的，每登上一个新高度，就与先前的水平具有质的不同。因此，发展的连续性和阶段性，又涉及另一对范畴：量变和质变。连续性体现量变，而阶段性体现质变。

其实，发展的连续性和阶段性并不是矛盾的。我们完全可以把它们看作对立的统一，即发展是一个有阶段的连续过程。

这一模式可以用图1-6来表示。前一阶段是后一阶段的基础和前提，后一阶段是前一阶段的完善和提高。在新阶段中，前一阶段并没有消失，而是被整合在其中（横虚线示之）。新阶段表面上是突发的，但实质上是从先前的阶段中衍生出来的（斜虚线示之）。各个发展阶段并不是简单的叠加，而是逐级包含。新阶段的发展内涵（如认知结构）既是新的构建，又是对原有水平的重新塑造。所以，心理的发展阶段在内部是连贯的、有联系的，它们共同构成一个既没有绝对起点，又不是间断跳跃的不断建构的发展全过程。

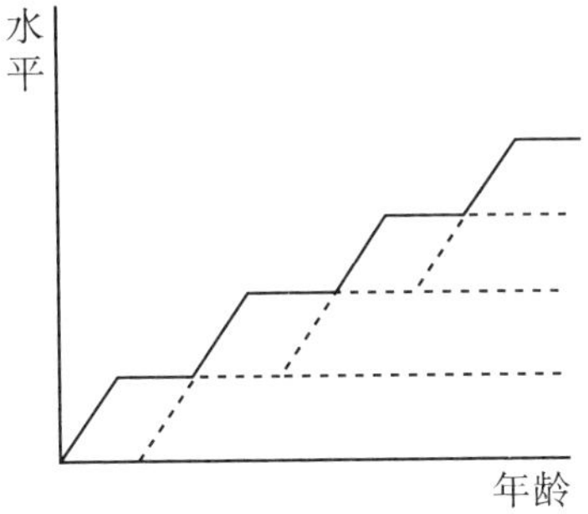

图1-6　有阶段的连续发展模式
（王振宇绘制，1987）

（二）发展的普遍性和差异性

发展的普遍性，指个体心理的发展是一个客观过程，任何个体的心理都受遗传和环境因素的影响，在遗传因素、环境因素和个体自身心理因素的相互作用中得到发展。这个客观过程不可按人的主观愿望去肆意解释和任意逆转。个体心理发展的总趋势和各个心理过程的具体发展，都遵循一定的客观规律。儿童心理学的学科任务正是正确地揭示这个规律，从而使人类更好地利用这些规律。当前，有些发展心理学家认为儿童心理的发展是领域特殊的，即认为心理发展是具体的，因内容和对象而异，没有普遍适用的心理结构。这种观点并不能否定发展的规律性。因为，即便如此，领域特殊性本身也是一种规律性。科学的任务就是认识普遍规律。

发展的差异性，指每一个儿童的心理都有自己的速率、特色、风格等特殊性和复杂性，构成个体间心理发展的差异性。差异性是遗传因素、环境因素和个体自身心理因素综合作用的结果。通常，我们所说的差异性指的是个体差异或文化差异。

有时，心理学也讨论性别差异，即男孩与女孩的心理不同点。但研究发现，无论是认知发展还是言语发展，性别差异并不是主要的特点。男女儿童心理发展的同大于异。需要指出的是，儿童心理学为我们揭示的儿童发展的普遍趋势，只是一种理性的认识框架，并不是儿童心理发展的目标，更不是儿童心理发展的标准。事实上，现实的儿童要比理论描述的更丰富、更具体、更动人。有学者提出人类发展的动态系统观（dynamic systems perspective），不仅有效地解释了发展的连续性和阶段性，也有效地解释了发展的普遍性和差异性。

动态系统观认为儿童的遗传基因和社会世界构成一个整体系统，这个系统是运动着的。系统中任何局部的变化，都会引起系统关系的变化，儿童就会能动地重新组织他们的行为，这反映了发展的普遍性。这个整体系统为发展提供了宽阔的网络框架，通向四面八方，这标志着发展的连续性。图1-7网络上的每一线段代表一个潜在的发展空间，标志着发展的阶段性。

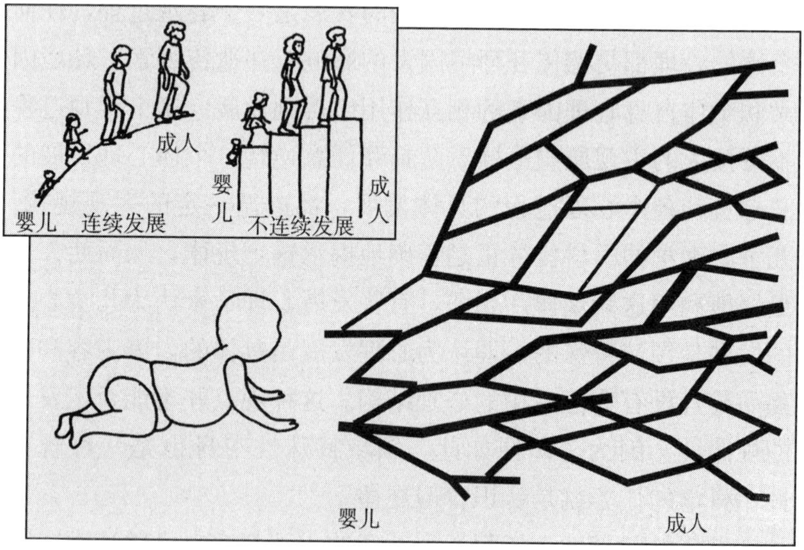

图1-7　发展的动态系统观

（［美］L. E. 贝克著，吴颖等译：《儿童发展》，江苏教育出版社 2002 年版，第 40 页）

不同方向的网络通道代表儿童在不同的具体的环境中可能的发展方向和发展结果。由于每个儿童的生物学基础不同，所面临的任务不同，已有的经验不同，支持儿童从事活动的人际关系不同，因而，儿童完成任务的方式也不同，所习得的技能和最终结果也就不同。发展的差异性就是这样形成的。

当代儿童心理学强调要尊重儿童发展的差异性。重视儿童心理发展的差异性，也就是承认发展的多元性，承认不同发展条件（包括不同生理条件）、不同社会环境、不同文化对儿童心理发展的合理性。这是学科人文化的体现，也是社会认识进步的反映。

（三）发展的生物性和社会性

这个问题的另一种表达方式是发展的先天性和后天性，它是发展心理学的经典话题。

发展的生物性，指强调遗传因素对发展的决定作用。通常，我们认为，遗传是儿童心理发展必要的物质前提，遗传信息既是人类千百万年来进化的结晶，又是个体心理发展的先天基础。虽然遗传因素不能决定个体心理发展的过程和最后结果，但它决定着个体心理发展的不可能性。近年来，不少心理学家认为，遗传信息不仅决定着人的许多生理性状，而且对许多心理特征具有重要作用。尤其是通过大脑的领域特殊性研究，越来越多的学者认为，儿童的许多心理机能是先天的，如数个月的婴儿就具有初步的数概念、力概念、生物概念等。这些成果为进一步揭示遗传对发展的作用做出了新的贡献。

发展的社会性，指个体的心理发展并不是脱离社会条件的空洞的、抽象的过程，而是受社会条件制约的现实的、具体的过程。这种社会制约性不仅表现在个人所赖以生活的条件离不开社会环境，而且还表现在个人心理的一切实际操作，尤其是高级的心理过程（如随意的知觉和注意、词的逻辑记忆、抽象思维、高级情感等）都离不开人类所具有的特定心理工具，即各种符号、记号，其中最抽象的符号是人类的语言和文字。人类的语言和文字是社会生产劳动的产物，是社会交往的工具。它使个体的心理机能产生了全新的质的变化。语言和文字作为心理的工具的运用，本质上是人与人之间社会交往的体现。一切高级心理过程，都是在人类社会中通过人与人的交往形成的。这种交往既包括一个人与另一个人（或人群）外显的交往，也包括一个人与自己进行的内化的交往。通常所讲的意识，就是完整的高级心理机能的自我调节系统。可见，个体的心理发展是受社会制约的。心理的内容和个体行为的准则，更离不开社会现实。

我们认为，个体心理发展的生物性和社会性是在人的活动中得到统一的。心理发展不能简单地归结为先天程序的展开，也不能机械地归结为后天环境的复写。这里起决定作用的是主体与客体之间的相互作用。相互作用就是主体对客体采取的一系列活动。这种活动包括向外和向内两个不同方向。主客体相互作用向外可以把人的认识对象加以组织，使这些外部对象与人的认识形成特定的关系。主客体相互作用向内可以将人的动作加以组织，连接成头脑内部连贯的、概括的、简缩的智力活动。人的思维，本质上也是一种活动——一种内化的、抽象的反映活动。信息加工理论把心理比拟为大脑对信息的加工过程，我们也可以把这个加工过程看作一种活动。

（四）发展的机械论和机体论

机械论把整个世界看作一台运转的机器，也把人看作内部静止的、必须由外部力量推动的机器。外部力量来自环境。心理的发展受制于力学的原则。儿童的发展受环境，尤其是成人意愿的塑造。心理学史上有人把儿童看作一块白板，环境给予什么影响就会留下什么样的烙印，儿童只能像海绵吸水一样被动地接受现实。

机体论则认为人不是机器，而是一个整体，具有内在的活动和自我调节的功能。这种观点反映在心理学中，则表现为重视心理对环境的适应功能，把有机体看作能自主活动的系统。

人在环境中，不是被动地接受刺激，而会过滤刺激，组织刺激，有选择地做出反应。

20 世纪 80 年代以前，机体论在皮亚杰理论中得到充分体现，因而在学术界占据统治地位。但随着信息加工理论的推广，心理学界把人脑类比为计算机的观点逐渐风行，机械论又逐渐抬头。有学者指出："信息加工理论所提供的计算机与心理的类比是一种隐喻，而不是对现实的重复。事实上，类比本身能解释的问题，只是人类信息加工或智力发展的很微小的一部分。"①

在儿童心理学发展的进程中，人们对儿童心理的研究重点和认识倾向时常会有些摆动：一段时期倾向于遗传，一段时期倾向于环境；一阵子注重阶段性，一阵子注重连续性；一会儿强调质变，一会儿强调量变；机械论和机体论相互交替。这正是人类不懈地追求真理的表现。人类的认识总是在这种不懈的努力中不断地逼近真理。

思考与练习

1. 心理现象包括哪些方面？

2. 为什么说如果没有人脑，人类会是很不起眼儿的物种？

3. 当有人听说你正在学心理学，问你的第一个问题往往是"那你知道我现在在想什么"，你如何回答他的问题？

4. 纵向研究和横断研究各有什么优势和不足之处？

5. "观察，观察，再观察"是巴甫洛夫的座右铭。你如何理解观察法对学前儿童发展心理学的作用？

6. 从心理学或学前教育杂志上找一篇运用调查法的研究报告，分析它的方法论特点，然后写一篇分析报告。

---

① Shaffer, D. (2002). *Developmental psychology*. Belmont: Wadsworth/Thomson Learning, p. 259.

7. 作为一门学科，学前儿童发展心理学应揭示发展的普遍规律，但又十分重视发展的差异性。为什么？

8. 一个伟人说过，人天生是社会的动物。你如何理解个体发展中生物性和社会性的统一？

第二章

发展中的学前儿童心理

本章提要

认知、情感、社会化是个体心理发展的三个维度。人的个性是这三个维度的心理发展到一定阶段（主要指青春期）后形成的整体精神面貌。考虑到学前儿童的年龄特征和发展规律，本章在一个动态的过程中阐述学前儿童认知、情感和个性有关因素的发展，为学习者勾勒出发展中的学前儿童心理的轮廓和方向。本章所阐述的内容是学前儿童发展心理学的经典主题，既充分反映了本学科在实验研究和理论构建方面的最新成果，也体现出本书编著者对儿童心理学的基本观点和思想，有助于学前教育专业的学生了解和掌握学前儿童心理的年龄特征和发展趋势。

第一节　学前儿童认知的发展

一、认知概述

认知，“指的是那些使头脑中产生认识的内部处理过程及结果”①。因此，广义的认知包括高级的心理过程，如意识、

① ［美］L. E. 贝克著，吴颖等译：《儿童发展》，江苏教育出版社2002年版，第310页。

智力、思维、想象、创造、计划、策略的形成、推理、预测、问题解决、概念化、分类与关联、符号化和知识等。对于儿童来说，认知还包括记忆、注意、学习以及认知活动和交往活动中的语言的运用。通俗地讲，认知就是认识和知识。认识是一个动态过程，知识是这个过程的结果。在实际的认知活动中，以上各个方面都是交织在一起的。

人的一切心理活动都有认知的成分，因此，认知是人类最基本的心理过程。

瑞士心理学家皮亚杰创建的发生认识论是现代最富包容性和启发性的认知理论。我们将阐述这一理论，并进一步介绍皮亚杰去世后认知研究的新观点、新成果。

在认知心理学的研究中，信息加工理论具有广泛的影响。这个理论把人的大脑类比为计算机，用以处理和加工来自环境的信息或已经储存在系统内的信息。

人的认知能力是一个发展的过程。具体地说，人获得知识的能力和解决问题的能力随着时间的推移而发生变化。皮亚杰认为，儿童认知的发展具有阶段性，每个阶段都具有相应的认知结构，认知结构具有普遍性，它的形成标志着一种获得新知识的可能性。不同阶段的认知结构具有质的差异。信息加工理论则认为，儿童加工信息的容量和能力有一个从小到大的发展过程。无论是强调质的演变还是重视量的积累，都体现了变化的基本观点。

人类的认识能力不仅为我们提供有关物理世界的知识，还能使我们对人的心理和心理状态本身形成认识，如推测他人的意图和信念，进而预测他人的行为等。对心理状态的认识是一个人日常生活认识的核心。研究儿童如何获得对心理状态的认识，构成了当代发展心理学的一个重要研究领域：心理理论。

随着研究方法的改进（主要体现为习惯化、去习惯化实验模式的广泛和灵活的运用），近三四十年来，关于婴幼儿认知特点和发展的研究取得了令人振奋的成果，从而动摇和改变了人们长期以来对婴幼儿心理的传统观点，使他们产生了新的认识。人们发现："传统的评估常常导致我们低估儿童的能力，尤其是婴儿期和学前期（儿童）的能力。"① 事实上，婴幼儿的心理能力要比我们认为的强得多。

感觉和知觉是人类复杂心理活动的基础，是一切信息加工的资料来源，是认识活动的开端。当代认知心理学家更注重知觉的功能，如美国心理学家吉布森（E. Gibson）明确指出，感觉并不是知觉的先决条件，也不是知觉的原始材料。感觉是人在特定环境中对人为抽象了的刺激的反应，它不同于人在自然环境中的知觉经验。本书在阐述感觉、知觉的特性时不做严格区分。

二、早期认知的基础

对刚出生不久的婴儿来说，感知觉是他们认识周围环境和自我的主要手段。吉布森认为，知觉是一个主动的过程。儿童和成人都能在环境中主动地发现、探索、参与和抽取信息。在这一观点的影响下，近五十年来心理学对儿童的知觉学习进行了集中的研究，有许多惊人的发现。

人们一般都认为新生儿和婴儿是软弱无能的、消极被动的个体，他们的感觉器官极不完善。美国心理学家詹姆斯（W. James）认为，婴儿一生下来，眼睛、耳朵、鼻子、皮肤和内脏就同时受到刺激，他们感到整个世界闹哄哄，一片混乱。鉴于他的声望，这一观点被当作事实接受了下来。但新近的研究推翻了詹姆斯的断言。许多研究采用创新的方法（见信息栏1-4），发现新生儿、婴儿具有非凡的能力。一些能力甚至在胎儿期就发挥功能。

（一）视觉

在婴儿的所有感觉器官中，眼睛是最活跃、最主动、最重

① ［美］J. H. 弗拉维尔等著，邓赐平等译：《认知发展》，华东师范大学出版社 2002 年版，第 27 页。

要的感官。眼睛对光线的反应产生视觉。对新生儿来说，除了睡眠时间，他们都在积极地运用眼睛察看环境，收集信息。有研究报告称，8 个月到 2 岁的儿童，在清醒时，有 20%的时间在注视他们眼前的事物。视觉为儿童提供了大量的、重要的信息。

儿童生命的最初几个月，视觉发展非常快，6 个月婴儿的视觉功能在许多方面已接近成人。

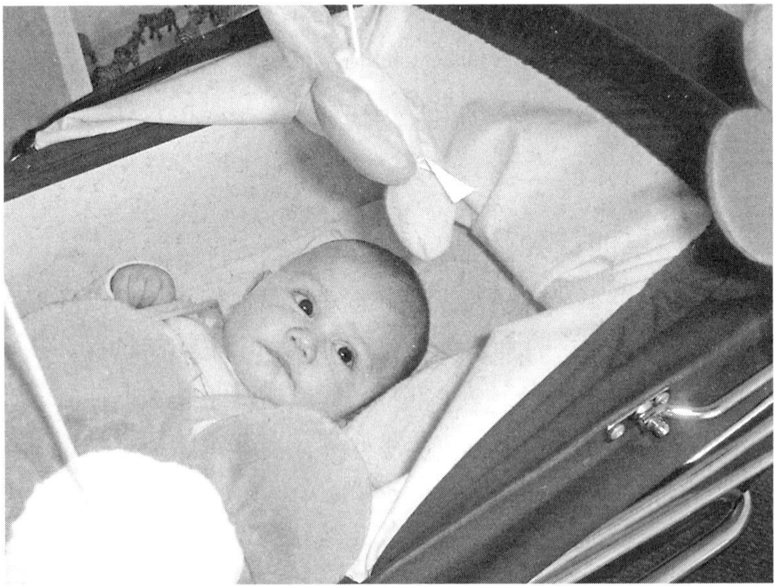

图2-1　“这是什么?”—— 2 个月的婴儿能注视眼前移动的物体（Xiwang 提供）

1. 视觉集中

从婴儿的眼的结构来看，婴儿的视网膜、视杆细胞和视锥细胞在出生时已经发育得很好，不存在明显的“盲区”。但新生儿在最初的 2～3 周内眼肌协调能力差，双眼协调比较困难，难以形成视觉集中。出生 3 周后，婴儿开始将视觉集中在物体上。视觉集中现象在婴儿出生后 2 个月表现得比较明显，对鲜艳明亮的物体，尤其是对人脸容易产生视觉集中，表现出意味深长的偏好。这时的婴儿开始用眼睛追随物体的缓慢水平运动，3 个月时能追随物体的圆周运动，这种能力在头 6 个月一直在持续提高。随着婴儿的成长，视觉集中的时间和距离都逐渐延长，3～5周的婴儿能对距离1～1.5米的物体注视5秒，3个月的婴儿能对距离4～7米的物体注视7～10分钟。5～6个月的婴儿能注视较远处的运动物体，如天上的飞机。

新生儿的视野比成人狭窄。对0～5个月的婴儿来说，他们的视野在中心线左右各25°～30°内（成人视野的双眼重合区为60°～70°），视线上下为10°。新生儿眼球的天然焦距约为17厘米。

2. 视敏度

新生儿的晶状体调节功能差，难以对视觉对象进行有效聚焦，因而他们的视敏度比成人低。视敏度（也就是俗称的视力）是指从一定距离感知两个邻近点的能力。通常人们认为小孩儿“眼尖”，视敏度比成人好。事实上，儿童的视力并不如正常的成人。儿童的视敏度是随年龄的增长而发展的。正常成人的视敏度记为20/20，新生儿的视敏度则为20/200到20/600的范围之内，也就是说，成人在距离200～600英尺①时看得清的东西，新生儿要移近到20英尺处才能看清。婴儿最好的视敏度也只是正常成人的1/10。因此，在新生儿的眼里，母亲的面容是模糊不清的。但这样有限的视力也许对他们来说已经够用了，并不能阻碍他们探索环境的兴趣。3个月的婴儿已经能像成人那样对物体聚焦，6个月的婴儿视敏度达到20/100，2岁儿童的视敏度接近成人水平。

3. 颜色视觉

新生儿出生后不久，就出现了颜色视觉。有人给3个月的婴儿呈现两个亮度相等的色盘，一个是彩色的，另一个是灰色的，以测定婴儿对两个色盘的注视时间。研究发现，婴儿对彩色色盘的注视时间比灰色色盘长一倍。一般认为，婴儿从4个月起，开始对颜色有分化性反应，能辨别彩色和非彩色。波长

① 1英尺＝0.304 8米。

较长的暖色，如红、橙、黄色，比波长较短的冷色，如蓝、紫色，更容易引起婴儿的喜爱，红色物体特别容易引起婴儿兴奋。

“颜色视觉很可能是儿童早期心理装置中的一个重要成分。”① 有人研究婴儿视网膜上的颜色视觉感受器即视锥细胞后发现，新生儿一出生就带有全套三色（蓝、绿、红）的感受器，但在最初的3个月中，来自蓝色视锥细胞的信息未能得到有效利用，因而对蓝色不如对其他颜色敏感。这就是说，一个穿红色衣服的婴儿比一个穿蓝色衣服的婴儿更感到自己“出色”些。

还有人研究发现，4个月的婴儿将光谱知觉为四个基本类型：蓝、绿、黄、红。婴儿对同一类型中颜色的差异（如大红与浅红、深黄与浅黄）区分并不明显，但对跨越光谱边界的“混合色”（如蓝—绿色、黄—红色）与基本类型颜色的区分是明显的。研究者认为，婴儿对光谱的知觉是不连贯的，他们只是将可见光分为蓝、绿、黄、红四个类型。

普莱尔通过让2岁左右的儿童学习颜色名称的方法来研究儿童的颜色视觉，研究持续到儿童34个月时为止。结果发现，在四种主要颜色中，儿童叫对黄和红的时间比叫对绿和蓝的时间早得多。② 3岁儿童对各种颜色的色度难以辨别。从4岁起，他们逐步学会区别各种色调的明度和饱和度。小学一年级的儿童平均能辨别三种色度的红色和两种色度的黄色，但难以辨别蓝、绿色的色度。

儿童在识别颜色的过程中，一般先认识颜色，然后才学会标志颜色的词。将标志颜色的词与相应的颜色联系起来需要一个发展过程。大约从4岁起，儿童能将基本颜色与其名称联系

---

① ［美］J. H. 弗拉维尔等著，邓赐平等译：《认知发展》，华东师范大学出版社2002年版，第46页。

② 参见［德］普莱尔著，孙国华等译：《幼儿的感觉与意志》，科学出版社1960年版，第13页。

起来。5～7 岁的儿童能正确地命名常见的颜色。有研究认为，5 岁是儿童颜色命名和再认能力发展的转折点。

儿童的颜色视觉有个别差异，也有性别差异。一般来说，女孩的颜色辨别能力比男孩强。儿童的颜色视觉能力通过适当的学习可以得到大幅度提高。颜色视觉方面的一个重要缺陷是色盲。色盲有许多种类，最常见的是红绿色盲，患者不能辨别红色和绿色。色盲是一种伴 X 隐性遗传病，一般由男性患者通过他的女儿传给他的外孙。色盲患者占总人口的 3%～4%。

（二）听觉

新近的研究表明，不仅新生儿有听觉，连胎儿都有听觉。研究发现，孕妇子宫内有一种低周波动，这种波动与孕妇的脉搏一致。孕妇说话时，她的声音也传入子宫内。孕妇身体周围 500～1 000 赫兹的声波能完好地传入子宫，影响胎儿。但高强度和高频率的噪声对胎儿有危害，轻则影响身心发展，尤其是导致听力损伤，重则可能导致胎儿流产或死亡。媒体上已经有此类报道，劣质胎教音带导致胎儿耳聋。妊娠 20 周的胎儿已经具备听觉能力。25 周的胎儿对声音刺激能做出身体运动的反应，并伴随生理指标的变化。28 周的胎儿对声音刺激表现出惊跳反射，紧紧地闭起眼睑。研究者发现，胎儿的这些反应还具有预测性。凡不能做出这类反应的胎儿出生后往往有听觉问题。研究还进一步发现，新生儿的心理与行为与胎儿期的心理与行为有不可分割的联系。例如，有实验对 5 个月的胎儿进行听觉刺激，将 90 分贝的声音通过母腹上的扬声器连续发音 5 秒，发现胎儿心律突然加快。随着成长，胎儿对音响的反应越来越明显。胎儿出生后，用同样的音响作用于新生儿，发现这个新生儿心律的反应与胎儿期的反应十分类似。

1. 听觉敏度

新生儿出生后就能听到声音，听觉阈限在最好的情况下比成人高 10～20 分贝，最差时要比成人高 40～50 分贝。随着年龄的增长，婴儿的听觉阈限逐步下降。4～7 岁的儿童对纯音的听觉敏度不同于成人的听觉敏度。相比之下，在不同的频率上，儿童的听觉阈限比成人高 2～7 分贝。13 岁以下儿童的听觉敏度在所有频率上都很低，在低频范围里更低一些。4～13 岁儿童听觉阈限的变化，在低频区域内是 6～7 分贝，在高频区域内是2～5 分贝。儿童对纯音的最低听觉阈限出现在 14～19 岁，也就是说，这一时期儿童的听力最好。

听觉除了要求“听见”声音，还要求能辨别声音的差异。差异包括声音的强度、频率、持续时间等。婴儿对这些差异具有一定的敏感性，最典型的反应是低频声音对婴儿的安抚作用。这种现象早在胎儿 8 个月时就表现出来了。胎儿对父亲的声音比对母亲的声音更容易接受。当然，婴儿的辨别不如成人精细，但其辨别能力随年龄增长而提高。

儿童对语言的听觉敏度随年龄增长而提高，其速率在不同年龄阶段各不相同。4～9.5 岁期间发展较慢，以后发展相对加快。例如，4～9.5 岁期间，儿童的听觉阈限下降 3～4 分贝，而 9.5～12.5 岁期间，下降 6～7 分贝。

2. 听觉定位

婴儿的听觉定位表现出令人费解的 U 形发展。新生儿出生后 5 分钟就表现出听觉定位的能力。2～3 个月时，这一能力却消失殆尽，直到 4～5 个月时才再次出现。有可能早期的定位是一种皮质下的原始反射，而后来重新出现的定位能力是来自皮质相对成熟的反应，具有更多的认识功能。

3. 听觉偏好

在最初的几个月里，言语在婴儿大脑左半球引发较大的电活动，而音乐则在右半球引发较大的电活动，这一点与成人是一致的。这就意味着在婴儿早期，大脑两半球已经出现处理不同信息的特异化，并能辨别言语和非言语。有研究表明，出生 12 小时的新生儿能区别与语言有关的输入和其他非语言的听觉输入。婴儿特别注意人的嗓音，尤其是女性的嗓音，对自己母亲的声音更是敏感。即使是出生只有 3 天的新生儿，仅仅与母亲有过很少接触，也能表现出对母亲声音的偏好。有研究表明，新生儿听到母亲的录音时比听另外一个妇女的录音时吸奶的速度更快、更有力。另一项研究甚至发现，婴儿听到胎儿时期母亲朗读的故事也会加快和加强吸吮。婴儿的这种反应具有明显的适应性，它能鼓励母亲与自己交谈、给予更多的关注和爱，有助于发展自己的情感、智力和社会性。

4. 听觉辨别

2～3 个月的婴儿能区分 ba 和 pa，这种精细的分辨能力是先天的。如同婴儿将光谱分为四种基本类型一样，儿童也能把语音分为相应的基本语音单位。而且，婴儿会很快学会识别他经常听到的单词。4.5 个月的婴儿，听到自己的名字时会转过头去，而对其他人的名字，即便是很相像的名字也不会转头。这么小的婴儿显然还不知道这名字就是他本人的，但由于经常听到而对它非常熟悉是个事实。婴儿的听觉辨别能力不仅表现在语音知觉中，也表现在音乐听觉中。值得注意的是，婴儿对语音的辨别是经常的，因而这种能力得到保持，而音乐听觉如果不常使用，就会变得越来越弱。

婴儿对声音的回应，有助于他们对环境做视觉性、触觉性的探索，有利于他们的社会交往。

儿童的听觉影响着语言的获得、思维的发展和人际交往的开展。成人要高度重视保护儿童的听觉器官和听觉功能。对于婴儿的听力来说，孕妇或婴儿滥用药物，如链霉素等，是一个危险因素。此外，复发性中耳炎也是导致儿童听力损伤的普遍原因。通常，儿童在 6 个月到 3 岁期间最容易患中耳炎。中耳炎会导致儿童语言发展滞后，对他人的言语反应迟缓，注意力下降，甚至导致听力丧失，对儿童发展极为不利。还有，尽力减少环境中的噪声，也是保护儿童听力的重要保障。

（三）形状知觉

形状知觉是人对物体各部分的排列组合的认识。它是视觉、动觉和触觉协同活动的结果。

美国心理学家范茨（R. Fantz）设计“注视箱”（looking chamber）来研究婴儿的视觉特点。婴儿躺在箱内，可以看见箱顶（距婴儿 1 英尺）呈现的成对刺激图形。专门的仪器能记录婴儿眼睛注视图形的时间。1961 年，范茨对 30 名 1～15 周的婴儿进行测试，记录他们对一系列成对的复杂图形注视的时间。成对的刺激包括：两个相同的三角形，一个十字与一个圆，一个方格棋盘图与两个大小不同的正方形，水平条纹与同心圆的靶面。研究发现，当呈现两个三角形时，婴儿对这两个相同的图形注视时间大致相等。而呈现水平条纹与一个同心圆的靶面时，婴儿偏爱注视后者。研究者发现，复杂程度越高的图形，婴儿注视的时间越长。在同一对刺激中，刺激图形越模式化，婴儿注视时间越长。甚至出生 5 天的新生儿也同样表现出对模式的偏好，对社会性的刺激比非社会性的刺激注视时间长。最为有趣的是范茨的偏爱物测验。他向婴儿呈现三张大小相同的面部图形（见图2-2），第一张图片是红底黑线的模式面孔，第二张是杂乱排列的图形，第三张是上端为黑色的图形。三张图形都足够大，对婴儿不会产生视敏度的问题，而且黑色图案的面积是相等的，使刺激量保持相等。将这三张图形配对呈现给 49 名4～6 个月大的婴儿，研究者发现，婴儿大多注视第一张图形，其次，注视第二张图形，对第三张图形则很少注视（见图2-3）。研究者认为，婴儿注意面部图形，对他们的生命是有现实意义的。6～7 个月的婴儿就开始学到了完全根据

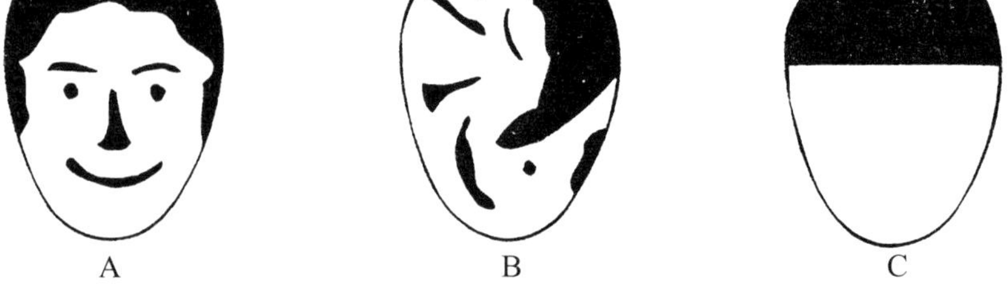

图2-2　三种不同的脸谱（三个图形中两种颜色的总面积是相等的）

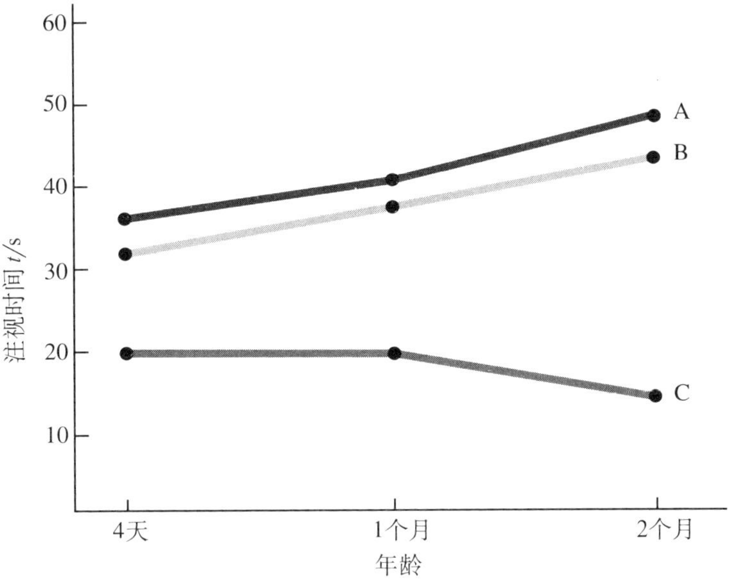

图2-3　婴儿对不同脸谱注视的时间

[Shaffer, D. (2002). *Developmental psychology*. Belmont: Wadsworth/Thomson Learning, p. 190]

面部特征辨别不同人的本领。以后，婴儿会以合乎成人面部表情的方式对人脸做出反应。因此，范茨认为，实验结果足以揭穿有关幼小婴儿不能被测验和在幼儿身上没有什么可测验的东西的神话。“幼小婴儿具有一个模式化的有组织的视觉世界，对于这个世界他用可以自由支配的有限手段给予区别对待的考察。”① 在一些设计更为严密的实验中发现，婴儿并不是对他们周围的所有事物都做出同样的反应。他们的视知觉表现出明显的选择性。婴儿知觉的选择性取决于刺激物的物理属性以及这些属性对个体所具有的心理价值。例如，运动的物体能引起婴儿的注视。尽管新生儿还不能有效地控制双眼跟随物体的运动，但仍能做跳跃式的注视，即把注视点停留在物体运动轨迹的前一点上保持 1～2 秒后，突然地跳到下一个运动点上。这

① 转引自［美］利伯特等著，刘范译：《发展心理学》，人民教育出版社 1983 年版，第 109 页。

种注视方式虽然难以与运动物体同步而且不能形成连续的视觉，但仍能反映出婴儿视觉对运动物体的主动性。2～3个月的婴儿在追随较慢的运动物体时眼球运动逐渐协调。有人发现，婴儿在注视运动物体时，其吸吮速度明显减慢。运动着的物体能引起婴儿的注视是有重要意义的。首先，可以使个体确认环境的安全程度。在生活环境中，物体的运动往往与获得食物和逃避危险等生存因素有关。其次，可以使个体准确地认识外部事物。因为客观事物本质上是运动的，只有在运动中才能把握具有决定意义的信息，因此，婴儿对运动物体的偏好具有生物学和认识论上的双重意义。显然，这是人类长期进化保留下来的重要心理能力。

此外，物体轮廓对比度也是引起婴儿视觉偏好的有效刺激。出生1周的新生儿对三角形的一个角很“重视”，却很少对整体加以审视。因此，实验者认为，婴儿在出生后很短的时间内至少已辨别出形状的一个方面。但由于他们没有细看三角形的边线，无疑他们并没有感知到整个图形，而只注意到外形的一个显著特征。出生2个月的婴儿对图形的视觉能力有所提高，开始注视几何形状的边缘以及人脸的突出部位，如眼和口部（见图2-4）。根据吉布森的知觉理论，婴儿之所以只注意局部特征，表明婴儿在不断变化的环境中努力寻找那些保持稳定的不变特征，而图形的边缘特征恰恰是最稳定、最容易区分的部位。儿童对图形的视知觉的特性，在儿童的形状知觉发展中要持续好多年。有人报告，这一特性甚至延续到小学一二年级。这一发现对如何指导儿童学习，如识字教学和算术运算中对符号的准确辨认，无疑具有重要的指导意义。

对轮廓对比度的敏感性还进一步表现在对刺激物复杂性的视觉偏好上。随着年龄的增长，婴儿对刺激物复杂性的偏好也随之增强。所谓刺激物的复杂性，也就是轮廓线的复杂性。出生3周的婴儿倾向于注视2×2的方格图形，而14周的婴儿则更喜欢8×8的方格图形。有更多的研究者认为不同年龄的儿

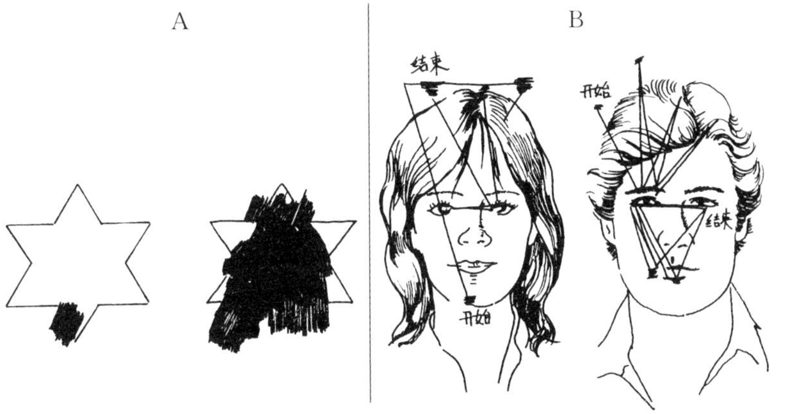

1 个月的婴儿只盯着三角形的一个角　2 个月的婴儿能看整个边　1 个月的婴儿只看人脸的边缘特征　2 个月的婴儿对人脸上的明显部位的特征加以扫描

图2-4　婴儿形状知觉的眼动记录

[Shaffer, D. (2002). *Developmental psychology*. Belmont: Wadsworth/Thomson Learning, p. 190]

童可能有一个与其发展阶段相适应的输入刺激和相应的处理信息的最佳水平。婴儿更倾向于中等复杂程度的视觉刺激物。所谓中等复杂程度，是指刺激物对婴儿来说，有一部分是熟悉的，有一部分是陌生的。这就是“适中差异假设”。这一假设不仅有利于解释儿童感知觉发展的特点，也适合于认知和学习的发展。儿童的认知结构总是倾向于接纳中等复杂程度的学习材料。

（四）深度知觉

深度知觉是人判断自身与物体或物体与物体之间距离的认识。我们生活在三维空间的物理世界中，但视网膜上的成像是两维的。深度知觉实际上是依靠其他线索将两维成像转译成三维图像的能力。

长期以来，人们认为，4 岁儿童具有了与成人一样准确的深度知觉。美国心理学家吉布森和沃克（R. Walk）1961 年设计了视崖（visual cliff）装置，并通过实验证明，6 个月的婴儿便具有深度知觉。因此，视崖装置也成了知觉研究中的一个经典实验装置。

视崖装置是这样的：装置的中央有一个能容纳婴儿趴下的平台，平台的两边覆盖着厚玻璃，厚玻璃下覆盖着方格图案的布。一边的布与玻璃紧贴，不造成深度，另一边的布与玻璃相隔数英尺，形成“悬崖”。实验时让婴儿趴在中间的平台上，而让婴儿的母亲分别站在装置的“深”“浅”两侧，观察婴儿是否拒绝从有深度错觉的一侧爬向母亲，从而研究婴儿深度知觉是否已经发生。

研究者进一步发现，采用其他指标，可以在更早的时候发现婴儿的深度知觉。坎波斯、兰格和克罗威茨（Campos，Langer & Krowitz，1971）对2～3 个月的婴儿进行研究，记录他们的心率，发现俯卧在悬崖装置“深”侧的婴儿，其心率比在“浅”侧时慢，7 个月的婴儿在脸朝下接近平台时心率加快。范茨用球形和圆形对婴儿进行测验，发现 1～6 个月的婴儿对立体形状更感兴趣。这些研究成果都为婴儿具有深度知觉提供了佐证。可以说，深度知觉如果不是天生的话，至少也是在生命的最初几个月里就发展起来的。婴儿的深度知觉能力与其早期的运动经验有关，尤其与婴儿爬行的经验有关。早期运动经验丰富的婴儿，对深度更敏感，表现出的恐惧也越少（见信息栏2-1）。

信息栏2-1　　不要剥夺孩子爬行的机会

孩子到了七八个月就会爬行，爬行对孩子中枢神经系统的发展具有特殊的意义，它有利于婴儿确认物体的方位，有利于婴儿发现隐蔽物体，可以促进脑桥、中脑的发育，有利于脑干部位的感觉统合，增强中枢神经的低级部分与高级部分之间的机能联结，有利于大脑皮质组织水平的提高。在孩子掌握爬行技能期间，大脑皮质不同区域的脑电图（EEG）变得同步起来。此外，爬行还能锻炼颈部肌肉，提高视觉的稳定性和深度知觉能力，有利于孩子的身体和心理发展。对于婴儿来讲，身体健康和动作协调是今后发展的基础。孩子爬行有三种：

1. 蠕动，腹部贴着地面爬；

2. 单侧爬，同时移动身体一侧的手臂与腿部；

3. 跨侧爬，移动一侧手臂和对侧的腿部。

未经充分爬行的孩子长大后往往会表现出肌肉张力不均，动作笨拙，口齿不清，以及阅读错行、书写左右倾倒等学习障碍，需要经过专门的感觉统合训练才能改善。

（五）方位知觉

儿童方位知觉的发展顺序为先上下，次前后，再左右。一般来说，3 岁儿童能辨别上下，4 岁能辨别前后，5 岁开始能以自身为中心辨别左右，7～8 岁能以客体为中心辨别左右，到了 11～12 岁，左右概念才比较清楚。在空间知觉的发展中，掌握左右概念要经过长期而复杂的发展道路。不同年龄儿童掌握左右概念的水平，反映出该年龄儿童思维发展的水平。我国心理学家朱智贤等的研究表明，儿童左右概念的发展要经过三个阶段。

第一阶段，儿童能比较固定地认识自己的左右方位（5～7 岁）。

第二阶段，儿童能初步地、具体地掌握左右方位的相对性（7～9岁）。例如，儿童能辨别自己对面那个人的左右等。

第三阶段，儿童能比较概括、灵活地掌握左右概念（9～11 岁）。这一阶段，儿童完全掌握了左右的相对性。

这个实验结果与皮亚杰的有关实验研究在发展阶段上大体趋于一致。实验者尤其注意到，儿童左右概念的发展是和儿童思维发展的一般趋势相符合的。后来，国内又有学者重新研究，认为儿童左右概念的发展已有所提前，6～7 岁是左右概念发展的飞跃期，8～9 岁时已有 75%的儿童比较准确而灵活地掌握了左右概念。

（六）多通道感知

除了我们重点介绍的视觉和听觉的发展之外，儿童早期的其他感觉相对更成熟些。如嗅觉：新生儿在出生后 24 小时之内就有嗅觉反应，4 天就能确认母亲的体味。味觉：新生儿能通过面部表情表明他们能区别甜、酸、苦、咸四种基本味道。触觉：新生儿的手掌、脚底、口唇等部位对触觉刺激极敏感，对低于体温的温度刺激比高于体温的刺激更敏感，对婴儿身体的按摩有助于他们的生长等。

过去人们认为，婴儿的各种感觉通道之间是不协调的，只有经过几个月的感知运动的协调，才能把来自不同感觉通道的信息加以综合。但是，新近的研究告诉我们，婴儿出生时已经具有多通道感知的能力，如视觉—听觉、视觉—触觉、视觉—动觉的联合。

1. 视觉—听觉联合

研究婴儿视听联系的实验装置是斯佩尔克（E. Spelke）设计的。让婴儿躺在小椅子上，在他的面前有一个屏幕，正中的上方有一个扬声器。屏幕上出现两张说话的人脸，一张脸的口型与扬声器播出的话语同步，另一张脸的口型则不同。研究发现，3～4 个月的婴儿能将成人口型与听到的说话声音相对应。婴儿对口型与播出声音相匹配的说话者注视时间长。5～7 个月的婴儿能将听到的高兴或愤怒的声音与看到的说话者的适当面部表情相联系。这些研究成果表明，婴儿具有利用时间同步性将视觉与听觉经验联系起来的能力。

2. 视觉—触觉联合

梅尔策夫和博顿（A. Meltzoff & R. Borton）向 4 周大的婴儿提供两个奶嘴，一个是普通的光滑的奶嘴，另一个是带有颗粒状凸起的奶嘴。每个奶嘴都有相应的大个儿模型。实验时在不让婴儿看到奶嘴的前提下，让一组婴儿用嘴吸吮光滑奶嘴，另一组婴儿吸吮有颗粒状凸起的奶嘴，然后，再向他们呈现大个儿的奶嘴模型。研究发现，婴儿对自己吸吮过的奶嘴形状有明显的视觉偏好，注视的时间比未吸吮的奶嘴更长。

3. 视觉—动觉联合

婴儿视觉—动觉联合的典型事例来自新生儿的模仿行为。早在1977年，梅尔策夫等人发现，2天的婴儿能模仿成人所做出的面部表情。1990年，他进一步指出，新生儿能对各种各样的面部表情做出模仿，这种模仿能力灵活而脆弱。新生儿的模仿方式与我们成人的模仿方式在很大程度上是相同的，新生儿能灵活地将看见的身体运动与自己感觉到的身体运动协调一致。此外，新生儿天生就有平衡感，并且能转动头部以适应视觉动感，说明视觉—动觉联合机能是很完善的。

由此可见，婴儿通过多感觉通道组合信息的能力是很强的。

（七）知觉恒常性

当我们感知周围环境时，知觉条件是不断变化的。以视觉为例，每次我们看见同一对象的距离、光线、角度肯定不可能完全相同，因而物体在视网膜上的成像以及输入大脑皮质的信息肯定也是不同的，但我们通常认为那是同一物体。当知觉条件变化后，人对知觉对象的感知保持不变，这就是知觉的恒常性。

在婴儿头一年的心理发展中，知觉的恒常性是一个很值得探讨的问题，其中主要是视觉恒常性。视觉恒常性包括亮度恒常性、大小恒常性和形状恒常性。其中，亮度恒常性的儿童心理学研究不多。有人发现亮度恒常性在儿童3～11岁期间有所增长，继而出现微小的衰退，然后，在整个儿童期，对辅助性信息运用的效率日益提高。所谓大小恒常性，是指对远处的一个物体，尽管它明显地变小，但在知觉中仍然保持原有的大小。形状恒常性是指对一个物体的常见形状的知觉，并不因距离远近引起的透视差异而变化。这两种知觉恒常性在儿童出生头一年的下半年以一种近似恒常的形式出现，直到10～12岁甚至更晚些时候才趋于完善。皮亚杰指出，形状恒常性大约出现在婴儿出生后的第九个月，而大小恒常性在第六个月出现。但在 1990 年的一项研究中，研究者发现出生 1 周的新生儿对同一物体的不同大小的知觉有明显的区别。实验采用习惯化、去习惯化法。首先让新生儿习惯一个离眼睛不同距离的黑白相间的小立方体。然后将这个小立方体与一个大立方体以不同距离同时呈现，发现新生儿对大立方体注视时间更长，表明新生儿能以物体实际大小为基础区别不同物体。在鲍尔（T. Bower）的一个研究中，婴儿被训练成在一个方向上对一个矩形做头部转动的反应。当他们的头部转动反应达到一定的比率后，就进行有四个刺激的实验。这四个刺激（见图2-5上排）分别是：（1）原先方向的矩形；（2）新方向的矩形；（3）同一方向的一个不规则的梯形；（4）与（1）同一方向的梯形。因此，在婴儿的视网膜上产生了完全新的视像（见图

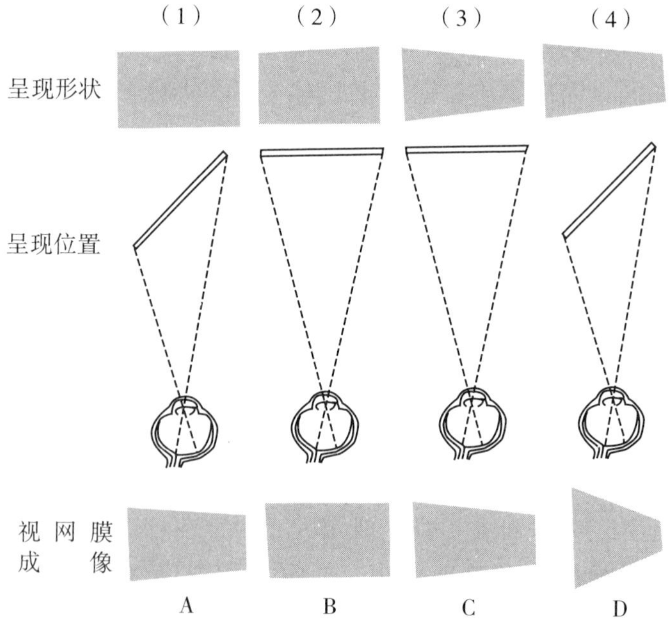

图2-5　婴儿形状恒常性研究的设计

（Bower，1966）

2-5下排）。实验表明，同一矩形在不同方向上呈现［（1）和（2）］时，婴儿表现出同样的头部转动，而对（3）和（4）的呈现，表现出普遍的新的反应。这一结果表明婴儿并没有被视网膜上的视像所迷惑，具有形状恒常性。研究证明，出生50～60天的婴儿具有形状恒常性。2～11岁时，儿童有一种对那些离他们很远的物体并不过低估计其大小的趋势。

进一步的研究还发现，婴儿对物体的感知是由物体的运动和空间排列所决定的，而不是取决于物体的形状和颜色。研究者都注意到，早期婴儿总是喜欢注视一个运动着的物体，因为运动着的物体能提供判断物体特征的重要信息。相对而言，静止物体提供的信息量要少得多。到了6个月以后，随着婴儿对各种类型物体感知经验的积累，他们开始依靠静止线索进行单元的区分。

（八）感觉剥夺和“感觉轰炸”

感知觉是婴儿的主导心理过程。早期感知觉的发展对儿童心理发展具有显著的影响。这种影响在感觉剥夺的研究中表现得尤为明显。大家知道，心理学研究必须贯彻伦理性原则，不能为婴幼儿人为制造感觉剥夺的环境来研究后效。但一些非人为的情境为心理学研究早期剥夺提供了难得的条件。有人对黎巴嫩一家孤儿院的孤儿做纵向研究，发现在第一年，孤儿们只是待在童车里，很少得到看护者的个别关心，他们的运动能力和言语能力极为落后，1～6岁的平均智商只有53。后来，许多孩子被家庭收养，发展情况大有改观。2岁以前被收养的儿童能克服早期的智力迟钝，两年内智商平均提高到100。被领养较晚的儿童也有一定的进步，在领养家庭中生活6～8年后，智商达到70左右。看来，对早期有不良境遇的儿童来说，2岁时能否得到改变，至关重要。

当前的问题除了感觉剥夺外，还有相反的情况，我们把它称为“感觉轰炸”。受急功近利的人才观和立竿见影的教育观的不良影响，许多人急于“开发”婴儿的智力，用各种刺激集中“轰炸”婴儿的感官，对婴幼儿进行早期训练，并美其名曰“不要输在起跑线上”。实际上，“还没有证据证明这些做法能产生出更聪明、更优秀的‘超级婴儿’。相反，拼命地把刺激给那些还没有做好接受准备的婴儿会导致他们退却，并且会对他们的学习兴趣和学习乐趣构成威胁”①。可见，“感觉轰炸”会伤害儿童的身心发展。一切具有社会责任感的儿童教育工作者应向社会大力宣传保护儿童的身心健康，不要让他们伤在起跑线上。

三、学前儿童记忆的发展

记忆是在感知的基础上形成的。儿童的记忆能力是先天的。儿童记忆的发展，为日益丰富的心理世界创造了必不可少的条件。有了记忆，儿童才能学习；有了记忆，儿童才能交往；有了记忆，儿童才具备最终形成个性的必要条件。

记忆是心理学中研究历史最悠久、成果最丰富的学术领域。在当今认知心理学中，以信息加工理论为指导的记忆研究也是成果最为丰硕的领域之一。

（一）记忆概述

记忆是人脑保存信息、加工信息和提取信息的心理过程。传统的记忆理论注重研究记忆的内容和态度。例如，从内容上看，记忆可分为符号记忆和形象记忆。符号记忆的对象是语言符号，如对定义的记忆、对语言意义的记忆等。形象记忆的对象是事物在头脑中留下的具体形象。从对识记的态度上看，记忆可分为无意识记和有意识记。无意识记是指没有明确目标，也不使用特定方法的识记。有意识记指有明确目的并使用一定方法的识记。认知心理学一改传统的说法，不再把记忆当作某种结构，而把记忆看作一系列的过程或过程体系。按照信息加

---

① ［美］L. E. 贝克著，吴颖等译：《儿童发展》，江苏教育出版社 2002 年版，第 235 页。

工理论，人的记忆包括对来自各种感觉器官的刺激进行感觉记忆（又称感觉登录或瞬时记忆），通过复述再进入短时记忆，然后通过复述和编码加工进入长时记忆的一系列复杂过程。感觉记忆、短时记忆和长时记忆是记忆的三类模式。

刺激信息作用于感觉器官，便得到暂时的存储，通常为1～3秒，称为感觉记忆。各种感觉器官都能形成相应的感觉记忆。其作用是将信息保留一定时间，以便对其进行精细加工。感觉记忆保存的信息量较大，但由于未经加工，如不予注意，便很快消失。

信息被加工后能保持在1分钟之内的记忆，称为短时记忆。短时记忆带有操作性，是工作中的记忆，因此又称工作记忆。一般成人的短时记忆广度为7±2个组块。

信息长时期存储，甚至保持终生，成了长时记忆。长时记忆是个体的信息库，其容量是巨大的。信息库里的信息主要来源于对短时记忆的加工，如对信息的复述、组织、编码等。长时记忆的保持和提取，需要必要的策略和方法。

感觉记忆、短时记忆和长时记忆都包含编码、保持、提取、遗忘等操作。

编码是把输入的信息转入某一类记忆类型中去的过程。

保持就是记忆信息在大脑记忆库中的存储。

提取是对存入记忆库中的信息进行检索和检出的过程。提取包含再认和回忆（再现）两个环节。再认是当再次感知已经被记忆的对象时，信息得到提取。回忆是在没有提示线索的情况下对记忆信息的提取。事实上，作为记忆的环节，再认和回忆常常相互作用。如：当你再认出某一事物时，你往往会回忆出一些与它有关的信息；当你在回忆昨天遇到的新朋友的面庞时，再认他的名字往往有助于你的回忆。

信息加工的认知心理学还将记忆划分为外显记忆和内隐记忆。

外显记忆发生于个体有意识地从长时记忆中提取信息的时

候。内隐记忆是一种意识下水平的记忆。婴儿（尤其是6个月以前的婴儿）的记忆主要属于内隐记忆。内隐记忆发展速度较快，且具有稳定性，很少随年龄而变化。

（二）婴儿的记忆

婴儿具有记忆能力，这是现代心理学公认的事实。

为了研究婴儿的记忆，心理学家采用了许多有趣的方法。第一种方法是“客体永久性”法。客体永久性是皮亚杰理论中的一个概念，讲的是当一个物体从视野中消失后，儿童并不认为物体不存在了，而是相信它仍在某个地方。一般来说，7个月以后的婴儿才具有这一能力。此前，当物体从视野中消失后，婴儿认为物体也就消失了，表现为不去寻找物体。而具有客体永久性的婴儿在物体从视野中消失后会继续寻找。有人运用此法对7～12个月的婴儿进行实验。实验者（主试）当着婴儿（被试）的面，先将一物体首先藏在A处，婴儿很顺利地找到物体。然后，实验者当面将物体藏于B处。研究发现，所有小于12个月的婴儿都到A处去寻找被藏的物体。这就是所谓的“AB错误”。研究者还发现：7个月婴儿的AB错误，从婴儿发出寻找动作到主试把物体藏到B处的时间间隔为2秒，超过这个时间，婴儿就不再寻找；12个月婴儿的AB错误，相应的时间间隔为10秒。从解决问题的能力上看，婴儿的思维表现为不成熟，但从记忆的角度来看，婴儿确实有记忆，而且随年龄增长，信息保持的时间也逐渐延长。第二种方法就是前面提到的习惯化、去习惯化法。我们知道，反复给婴儿呈现一个刺激后，婴儿对该刺激的注意程度会下降，即形成习惯化。当一个新刺激出现时，婴儿会去习惯化，对新刺激表现为更加注意，注视时间更长。这一过程不仅表明婴儿已经具有良好的知觉辨别能力，而且也说明他们对呈现过的刺激具有一定的记忆能力。习惯化、去习惯化的行为表现实质上是婴儿大脑对信息的加工能力的标志。这一能力在一个儿童的所有认知活动中具有很高的一致性。因此，许多学者认为：“在平均水平上，婴儿期习惯化相对较快的儿童，在儿童期的IQ测验上得分较高。”① 也就是说，儿童早期对新异刺激的兴趣对以后的智力水平具有一定的预测性。这一论断至少为我们指出儿童的认知活动具有内在的连贯性。第三种方法是传统的条件反射法。如果婴儿在一种条件下形成了一个条件反射，间隔一段时间后当这一条件再次出现时，研究者观察条件反射是否再次发生。再次发生则表明婴儿具有记忆。有人记录下婴儿在自然状态下腿部运动的频率，然后在婴儿的脚踝处绑一布条，布条的另一端与一铃铛相连，婴儿每一次蹬腿都会引起铃声，形成铃声与蹬腿之间的条件反射。研究发现：2个月的婴儿能保持1～2天，6个月的婴儿至少能保持2个月。第四种方法是延迟模仿法。我们知道，新生儿很早就具有即时模仿的能力。以后，婴儿能对不在面前的动作原型进行模仿，称为延迟模仿。有研究报告，9个月的婴儿能对24小时以前见到过的动作加以模仿。这种行为产生的条件之一是对以往经验的回忆。

研究表明，婴儿不仅很早就有记忆，而且还有一定的保持能力。在整个婴儿期，这种能力发生着各种变化，变得越来越趋向完善。

首先，婴儿的再认是不断发展的。新生儿和年幼婴儿的再认是粗略的。很小的婴儿尽管能对熟悉和不熟悉的物体做出不同的反应，但对熟悉的东西并没有“我曾见过”的认识。他们的记忆更多地属于内隐记忆。斯特劳斯（M. Strauss）等的研究说明了这一点。他们先让5个月的婴儿对某个具有特定形状、大小和颜色的物体（如大的、黑色的、向上的箭头）形成习惯化，然后改变一两个维度（如变为大的、白色的、向上的箭头），观察婴儿对刺激物的注视时间。研究发现：5个月的婴儿对前一刺激物形成习惯化后，第二个刺激物紧接着呈现，

① [美] J. H. 弗拉维尔等著，邓赐平等译：《认知发展》，华东师范大学出版社2002年版，第323页。

婴儿能记住所有特征；如果将呈现时间延缓到15分钟，婴儿能记住两个特征；25分钟后呈现第二个刺激物时，婴儿只记住一个特征。随着年龄的增长，婴儿对信息的保持时间逐步延长，对特定经验的编码也越来越多，对周围环境中的精细特征越来越敏感。4岁儿童的再认已经非常精确了。在一项看图再认的实验中，向4岁儿童呈现80张图片，然后让他们指出曾经见过的图片。研究发现，正确率达90%。

其次，婴儿的回忆也有所发展。7个月以后的婴儿能寻找从视野中消失的物体，说明婴儿已经具有了回忆。到第一年末，多数婴儿表现出对自己熟悉的位置，如食品柜或玩具箱的长时记忆。婴儿不仅能记住单个的动作，还能记住动作的顺序。2岁儿童产生了有意识地回忆以前发生过的事件的能力。这一发展显然与儿童言语能力的发展有密切关系。学前儿童也能对有意义的动作序列形成事件程式，这在他们的象征性游戏和角色游戏中表现得非常生动、准确。

（三）幼儿的记忆

1. 无意识记和有意识记

苏联心理学家斯米尔诺夫（A. Смирнов）认为："记忆的发展是以有意识记效果的增长为特征的。"① 幼儿期整体心理水平的有意性都较低，因此，记忆的有意性也较低。幼儿的记忆还很难服从于活动的目的，而更多地服从于对象的外部特征，加上幼儿所掌握的记忆方法有限，因此，幼儿的有意识记较薄弱，而无意识记占主导地位。

幼儿的无意识记与材料的性质有关。直观的、形象的、具体的、鲜明的材料容易引起无意识记。

无意识记虽然与材料的特点有关，但最关键的因素还是幼儿的兴趣、情绪的强弱和态度。此外，还取决于活动的方式，

① ［苏］列昂节夫等著，孙晔等译：《苏联心理科学》第1卷，科学出版社1962年版，第265页。

即对所要掌握内容的认知方式。如果一个材料经过幼儿的实际操作，如分类，那么对材料的无意识记的成绩就要好些。

智力活动积极性的高低，也是影响无意识记效果的重要因素。苏联心理学家陈千科（П. Зинченко）让不同年龄的儿童（幼儿园大班、小学二年级和五年级）在游戏和学习两种不同条件下完成两种智力任务：(1) 说出一些词，要使这些词与指定的词在意义上有联系；(2) 说出一些词，要使这些词与指定词的第一个字母相同。结果是幼儿园大班儿童在游戏中的无意识记的成绩优于有意识记，而学龄儿童正相反。一般来说，儿童智力活动的积极性越高，无意识记的效果就越好。

无意识记的本质仍然是一种理解性的记忆，许多事物，尤其是语词材料往往是在理解材料的过程中被无意识记住的。幼儿年龄越大，理解能力越强，认识范围越广，因而无意识记的效果也就不断提高。

但有时也会出现年幼儿童的无意识记效果比年长儿童好的现象。这往往与无意识记本身的规律有关，而不是固有的年龄特征。当无意识记的材料成为活动对象时，无意识记的效果就会提高。

在学习活动中，幼儿的有意识记随着学习任务和学习方法的提高和改进而不断发展。有意识记的效果同样受学习的动机、任务的性质的制约。

伊斯托米娜（З. Истомина）对 3～7 岁儿童有意识记的特点的实验研究表明，如果作业是在实验室条件下布置的，那么，3～4 岁儿童平均只能记住 5 个词中的 0.6 个，5～6 岁儿童记住 1.5 个，7 岁儿童记住 2.3 个。但是，如果这些词用于游戏，如购买物品游戏，那么，儿童记忆单词数为：3 岁，1.0 个；4 岁，3.0 个；5 岁，3.2 个；6 岁，3.8 个。如果再进一步将游戏改为一次实际的活动（组织儿童领取实物，以布置展览会)，这些被试记忆单词的成绩又提高到：3 岁，2.3 个；4～5 岁，3.5 个；5～6 岁，4 个；6～7 岁，4.4 个。

实验者不仅发现3～7岁儿童的有意识记在发展，而且还注意到儿童在记忆的方式上有重要差别。

在游戏实验中，儿童的识记表现出三种不同的行为方式。(1) 儿童虽然能理解自己“顾客”的身份，但不理解交给他们的任务，有时甚至还没有听完任务就跑到“商店”里去了。他们并不试图再现主试所说的话，表现为没有识记目的。(2) 儿童虽然能理解任务，并力图复述任务，具有识记目的，但并没有采用任何有助于识记的特殊方法。(3) 儿童不仅能理解任务，而且还采用促进识记的方法，如自己复述或要求主试重复。以上三种行为方式在不同年龄儿童身上出现的次数是不同的（见表2-1）。

表2-1　儿童识记的不同行为方式次数

行为方式＼年龄/岁	3～4	4～5	5～6	6～7
1	12人次	0	0	0
2	3人次	15人次	7人次	5人次
3	0	0	8人次	10人次

上表说明，低级的行为方式在3～4岁儿童中占优势，而高级的行为方式从5～6岁开始出现，并随年龄的增长而增加。第二种行为方式有一种有趣的趋势，4～5岁时有所增加，而5～6岁以后又逐渐下降。

在这个实验中，儿童的再现也表现出三种行为方式：(1) 完全没有复述任务，只是说出当时所想到的一些物品的名称；(2) 儿童用自己想出的话不很精确地力求复述任务；(3) 运用某种回忆的方法力求复述任务。实验中三种行为方式的表现次数见表2-2。

表2-2　儿童再现的不同行为方式次数

行为方式 \ 年龄/岁	3～4	4～5	5～6	6～7
1	12 人次	0	0	0
2	3 人次	13 人次	3 人次	1 人次
3	0	2 人次	12 人次	14 人次

第一种行为方式只在 3～4 岁儿童身上表现出来；第二种行为方式在4～5 岁儿童身上表现得最多，6～7 岁儿童很少表现；第三种行为方式从5～6 岁开始逐渐增加。研究者注意到，儿童有意再现的高级行为方式（第三种方式）比有意识记的高级行为方式来得早（表2-2中 5～6 岁的 12 人次与表2-1中5～6 岁的 8 人次相比），而且发展得也快。因此，研究者认为，有意记忆的发展是由有意再现的发展开始的，有意识记是在有意再现之后发展的。

幼儿的无意识记和有意识记随着年龄的增长均在发展。但是，两者增长的速度是不同的。我们不要把幼儿的无意识记和有意识记的发展看作此长彼消的过程。事实上，随着幼儿年龄的增长，两种识记都在不断发展。国内有课题组做过比较不同年龄幼儿识记图片效果的实验，向 4～7 岁儿童呈现 10 张图片，发现儿童无意识记的成绩为：4 岁为 4.5，5 岁为 5.3，6 岁为 5.7，7 岁为 6.2。相应年龄的有意识记的成绩分别为 5.4、6.2、6.9 和 7.7。可见，幼儿的无意识记和有意识记都在发展。随着年龄的增长，儿童有意识记发展的速度增长得更为明显。因而，在不同的年龄阶段，两种记忆的效果也不同。一般来说，学前期无意识记的效果好于有意识记，而在小学四到六年级时，有意识记的效果赶上并最终超过无意识记的效果。

儿童两种记忆的发展除了与年龄、活动的性质有关外，也与材料的难度有关。材料难度越大，随年龄增长的两种记忆效果的差别就越小。这是因为识记材料难度提高后，智力活动的积极性也会相应提高，使无意识记的成绩显著提高并接近有意记忆的成绩，因而两种记忆的效果接近。

2. 机械识记和意义识记

机械识记和意义识记是儿童识记的两种方法。这两种方法都是必要的。过去有人认为儿童的记忆以机械识记为主，其实这并不符合事实。苏联心理学家列昂节夫（A. Леонтьев）在各种年龄的儿童和成人身上做实验，发现4～5岁和6～7岁儿童回忆有意义单词的平均量，几乎超过回忆无意义音节数量的10倍。识记有意义材料的明显优越性同样也表现在其他年龄组的被试身上。当然，从方法论角度看，我们不可以把对无意义音节（包括其他无意义材料）和有意义材料的记忆简单地归结为机械识记和意义识记，因为记忆方法的采用并不完全决定于记忆材料的性质。一个有意义的材料同样也可以用机械识记的方法来识记。

幼儿的意义识记表现在：

（1）幼儿能用自己比较熟悉的词去代替不熟悉的词，表现出一种幼稚的但具有概括性的特点；

（2）在复述故事时，幼儿会删去无关紧要的部分，加上一些自己认为合理的细节；

（3）在复述故事时，幼儿还会在不破坏逻辑关系的前提下对细节程序做改动。

但是，在实际生活中，人们常常发现儿童，尤其是学龄前儿童很容易记住那些并不理解的甚至无意义的材料。如何解释这种现象呢？

首先，儿童虽然不理解材料的内容，但他们知道这些材料是有意义的。他们按自身的理解来领会这些材料，把那些已知的或容易理解的东西加以突出，从而引起特别的注意。此外，儿童常常对材料的音律或其他方面的特征产生特殊的情绪或态度，或者是因为这些材料与游戏组织在一起，激起了他们对这些材料的兴趣，在一定的活动中，他们便记住了这些材料。

至于在一部分学龄儿童身上经常看到的那种机械识记，往往是长期学习和教育上的失败形成的。学习上以机械识记为主的学生，思维比较消极，智力水平不高，钻研精神缺乏，自信心较差。随着学习难度的加大，机械识记难以为继，儿童越学越被动。

3. 再认和再现

从信息加工的过程看记忆，信息提取的方式包括两种：再认和再现。

儿童很早就具有很强的再认能力，但这种能力与其他心理过程一样，也随着年龄的增长而不断提高。我国心理学家沈德立等人采用再认法测量幼儿对情节图片和抽象图片的再认保持量。结果发现，不同年龄的幼儿对图片再认的保持量有显著的差异（见表2-3）。①

表2-3　不同年龄组幼儿的图片再认保持量的比较

统计量 / 年龄组	保持量的平均数	标准差
小班	7.47	5.54
中班	11.38	4.79
大班	13.57	4.59

小班幼儿的再认保持量为 7.47，中班幼儿的再认保持量为 11.38，大班幼儿的再认保持量为 13.57。各年龄组平均数差异显著，表明再认水平随年龄增长而显著发展，而且，小班至中班的发展速度明显快于中班至大班的发展速度。研究还发现，再认的发展不仅表现在保持量上，也反映在再认反应时上。年龄小的幼儿反应时长，年龄大的幼儿反应时短（见表2-4）。

① 沈德立：《中国儿童青少年记忆发展与教育》，见朱智贤主编《中国儿童青少年心理发展与教育》，中国卓越出版公司 1990 年版，第58 页。

表2-4　不同年龄组幼儿再认反应时的比较

单位：秒

年龄组	情节图片	抽象图片	平均值
小班	2.39	2.45	2.42
中班	1.97	1.99	1.98
大班	1.87	1.92	1.895

其他感觉道（如听觉）的再认也呈现以上的发展趋势。

许多学者还发现，当需要解决的任务难度提高时，个体的再认能力更明显地表现出随年龄增长而提高的趋势。

个体的再现能力随年龄的增长而提高，具体表现在年龄大的儿童再现时对外在线索的依赖比年幼儿童要少。根据个体再现时所提供提示线索的不同，再现分为线索再现和自由再现两种。线索再现是回忆者依靠具体的外在线索进行的再现（如写出 10 个部首为“亻”的汉字）。自由再现是当提示线索较为笼统或抽象时进行的再现（如说出亚洲各国的首都）。研究证明，提示的线索越抽象，再现时对主体的认知能力的要求就越高。

年幼儿童在贮存记忆信息时运用的认知单位的类型（如重现、表象、符号、概念等）比成人少，加上年幼儿童记忆策略的运用能力（如对信息的组织、重复、系统搜索等）比成人弱，因此，再现的效果比成人差。信息的再现受信息所在位置的影响。一般来说，处于开始部位和结尾部位的信息再现效果比中间部位的好。这种现象分别称为首因效应和近因效应。不同年龄儿童的再现水平不同，但再现曲线首尾上扬的趋势大致相同（见图2-6）。

4. 自传体记忆

自传体记忆是婴儿对发生在自己身上的具体事件的记忆。我们知道，婴儿就已具备了记忆简单事件的能力。1.5～2 岁时，儿童能在成人的帮助下，开始谈论过去的事，表明他们有了记忆比较复杂事件的能力。儿童对新异事件的自传体记忆往

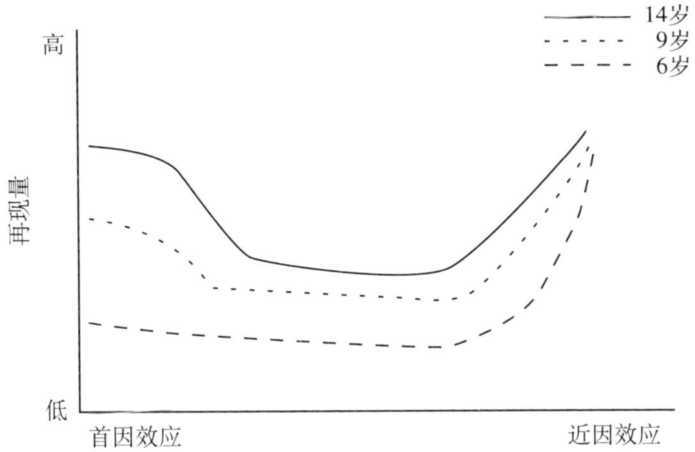

图2-6　6 岁、9 岁、14 岁儿童的再现曲线

往是比较好的，如幼儿能记住到游乐场游玩的事件。3 岁以后的儿童对特定事件的描述变得更具有组织性，同时会逐渐附加个人感受。年龄再大一些的儿童在自传体记忆中会加入更多的背景信息。4 岁儿童能准确报告 2.5 岁以前发生的事件。5 岁儿童能将关于某一事件的记忆贮存到 6 年之后。儿童的自传体记忆与言语发展的水平有密切关系。随着儿童言语交流能力的增强，父母与他们的对话也增加。其中大量的对话内容是关于过去的活动，这种对话对儿童自传体记忆的发展无疑具有重要的促进作用。成人的提示教会了儿童如何进行回忆，年龄较小的儿童比年龄较大的儿童需要更多的提示。在成人的提示下，年幼儿童能回忆的事件与年长儿童能回忆的一样多。成人的提示有两种：一种是详述的方式，父母向儿童提许多变化的问题，给儿童的陈述增添信息，为儿童收集必要的事件信息和评价；另一种是重复的方式，父母提供较少的信息，但重复地向儿童提出有启示性的问题（如："我们在那儿做了什么?"），让儿童描述事件，培养他们的描述能力。儿童的自传体记忆本质上是一种社会交流，是儿童与成人对自身经验的分享。需要指出的是，成人对儿童的提示应该是特指的，不宜采用开放性的问题。对于成人所提出的开放性问题，年幼儿童难以提供准

确信息并容易受到暗示。事实证明，成人在同一时间内向儿童一再提同样的问题，儿童很容易改变自己的答案，年幼儿童比年长儿童更甚。

儿童自传体记忆的发展与亲子活动的性质有很大关系。善于对孩子的话语加以精细化的母亲也有利于儿童自传体记忆的精细化。此外，与形成安全依恋的女孩相比，形成不安全依恋的女孩的亲子交谈，更倾向于讨论消极情绪。儿童的自传体记忆还具有明显的性别差异和文化差异，通常女孩表现得比男孩好，西方文化中的儿童比东方文化中的儿童更喜欢谈论自己的感想和喜好。

儿童自传体记忆的发生有什么心理价值呢？有学者认为："对以往事件的记忆有助于儿童预测将来的事件。对个人所经历事件的记忆也提供了某种时间的延续感，从而可能与自我认识的出现密切相关。"①

5. 婴儿期记忆缺失和记忆恢复现象

在对婴儿记忆的研究中，一个"经典性困惑"十分有趣，那就是婴儿期记忆缺失。大量的研究发现婴儿期有记忆现象，但人们又发现儿童并不能回忆起自己在婴儿和幼儿早期（3 岁以前）的事情。如何解释这种困惑呢？

有人认为，这是由于婴儿大脑皮质的额叶尚未发展成熟的缘故。额叶对记忆的关系重大，而额叶的成熟要一直延续到学龄初期才能完成。但这一假设的不足之处是无法解释个体额叶成熟的最高年限与婴儿期记忆缺失之间的年龄差距。幼儿期额叶也未成熟，为什么不造成幼儿期记忆缺失呢？也有人认为婴儿主要运用内隐记忆，外显记忆的功能较差。还有人认为，婴儿与年龄大的儿童和成人对信息采用不同的编码方式，婴儿采用非言语编码方式，年龄大的儿童和成人采用言语编码方式。

---

① [美] J. H. 弗拉维尔等著，邓赐平等译：《认知发展》，华东师范大学出版社 2002 年版，第 328 页。

两套编码方式与提取方式之间不匹配，造成婴儿期存储的信息提取困难，导致婴儿期记忆缺失。还有人从早期记忆中缺乏自我的介入、早期婴儿缺乏分享和复述记忆的社会系统等方面来解释婴儿记忆的早期缺失。看来，这个问题还需要继续研究。学术界公认，只有当儿童出现自传体记忆时，才标志着婴儿期记忆缺失阶段的结束。

记忆恢复现象反映幼儿记忆过程中的另一类可能的遗忘曲线（见图2-7）。

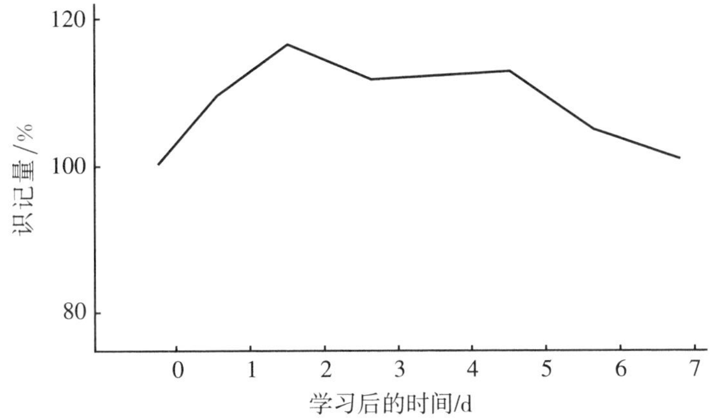

图2-7　记忆恢复现象

这条曲线表示年幼儿童在识记材料之后的头几个小时或头几天里，识记量逐步上升，在达到高峰之后开始下降。幼儿在学习某一材料后不能马上完整地再现熟记的材料，而是过一段时间后，记忆才得以完善。真正的遗忘要在达到高峰后才开始。心理学家通常认为，儿童记忆恢复现象发生在识记以后的1～2天。在记忆内容复杂和情调鲜明的材料时，记忆恢复现象表现得尤为经常和突出。在智力落后儿童身上看不到这种现象。

我国学者洪德厚也曾对这一现象做过研究，发现4～6岁儿童的记忆曲线在延缓7～14天后有隆起现象。这一恢复现象与识记材料的性质和数量有一定关系。如果材料难度大，记忆恢复现象就比较明显。幼儿园小班儿童的记忆恢复现象更为显著。

（四）儿童的记忆策略

记忆策略是个体为提高记忆效果而采用的手段以及对自身记忆活动的有意识控制。人类记忆系统不仅对适宜刺激做出反应，贮存和提取信息，而且还能精确地估计有效进行记忆活动的可能性。

1. 儿童记忆策略的发展阶段

（1）无策略阶段。儿童既不能自发地使用某一种记忆策略，也不能在他人的要求或暗示下使用策略。

（2）部分策略阶段。儿童能部分地使用策略，或使用一种策略的某种变式。在这个阶段，儿童在有些场合能使用记忆策略，在另一些场合却又不能使用策略。

（3）策略与效果脱节阶段。儿童能在各种场合使用某一种策略，但记忆的效果并没有因策略的使用而提高，表现为记忆成绩滞后于策略使用的脱节现象。

（4）有效策略阶段。儿童能熟练地运用记忆策略，并有效地提高记忆成绩。

2. 儿童记忆策略的具体表现

（1）视觉复述策略。幼儿在记忆过程中使用的最简单的策略，就是将自己的视觉注意力有选择地集中在要记住的事物上，不断地注视目标刺激，以加强记忆（见信息栏2-2）。

信息栏2-2　　盯住它，别忘了！

学步儿童和早期幼儿很早就表现出使用记忆策略的倾向。在一项研究中，研究者向 18～24 个月的儿童出示一只玩具大鸟，接着把大鸟藏在枕头下面，并要求儿童记住大鸟的位置，以便以后找到它。随后宣布自由活动 4 分钟，并在活动中用其他玩具设法使他们分心。但是，研究者发现，这些儿童在自由活动中经常会中断活动而谈论大鸟的位置，注视这一位置，并用手指着它，或者在这个位置周围徘徊，或企图掀开枕头。儿童显然是在短期记忆中采用“视觉复述”的方法力求保持大鸟位置的信息。为了对照实验结果，当研究者把大鸟放在枕头上面或放在枕头下但不要求儿童取回玩具时，儿童在自由活动时就不再盯着大鸟所在的位置了。

（2）特征定位策略。儿童给目标刺激“贴上”某种特定的标签以便于记忆。有研究发现，5 岁以上的儿童能采用这种特征定位策略。如要求儿童把小物品藏在一个有 196 个格子的棋盘中，并要求儿童尽可能多地记住物品所藏的位置。懂得特征定位策略的儿童会选择具有某种特征的位置，如在棋盘的某一角落放置物品。具有这一特征的位置不易忘却，且便于寻找。

（3）复述策略。在记忆过程中，儿童不断重复需要记忆的内容，以便准确、牢固地记住这些信息。复述是一个常用的有效的记忆策略，也是将短时记忆转化为长时记忆的必要手段。有研究发现，10%的幼儿园儿童已经掌握了复述策略，85%的小学五年级学生能自觉地运用复述策略。随着年龄的增长，儿童使用复述策略的能力和复述的质量都在提高。

（4）组织策略。主体在记忆过程中，将记忆材料按不同的意义组织成各种类别，编入各种主题，使它们产生意义联系，或对内容进行改组，以便于记忆的方法称为组织策略。

组织策略出现于学龄期，它与记忆的目的、任务、要求及主体的知识结构有关。5～6 岁儿童使用组织策略的次数较少，而且效率也不高。效率不高主要表现在年幼儿童对记忆材料的分组过细，每一组中的项目数偏少，因而使项目组织网络的负载过大，组织策略的功能难以发挥。这与幼儿思维的概括性偏低有关。此外，年幼儿童对记忆材料的分组标准缺乏同一性，使材料的组别不断变化，从而削弱了组织策略应该产生的效果。小学一年级儿童已经具有了运用组织策略的中等能力，但尚不能自发地使用策略。这种现象称为“产生性缺损”。当对一年级儿童进行策略指导后，他们可以学会使用组织策略，但记忆效果并没有出现同步增长，即成绩的提高往往滞后于策略的使用。这一现象称为“中介性缺损”。这是因为策略的使用消耗了儿童一定的心理容量，而用于记忆的容量受到影响。也就是说，一年级儿童处于产生性缺损伴随中介性缺损的阶段。三年级儿童虽然处于产生性缺损阶段，但中介性缺损已经消除。也就是说，他们虽然仍不能自发地产生和运用组织策略，但只要通过训练便能学会使用，从而提高记忆成绩。五年级儿童的心理容量和经验都有所增长，他们已经能自发运用组织策略，并使回忆效果大大提高。

儿童记忆策略的运用是一个动态过程，这种策略行为无论在性质上还是程度上都可能在一定的时间内发生变化，长则几个月或几年，短则几天或几分钟。这种变化意味着什么，有什么特点，都是值得研究的新课题。

此外，儿童记忆策略的发展受到文化的影响，不同文化背景中的儿童使用记忆策略的能力不同。教育是使儿童形成记忆策略的重要途径。有人研究过两个相似年龄组儿童记忆策略的差异。其中一组儿童的年龄刚好超过入学年龄而成为小年龄的一年级学生，另一组儿童是刚好不到入学年龄而留在幼儿园里的“大龄”学前儿童。研究者发现，一年的学校教育使儿童在使用记忆策略方面的能力明显优于学前儿童。

从一般的意义上讲，组织策略是一种分类法。这是长时记忆的网络中蕴含的一项基本方法，是所有记忆术中最重要的、最有效的方法。许多实验证明，凡是按意义组织起来的项目，总比胡乱堆积的项目记得更好些。需要记住大量材料的人，常用的方法便是把材料分为层次，而不是单纯地把材料从头背到尾。在一个专业范围内，需要把知识一次次地排列，直到成为完整的分层次的系统。专家认为，没有任何方法比分层次的排列更有利于记忆的了。一个人一旦有了这种有层次的系统知识，在回答问题时就不必一个答案一个答案地搜寻，而只需从高级抽象的层次开始，逐渐向下面的具体层次深入，最终求得正确答案。要达到这种境界，需要长期的经验积累，认知心理学家认为需要25年。

（5）提取策略。个体在回忆过程中，将贮存于长时记忆中的特定信息回收到意识水平上的方法和手段，称为提取策略。再认和再现都需要运用提取策略。当然，再现比再认要困难得多。儿童在记忆能力上表现出的年龄差异和个体差异，主要是由提取能力的不同而造成的。

提取策略的核心是对线索的利用。在缺乏线索的自由回忆或虽有线索但不会利用的情况下，6～8岁儿童的回忆成绩都不高。但当研究者告诉儿童如何利用线索后，回忆成绩便显著提高。年幼儿童通常不会自发地发现线索，必须依靠成人对线索做出形象的提示和明确的说明，才会利用线索提取信息。

对于儿童来说，记忆时的情景对信息的提取具有重要的线索意义。“触景”不仅可以“生情”，而且还能“助忆”。这是因为记忆材料在贮存并接受网络编织时，还夹杂着各种各样的非逻辑线索（如与记忆材料无关的教室、桌椅板凳、灯光、位置、人物表情等）。这些非逻辑因素与我们要提取的信息也有一定的联系，并且在条件相同或相似的情景中帮助提取信息。

儿童意识到记忆策略与回忆相关，有助于他们实际记忆效果的提高。在进一步的研究中发现，儿童对某种记忆策略的作用具有合理的心理解释后，会更多地采用这一策略。

四、学前儿童思维的发展

人类的许多学科分支各自从不同的角度研究思维。儿童心理学从思维发生的角度，研究思维是怎样从直觉行动思维发展成具体形象思维，并最终到达抽象逻辑思维的。

（一）儿童思维发展的一般趋势

儿童思维的不同发展层次，分别称为直觉行动思维、具体形象思维和抽象逻辑思维。这三种水平的思维反映了儿童思维发展的一般趋势。

1. 直觉行动思维

儿童与成人一样，都在积极的活动中反映着现实。婴儿的活动单位是动作。婴儿的动作是构造智力大厦的砖瓦，动作发展与心理发展的关系非常密切。儿童早期动作的发展水平在某种程度上标志着心理发展的水平，同时，动作的发展又促进心理的发展。

那么，儿童早期动作的发展水平又如何呢？

新生儿具有先天性的反射动作，主要有吸吮反射、抓握反射、拥抱反射、踏步反射等。这些先天反射到一定时期便自行消失。新生儿的双手呈握拳状。出生后 12 周，手指才松而屈，16～20 周开始有真正的抓握，即一种以触—视觉为线索的自觉抓握。婴儿从 16 周起，粗糙的手臂活动按发育成熟的程序，逐渐出现类似于捋、抓握、操纵和探索等精细动作。因此，格塞尔（A. Gesell）把 16 周看作婴儿动作发展的转折阶段。此外，16 周的婴儿，头、眼、手的协调也迅速发展，颈部肌肉得到了充分发育，在别人的扶持下，可以不太稳地保持坐姿。28 周的婴儿能坐在椅子上，双手能灵活地活动，不但能伸出一只手去抓握物体，还会把物体从一只手递交到另一只手。40 周的婴儿能伸出食指做戳拨、撬动和抚摸动作，他们能成功地拉住线，并能在不抬高腕部的情况下用拇指指端与食指（或中指）指端拿起一粒小糖丸（儿科临床上称为平指摘）。从 40 周婴儿的动作表现上，我们可以看出他们的指端、舌尖、足和足趾正在逐渐成熟起来。52 周的婴儿能精确地抓起小糖丸或细线，但握住后再松开的控制能力较差。60 周（15 个月）的儿童一般能独立行走，能叠两块方木，并能用手表示意图。72 周（18 个月）的儿童开始能对各方面的动作进行协调，走路不摔跤，甚至能够开始跑动。24 个月的儿童能用蜡笔画一竖，能叠 6 块方木，能用 3 块方木排成一行，这表明他们对垂直和水平方向的动作已掌握了一部分。专家们一般认为，3 岁是儿童早期动作发展的顶点。这时儿童的动作开始表现得比较成熟，自己会洗手、吃饭、小便。他们已掌握了一定的动作要领，因此行为也就日趋复杂。

儿童动作的发展是有个别差异的，但总的来说，儿童行为系统的建立是一个有序列的过程，而且每个相应的反应都标志着一个成熟阶段的一种行为模式。医学上把这些有特点的行为模式作为儿童智能发育的诊断依据。这种诊断适用于揭示儿童神经系统中的损伤、缺陷、变形和落后。通过对儿童行为的观察以及同一般行为模式的比较，我们可以及早发现异常情况，以便进行早期治疗。

在儿童动作发展的过程中，双手的发展具有特别重大的意义。恩格斯在分析人类的演变过程时强调："手不仅是劳动的器官，它还是劳动的产物。"① 他认为人的手是任何动物都不可比拟的，在甚至与人最相似的猿类的不发达的手和经过几十万年的劳动而高度完善化的人手之间，有多么巨大的差异，而这种巨大的差别来源于劳动。恩格斯说："只是由于劳动，由于总是要去适应新的动作，由于这样所引起的肌肉、韧带以及经过更长的时间引起的骨骼的特殊发育遗传下来，而且由于这些遗传下来的灵巧性不断以新的方式应用于新的越来越复杂的动作，人的手才达到这样高度的完善，以致像施魔法一样造就了拉斐尔的绘画、托瓦森的雕刻和帕格尼尼的音乐。"② 儿童双手动作的发展不仅使他们的动作日益准确而复杂，而且使他们的活动日益丰富，为他们的心理发展开辟了越来越广阔的天地。

在双手运动中，抓握动作的发展具有更为重要的意义。抓握动作能形成视觉和动作的协调。抓握，是儿童最初的有方向的运动，它是形成以各种各样的方式摆弄物体的复杂动作的出发点。

---

①② 《马克思恩格斯选集》第 4 卷，人民出版社 1995 年版，第 375 页。

儿童早期动作的发展具有重要的心理价值，儿童最初的思维与其动作的发展是分不开的。动作是思维的起点，是解决问题的概括性手段，也是直觉行动思维的手段。

所谓直觉行动思维，就是儿童在动作中进行思维。这种思维的进行离不开儿童自身对物体的感知，也离不开儿童自身的动作。儿童在进行这种思维时，只能反映自身动作所能触及的具体事物，依靠动作思考，而不能离开动作在动作之外思考。正因为这种思维与感知和动作不可分离，因此直觉行动思维一开始就表现出范围的狭隘性和内容的表面性。

直觉行动思维一直可延续到幼儿期的早期（幼儿园小班），因而这个时期儿童的思维仍然带有很大的直觉行动性，只要他们的活动对象和动作一转移，他们的思维也会随之转移。

直觉行动思维使儿童能对事物做出一定程度的概括，在刺激物的复杂关系和反应动作之间形成联系。这种思维的发展，就主体来讲，使儿童的动作协调起来，为今后思维的发展打下基础。就客体来讲，使客体之间的相互作用逐渐协调起来，便于把客体从时间和空间上组织起来，作为将来揭示事物之间复杂关系（如因果关系等）的起点。但是，由于直觉行动思维缺乏词的中介，因此，它具有狭隘性（思维的范围）、表面性（思维的内容）和情景性（思维持续的时间）的特点，还不可能掌握事物的本质和它们之间的复杂关系。但是，这一阶段的思维绝不是没有价值的、可有可无的或可笑的。事实上，直觉行动思维一方面使儿童的动作得以协调，另一方面把客体从时间和空间上组织起来。皮亚杰说，直到学龄时期，直觉行动思维仍然是“概念智力”（抽象思维）的一个基础。

2. 具体形象思维

具体形象思维主要表现在幼儿期。儿童（学前期）活动范围的扩大，感性经验的增加，语言的丰富，为思维的发展创造了有利条件。此时，儿童的思维主要依赖于事物的具体形象、表象以及对表象的联想。因此，这一时期儿童的思维能借助表象认识个别对象。这种具体形象是直觉行动思维的演化结果。个体形象正是儿童的直觉行动在思维中重复、浓缩而成的表象。随着活动的发展，儿童的表象也日益发展，表象在思维中所占的成分越来越大，最终成为幼儿期的主要思维方式。

在整个幼儿期，思维的特点又有所变化。如果说在它的早期还包含着相当大的直觉行动思维成分的话，那么在它的后期（幼儿园大班）抽象逻辑思维已经有了初步的发展。

具体形象思维有以下两个特点。

（1）具体性和形象性。由于表象功能的发展，儿童的思维逐渐从动作中解脱出来，也可以从直接感知的客体中转移出来，从而有更大的概括性和灵活性。但是，由于儿童还不善于运用概念、判断、推理来论证复杂的事物，对于抽象问题往往困惑不解，因此他们往往需要依靠具体事物作为思维的支柱，对于脱离形象的抽象概念较难处理。学前儿童的思维仍有很大的局限性，尤其是在处理复杂问题时，具体形象往往会产生干扰作用。

（2）开始认识事物的属性。幼儿早期儿童往往根据事物的外部特征来认识和区别事物，到了中期（幼儿园中班），儿童就逐渐能认识事物的属性，开始依据事物的重要特征进行概括。当然，这种水平与对事物本质特征的概括还是有很大距离的。他们掌握的所谓概念，往往只与具体的对象联系在一起，与物体的感知特点和感知的具体情景密切相关，还不能反映该类对象的一般特性。但在他们的经验范围之内，对于熟悉的事物，他们已可以进行逻辑思维。

3. 抽象逻辑思维

所谓抽象逻辑思维，就是使用概念、判断、推理等形式进行的思维。通过抽象逻辑思维，人们可以认识事物的本质特征以及事物内部的必然联系。

抽象逻辑思维是借助人脑的最高产物——概念来完成的。

学龄初期儿童的思维由具体形象思维发展到抽象逻辑思

维，是思维发展过程中的质变。这种质变是一个较长的演变过程。学龄初期儿童的抽象逻辑思维有以下两个特点。

(1) 抽象逻辑思维开始发展，但仍带有很大的具体性，尤其是低年级儿童，他们掌握的概念大部分是具体的，与直接可以感知的对象相联系。儿童需要通过直观形象来理解抽象的超经验的概念。在学习数学时，儿童要借助于实物包括手指的帮助，在遇到解题困难时，尤其要依靠直观的图像以求解答。因此，可以说，学龄初期儿童的思维，是具体形象思维和抽象逻辑思维同时存在并在思维活动中进行消长的复杂过程。当儿童只能认识事物的个别对象、空间联系时，思维中的具体形象占主导作用。而只有当儿童能认识事物的因果联系时，抽象概括才在思维中表现出主导作用。

(2) 学龄初期儿童的抽象逻辑思维又是不自觉性与自觉性在思维活动中进行消长的过程。起初，由于他们的内部言语还不够成熟，抽象逻辑思维还带有不自觉性，表现为不能自觉地调节、检验和论证自己的思维过程，不能说出自己是如何进行思考与解决问题的。

在整个小学时期，儿童的抽象逻辑思维水平在不断提高，发展的总趋势是抽象逻辑思维越来越占主导地位，但对于各个具体的学科来讲，儿童的思维又表现出很大的不均衡性。一般来说，对于比较熟悉、较容易与具体形象相联系的概念，思维水平较高。对于比较生疏而距离形象较远的概念，思维水平较低。因此，在教学过程中，教师要正确地估计小学各阶段儿童思维发展的实质，既要适应又要促进其发展，使教育工作收到切实效果。

儿童思维的发展阶段虽然是不可逆的，但各种水平的思维并不是相互排斥、互不相容的。事实上，即使是成人，在思维过程中也不免使用动作，第一次玩魔方的人就表现出这种特点。可见，思维和实际动作不是彼此被一条不可逾越的鸿沟隔开来，在生动的现实中，每一步都可以观察到从思维到行为、从行动到思想的过渡［维果茨基（Л. С. Выготский）语］。

（二）皮亚杰的儿童智慧发展理论

皮亚杰的儿童智慧发展理论，是 20 世纪最重要的发展心理学理论体系。

就本质而言，皮亚杰的理论体系并不是纯粹的发展心理学理论，而是认识论。但皮亚杰采用心理学实证研究的方法研究人类理性的核心问题，把研究儿童心理的发展当作一种“方法论的插曲”（皮亚杰语），为发展心理学构建了一座美轮美奂的理论大厦。思维心理学的绝大部分的历史处于描述阶段，是皮亚杰开始了对思维机制或思维结构的探索，从而把这个领域的研究带进了一个新的境界。他力图在生物学与逻辑和认识论之间架起一座宏大的桥梁，而他的理论体系的重心则在儿童智慧的发展上。在他的理论体系中，“智慧”“认识（知）”“思维”是同义词，在叙述中常常交替使用。

皮亚杰不仅为我们创建了一个独特的理论体系，而且还为我们提供了研究儿童心理的独特的方法。例如，他用数理逻辑来描述思维结构，使心理学置于逻辑数学最可靠的基础之上。又如，他创造的临床法，是一种独特的研究儿童思维活动的有效方法。

皮亚杰的理论是一个庞大、精湛的体系。在本书中，如果想用最简洁的话来介绍皮亚杰的理论，我们不妨说：皮亚杰认为儿童智慧的发展表现出阶段的特性，每一阶段中儿童思维具有特定的性质，这些特定的性质是由不同的认知结构所决定的；儿童的认知结构是在儿童（认识的主体）与环境对象（认识的客体）相互作用中不断建构的；知识就是主客体相互作用的产物。

1. 智慧发展的阶段

智慧发展的阶段是皮亚杰理论中的重要内容，也是皮亚杰的一个杰出贡献。正是这一阶段论，向我们揭示了儿童与成人的不同之处，使我们认识到从新生儿到成人，个体的认识发展不是一个简单的数量的增加，而是一个有着质的差异的发展过程。这个过程分为感知运动阶段、前运算阶段、具体运算阶段和形式运算阶段。每一个阶段都表明儿童适应环境的一种新的水平。

（1）感知运动阶段（0～2 岁）。这一阶段是智力的萌芽期，是以后发展的基础。皮亚杰说，这个早期的心理发展决定着心理演进的整个过程。这时的儿童只能依靠自己的肌肉动作和感觉来应付外界事物，动作必须表现为外部的表现活动，尚未内化，还不能在头脑中进行。用皮亚杰的话讲，就是这个阶段儿童是利用感知和动作去征服他周围的整个宇宙的。通过不断和外界交往，动作慢慢地协调起来，儿童逐渐知道自己的动作及其对外物所引起的效果之间的关系，开始有意识地做某个活动。在 18 个月到 2 岁这个时期，发生了一次皮亚杰所说的“哥白尼式的革命”。如果说在这一阶段的前期，儿童处于极端的自我中心，不能区分自己与客体之间的关系，那么到了后期，儿童获得了客体永久性。在皮亚杰理论中，客体永久性是一个重要概念。皮亚杰认为，婴儿在出生后的头几个月里不存在客体永久性的观念，具体表现为当一个原先存在于婴儿视野中的物体从他们的视野中消失后，他们不会再去寻找或抓握，表明他们以为物体已经没有了。7 个月以后的婴儿才会继续寻找从他们视线中消失的物体，表明他们已经知道物体虽然从视野中消失，但一定存在于某个地方，表明他们已经获得了客体永久性。客体永久性的获得是儿童早期发展的一个重要里程碑。虽然物体看不见、摸不着，但儿童仍然知道这个物体还是继续存在的，他自己真正成了宇宙间其他因素中的一个因素或实体。

根据儿童所表现出来的行为模式，这一阶段可分为六个子阶段。

第一子阶段（0～1 个月）是反射活动阶段。新生儿只具有从遗传而获得的一些基本反射活动（如吸吮、动眼、抓握等），他们还不能觉察四周的东西，分不清物与我，还缺乏自我意识。但是，新生儿在后天重复这些反射性动作时，就逐渐会有练习的因素。反复的练习使原有的反射动作变得协调起来。这种协调表现在新生儿不仅吸吮乳头，也吸吮其他物体。儿童对不同的东西做出概括性的反应。

第二子阶段（1～4 个月）是习惯动作时期。这一时期形成了最初的习惯性动作。婴儿偶然发现自己能发起和控制反应，如吸吮手指，或发出咕咕的声音，这些反应让他感到很满足，因此不断重复这一动作。习惯的获得是通过两种器官活动的联系而实现的（如视觉、听觉、动觉的联合，婴儿把脸转向声源，注视着声源的方向），表明有新的因素加入到遗传反应的格式（一种外显动作的内在心理结构）之中。这种加入新因素的反应比最初遗传的反射要更灵活，但仍不算是智慧，因为这时婴儿的行动与效果之间没有分化，行动还没有目的。

第三子阶段（4～10 个月）是有目的的动作形成时期。在婴儿的视觉和抓握开始协调后，就过渡到这一阶段。这一时期的婴儿能重复他即刻前偶然做出的动作，如反复挤压一只会叫的橡胶鸭子。这表明主体活动与客体之间有了一定的联系，但这种联系仍是过渡性的。因为这种联系具有偶然性，是偶然的发现引起了需要，而不是需要引起了新的发现。而且这里的需要也只是单纯的重复动作的需要，而不是对结果的需要。这说明手段和目的之间还没有分化。

第四子阶段（10～12 个月）是手段和目的之间分化并协调的时期。这一时期的婴儿开始协调两个或两个以上的动作来实现简单的目标，用已知的方法来对付新的情境，行动首次合乎智慧的要求。这时的婴儿开始预料行为的效果，有意识地运用已有的行为模式去达到一定的目的，出现了比较完备的实际智慧。他们有了比较明确的客体永久性观念，会寻找消失了的东西。例如，把一个玩具放在一块垫子下面，婴儿会一只手拿起垫子，一只手抓起玩具。所以，皮亚杰说："在第四（子）

阶段，我们看到比较完备的实际智慧动作。”① 当然，有必要指出的是，这毕竟是智慧的开端，整个水平是很低下的，因为它没有新手段的发现和创造。儿童所使用的手段，仅仅是从已知的动作中产生的，只是运用已有的手段去对付那些未曾遇见过的新情境而已。

第五子阶段（12～18 个月）是感知运动智慧时期。这一时期的主要特点是儿童能发展新的手段以应付新的情境。如对于那只一压就响的橡胶鸭子，儿童会用肚子去压一压，用其他方法挤一挤，以比较效果如何。儿童对不同的物体会略有变化地做不同的动作，看会出现什么结果。例如，台布上放着玩具，儿童用手抓不到玩具时，便先抓台布，然后借拉近台布而获取玩具。这里抓拉的动作是原有的，但拉台布而得到玩具是新的行为。皮亚杰把这种现象看成是利用新手段达到目的的一种表现。这种表现不是顿悟，它一方面是以过去的若干行动格式为基础，另一方面尝试—错误也起着一定的作用。

第六子阶段（18～24 个月）是感知运动智慧的综合时期。皮亚杰说：“第六阶段标志着感知运动时期的终结和向下一个时期的过渡。”② 这时，儿童能通过许多行为方式的联系与创造（不仅用外部或身体的摸索，而且也用内化的联合）产生新的手段，解决新的问题，即儿童由感觉运动向心理意象活动过渡，产生了不在当前的物体的意象，开始有象征行为。在实际行动之前，能在头脑中思考动作，寻求解决问题的方法。例如，当皮亚杰的儿子坐在桌边时，皮亚杰把一些面包放在桌子上，在儿子的左侧放一根 25 厘米长的小棍。起先皮亚杰的儿子试图用手够面包，但几次都够不着。他再次看了一眼面包，很快地又看了一眼小棍，突然抓起小棍，把面包拨到自己面前，最终拿到了它。此时，感知运动智慧达到完满的水平。

---

①② ［瑞士］皮亚杰、英海尔德著，吴福元译：《儿童心理学》，商务印书馆 1980 年版，第 10、11 页。

（2）前运算阶段（2～7岁）。这一阶段又称前逻辑阶段，指的是儿童处于运算之前并为运算做准备的阶段，并不是说这一阶段一点儿逻辑的痕迹也没有。皮亚杰所说的运算，并不是我们日常生活中所说的加减乘除四则运算，而是一个特定的概念，指的是内化的可逆的动作，即外部动作在头脑内部进行的一种具有可逆性的心理操作。皮亚杰把前运算阶段儿童的思维叫作自我中心思维。这时的动作虽然内化了，但由于尚未形成从事逻辑思维所必需的心理结构，因而还不能进行运算，是具体运算的准备时期。这一时期的儿童只能进行表象思维。

前运算阶段又分为两个子阶段：象征思维阶段和直觉的半逻辑思维阶段。

象征思维阶段（2～4岁）已经出现了象征符号的机能。象征符号的机能指儿童具有用一个信号物来表示某些事物的能力。也就是说，儿童能够凭借某种符号（如语言或心理表象，即所谓“意义所借”）对外界事物加以象征化（即“意义所指”）。皮亚杰认为，意义所指和意义所借的分化就是思维的发生，同时意味着符号系统开始形成。例如，这一时期的儿童喜欢把椅子当汽车开，把小床当舰艇，这实际上就是一种象征化，表明儿童的头脑中有汽车和舰艇的表象，或者说，汽车、舰艇的表象被内化了。这个年龄的儿童沉浸在自己假想的游戏中，是一个正常现象，是一种健康的活动。家长不必为此担心。这时的儿童也能运用言语并形成心理意象，能使用符号在头脑中再现外部世界。但是，这个时期的语词和符号尚不能离开所代表的东西。儿童尚不能形成成人意义上的概念，不能用概念反映事物间的联系或代替一类事物。皮亚杰认为年幼儿童常常表现出泛灵论倾向，把任何事物都看作生命的或类似生命的活动，任何事物都有意图和动机，如“太阳下山是休息了”，“花儿开了是因为它喜欢小朋友”等。

这一阶段的儿童往往把在别的地方获得的个别经验用于对当前事物的解释。他们还不能做一般的推理，而是徘徊于一般与个别之间的歧途上。由于没有一般性概念，他们常常把个别的现象硬套到另一类现象上。这一阶段儿童的推理不是合乎逻辑的演绎，而是滥绎。

直觉的半逻辑思维阶段（4～7 岁）的儿童开始从表象思维向运算思维阶段发展，他们的判断仍受到直觉表象自动调节的限制。他们既无归纳推理，也无演绎推理，将没有逻辑联系的事情说成因果关系。

这一阶段儿童思维的突出特点是自我中心思想。皮亚杰说："儿童把注意力集中在自己的观点和自己的动作上的现象称为自我中心主义。"① 自我中心是儿童思维的核心特点，是儿童认知的潜在的出发点，表现在年幼儿童的思维逻辑、言语和关于世界的表象之中。这个阶段的儿童在大多数场合下认为外部事物就是他直接知觉到的那个样子，而不能从事物的内部关系来观察事物。这时期儿童的表象和言语与具体事物的联系太直接，因而他们被紧紧地束缚在他们自己关于世界的观点之中，不能采取更加客观的观点。因此，皮亚杰认为年幼儿童对事物的认识具有很多的错觉。而且，这种错觉不仅表现在儿童的观点中，还表现在儿童的情感、言语和价值观之中。这种错觉典型地表现在守恒实验（见信息栏2-3）中。这个时期的儿童用大量缺乏等级关系的个别因素来为概念下定义。如儿童一会儿说："小溪有力量，能往下流。"当看到投入水中的小石子下沉后又说："小溪没有力量，带不动石头。"过一会儿又说："湖泊有力量，它能航船。"给相对概念下定义，更是一件困难的事，因为这时的儿童还不懂得关系的相对性。皮亚杰经常用"山的立体模型"实验（儿童总认为坐在他对面的儿童所见到的山的模样与自己所见的是一个样，见信息栏2-4）和"几个兄弟"的问题（儿童承认自己有兄弟，却不承认自己的兄弟也

---

① ［瑞士］皮亚杰著，卢濬译：《一种发展的理论》，《外国心理学》1982 年第 1 期。

有兄弟）的实例来说明这一点。

但是，半逻辑思维阶段孕育着运算思维特征的萌芽，因为它已开始由只注意单维向注意双维过渡，而这一过渡还预示着运算思维的来临。

信息栏2-3　哪个多，哪个少？——皮亚杰的守恒实验

皮亚杰认为年幼儿童的思维受直接知觉的影响，以单维的方式认知事物。这个结论是从大量的守恒实验中得出的。

1. 数量守恒实验。皮亚杰将7个鸡蛋与7个玻璃杯一一对应地排列着，问年幼儿童鸡蛋和杯子是否一样多，儿童回答“一样多”。然后，当面将杯子分开，使杯子的排列在空间上延长，这时儿童认为杯子比鸡蛋多，表现为数量不守恒。

2. 质量守恒实验。皮亚杰把一团橡皮泥先搓成圆球，然后当着儿童的面将圆球搓成香肠，问儿童圆球和香肠哪一个橡皮泥多。一部分儿童认为圆球的多，因为圆球大，而另一部分儿童认为香肠的多，因为它长，表现为质量不守恒。

3. 容积守恒实验。将一玻璃杯盛满水，然后当着儿童的面将水倒入一个细高的量筒内，问儿童哪个里边的水多。一部分儿童认为量筒里的水多，因为它水面高，一部分儿童认为杯子里的水多，因为杯子比量筒粗，表现为容积不守恒。

此外，年幼儿童还表现出对面积、体积、长度的不守恒。实验表明，当物体量的表现形式改变后，年幼儿童就认为数量变化了，表现出不守恒现象。

信息栏2-4　三山实验——她看见的山是什么样的？

三山实验是皮亚杰为了解儿童是如何理解他人头脑里的认识而设计的。皮亚杰让被试坐在三山模型前，问他对面的女孩所看见的山是什么样的，请被试从不同的照片中选出一张对方心目中的三山模样。处于不守恒阶段的儿童总认为对方所看到的山就是自己所看到的那样。

(3) 具体运算阶段(7～11 岁)。这一阶段的儿童形成了初步的运算结构，运算获得了可逆性。可逆性并不是现实世界的实际现象，而只是人的大脑的智力活动的结果，更确切地说，可逆性是从人的思维活动的逻辑经验中产生出来的。运算的可逆性有两种：一种是反演可逆性，它是形成概念体系(如基本概念及其上位概念、下位概念)的内部机制；另一种是互反可逆性，它是形成关系认识(如 A=B，B=C，则 A=C；或 A>B，B>C，则 A>C)的内部机制。但是，这个阶段的运算离不开具体事物表象的支持。有些问题在具体事物帮助下可以顺利解决，但在口头叙述的情况下做逻辑推理还很困难。另外，这一阶段所获得的两种可逆性仍是相互孤立的。具体运算虽已协调成一定程度的整体结构，但这些结构还比较低级，儿童还不能把这种具体运算之间的复杂关系在一个系统内整合起来。

这一阶段的儿童发展了解除自我中心的作用。在同一时间内，儿童已不再限于集中注意情境或问题的一个方面，而能注意到几个方面，并且也不只注意事物的静止状态，还能注意到动态的转变。正是由于可逆性出现和自我中心的解除，儿童出现了守恒的概念。是否出现守恒概念是运算结构是否形成的重要指标。一般来说，6～7 岁儿童能掌握连续量守恒（把一个容器内的液体倒入另一个形状不同的容器之中，其量不变）和物质守恒（物质的量不因分割而变化）。9～10 岁儿童能掌握质量守恒（把泥球捣烂，其质量和泥球相同）。11～12 岁儿童能掌握体积守恒（把泥球捣烂，浸在液体里，所占体积与泥球一样）、长度守恒和面积守恒等。随着自我中心的解除，儿童开始能从别人的视角看问题，能利用别人的观点来修正自己的观点，并检查自己解决问题的方法是否正确。

（4）形式运算阶段（从 11 或 12 岁开始）。这一阶段的儿童开始从具体事物中解放出来，能在头脑中将形式与内容区分开来，不需要考虑特定的事物，甚至不需要真实物体的名称，而能运用语词或其他符号进行抽象逻辑思维，能根据假设或命题进行逻辑演绎推理。这标志儿童头脑中的认知结构已经完整地建立起来，智慧发展趋于成熟。

这一阶段儿童的思维较具体运算阶段具有更大的灵活性、可逆性。两种可逆性联合成一个系统，儿童能自由地支配整个系统进行复杂而完备的推理，而且能根据某些或所有可能的组合去推论一个问题。儿童能对一个问题提出各种可能的假设，并详尽而系统地交换有关因素，逐个论证所提的假设，从而得出一个恰当的结论。这样，他们开始能评价自己和别人的运算，而且能将不同的运算整合成更大范围问题的高一级运算。

形式运算阶段，是智慧发展的最高阶段，但由于个别差异和教育的限制，许多人达不到这一阶段，或只能在特定的（如熟悉的或经过良好训练的）范围内达到这一阶段。皮亚杰晚年提出："所有正常的人不迟于 15～20 岁达到形式运算阶段。然而根据他们的才能和职业特点，他们在不同的领域里达到这一阶段。"①有趣的是，一项新近的研究发现，当今的青少年比过去（1967年）的青少年更快地获得形式运算。

2. 教育对儿童思维发展的影响

教育，按皮亚杰的说法，就是社会经验，指社会上的相互作用和社会传递……社会化就是一个结构化的过程。皮亚杰根据自己的理论观点，抨击了传统教育的弊端。

传统教育对于教育对象本身的特点研究不够。教育所构成的关系中有两个因素：一方面是成长中的个人，另一方面是社会的、理智的和道德的价值。而教育者则负责把这些价值教给那些个人。成人以自己的观点来看待这两个方面的关系，因而把注意力放在第二个因素上，"把教育视为单纯地把集体的社会价值一代一代地传递下去。而且出于无知或者由于把每个人特有的自然状态和社会模式对立起来，教育者首先只关心教育的目的，而不关心教育的技术，只关心培养出来的完人，而不关心儿童以及其他发展规律"②。正由于这样，传统教育把儿童看作小大人。与这种基本的儿童观相应的教育法便是"满堂灌""填鸭式"的机械重复和被动模仿等。

教育所造就的人类，不仅是社会的产物，而且也是自然的产物。由于儿童各年龄阶段的智慧（思维）结构有它本身的特异性，因此，教育就必须要按照儿童的智力或思维结构及其发展阶段来组织和实施。教育既要适应儿童的智慧结构，又要促进这个结构的不断建构。皮亚杰指出："即使在主体似乎非常被动的社会传递（例如学校教学）的情况下，如果缺少儿童主动的同化作用，这种社会化仍将无效，而儿童主动的同化作用

---

① 转引自卢濬：《皮亚杰认知发展阶段》，《心理科学通讯》1985年第3期。

②［瑞士］皮亚杰著，傅统先译：《教育科学与儿童心理学》，文化教育出版社1981年版，第138页。

则以儿童是否具有适当的运算结构为前提。”① “只有当所教的东西可以引起儿童积极从事再创造的活动，才会有效地被儿童同化。”“一切的同化都是在重新结构或重新发现。”“为了学习构造和掌握一种逻辑的结构，主体必须首先学习一种更加基本的逻辑结构，然后加以分化并完成。”② 这些论述实际上告诉我们，教育对于儿童思维的发展是重要的，但又不是无限的和万能的。教育不能超越发展阶段和现有的认知结构水平，教育也不能随心所欲地加速儿童的认知过程。这样说是不是贬低了教育的作用呢？肯定不是！正如皮亚杰所说，教育的最高要求应该使学生具有逻辑推理能力和掌握复杂抽象概念的能力。而科学心理学已经揭示了儿童逻辑推理能力发展的规律，那么，客观而正确地指出教育应遵循的必然途径以达到最终的目的，正是全面而正确地评价教育作用的表现。否则，教育是要失败的。

信息栏2-5　　认知结构及其机能

皮亚杰认为，人脑并不是简单地按外部刺激直接做出反应。儿童在环境中是一个主动的、积极的探索者。这是因为在人脑中有一个具有内在活动性的认知结构。这个认知结构并不是天生的，而是在先天反射的基础上，经过儿童大量的外部动作练习和对实际对象的操作，在主体与客体相互作用中不断形成的，用皮亚杰的话说，是不断地“建构”起来的。不同年龄阶段的儿童具有不同水平的认知结构，因而表现出不同水平的思维特征。

认知结构之所以能选择外部刺激和做出不同反应，是因为它具有同化和顺应的机能。同化就是认知结构接受外部刺激，顺应

① ［瑞士］皮亚杰、英海尔德著，吴福元译：《儿童心理学》，商务印书馆1980年版，第117页。

② 左任侠、李其维主编：《皮亚杰发生认识论文选》，华东师范大学出版社1991年版，第20页。

就是当外部刺激有所变化后，认知结构做有限的调整以适应变化了的外部刺激，从而做出正确的反应。无论认知结构处于什么阶段，认知结构同化和顺应的机能是不变的，如同蝌蚪变成青蛙后，呼吸系统的结构改变了，但呼和吸的机能不变一样。

---

3. 语言与儿童思维的关系

人的抽象逻辑思维与语言是不可分割的。在儿童的发展中，语言发展与思维发展之间的密切关系也是公认的。但皮亚杰从个体心理发生的角度为我们提出了语言和思维关系的新观点，具有深远的影响。

第一，思维和语言是异源的。从发生的起源上看，思维是从一个人对事物所采取的行动中抽绎出来的，而语言产生于经验，因而逻辑的起源要比语言更深远，时间也更早些。逻辑运算从属于普遍的动作协调规律。这些协调控制着所有的活动，也控制着语言活动本身。通俗地说，思维不能归结为语言，也不能用语言去解释。

第二，语言是构成逻辑思维的必要条件。语言在动作内化于表象和思维方面虽起着主要作用，但它只是符号系统中的一个部分。符号系统是一个整体，除语言之外，还有延迟模仿(当动作原型不在儿童面前时发生的模仿行为)、心理表象、象征性游戏（以一种模仿的姿态所做的游戏，如坐在椅子上“开汽车”）和初期绘画等因素。思维的功能不能光在语言中寻找，而要到所有符号功能中去寻找，正是这些符号系统为思维提供了无限广阔的应用领域。语言虽然能增强思维的速度和广度，但并不是逻辑运算发展的动力，只不过是为智力服务的一种工具而已。这种服务表现在使思维变得更有组织和便于社会交流两个方面。思维结构越精密，就越需要语言来帮助完成。而且，没有语言，思维总是个人的，其结果不会受到个人之间交流与合作的调节。

为了论证上述观点，皮亚杰提出以下论据。

第一，从个体的发展来论证。在个体发展中，逻辑结构存在于语言获得之前。语言出现于儿童出生后第二年，但在此之前，儿童已经形成了具有实际结构的感知—运动智慧。

第二，引用辛克莱（H. Sinclair）的研究证明，仅仅通过语言训练掌握一定的表达方法，并不能保证逻辑运算结构的获得。是智慧运算促进了语言的进步，而不是相反。

第三，引用奥莱龙（P. Oleron）和法尔特（H. Farth）的研究证明，聋哑儿童虽然没有语言，但有思维。和正常儿童相比，虽然聋哑儿童的逻辑思维能力形成较晚，如守恒问题的解答比正常儿童延迟一至二年，但他们逻辑思维能力的发展仍经历和正常儿童一样的发展阶段。而掌握了语言的盲童与正常儿童相反，进行同样的思维作业却比正常儿童延迟四年或四年以上。聋童发展比盲童快，是由于盲童尤其是先天盲童的感知运动形式从一开始就受到了妨碍，一般的协调动作进行缓慢。可见，盲童在语言方面的协调并不足以补偿这种延缓。

当然，以上分析并不是说思维与语言是彼此独立、各不相干的，而只是说它们不能彼此解释或相互归结。“语言与思维在发展的圈子里是联系在一起的，而在这个发展的圈子里，在相互依赖的形成过程中，在继续互换的行动中，语言与思维必然是彼此相依的。”① 因此，有人说：“从某种意义来讲，语言之于思维，就像数学之于物理学，它是一个工具，一个婢女而不是主人……在语言的帮助之下，思维就能做许多……事情。”②

（三）后皮亚杰时期的认知研究

皮亚杰把自己的理论称为“发生认识论”，表明他的研究重点和理论本质是一种认识论，不同于通常意义上的儿童心理

①② ［瑞士］皮亚杰著，傅统先译：《儿童的心理发展》，山东教育出版社1982年版，第124、14页。

学理论，因而其理论的丰富性和启迪性引发了更多的儿童心理学家对认知研究的热情。尤其是皮亚杰去世之后，大量的发展心理学研究成果为皮亚杰理论提供了具体的解释和更加强大的审视，在一定程度上也推动了理论的革新。如新皮亚杰主义将皮亚杰理论与信息加工理论相结合，强调了认知变化的新内容。也有学者认为儿童认知的发展并不呈现明显的阶段性，而以连续性为主。还有学者认为皮亚杰理论对先天的生物学基础阐述不够，而事实上婴儿有许多早成现象。更多的学者认为皮亚杰受方法论的影响，其理论低估了婴儿的智慧水平，高估了青少年的智慧水平。不少人还认为皮亚杰过分强调认知结构的一般性，而事实上，认知与内容相联系，具有领域的特殊性等。所有这些新观点直到目前为止，尚不足以动摇皮亚杰的理论体系，但的确使发展心理学的研究精彩纷呈，大大拓展了我们对儿童，尤其是婴幼儿的认识。

1. 表征和概念

（1）表征。儿童之所以获得客体永久性，是因为当物体在儿童的视线中消失后，儿童头脑中依然保留着物体的表象，我们把物体表象在头脑中的保存称为表征。有的研究进一步指出，婴儿的表征能力早在客体永久性形成之前已经出现。更有研究者认为儿童的客体永久性的出现比皮亚杰所说的要早，皮亚杰低估了儿童的认知能力（见信息栏2-6）。婴儿的这些基本表征能力保证他们对各种符号的运用以及其他表征的认识和使用。当今的学者们大多认为婴儿的能力比皮亚杰所估计的要高。例如，利用习惯化、去习惯化法的研究发现，4 个月的婴儿对违背物理原则的事件注视时间要长于可能事件。如果刺激物数量差异对比足够大，6 个月的婴儿甚至能辨别 5 个以上的物体数目。进一步的研究甚至发现，5 个月的婴儿对物体的加减法的不可能结果花更长的时间注视。因此，研究者认为基本的数能力是人类生来就具有的。还有些研究者看到 6 个月的婴儿身上有关于简单运动行为的延迟模仿（Barr，Bowden &

Hayne，1996)，表明也许“6 个月的婴儿显然能够进行符号表征”①。在 30 个月至 36 个月之间，儿童已经习得了三个关于符号的概念。

其一，表征洞察。儿童意识到某个实体是代表一个实体的符号。如儿童认识到实验用的小房间代表着一个真实的大房间。

其二，双重表征。儿童同时以两种方式考虑一个物体，既作为一个客体，又是一个符号。如儿童首先把自己表征为一个玩具娃娃，然后再将自己与另一个玩具娃娃进行比较。

其三，表征特定性。儿童意识到一个符号能够代表一个具体的实体。为了使用一个符号，儿童必须认识到一个符号与指示物之间的关系（即意义所代与意义所指的关系)，还要找出符号与指示物的相应成分，并且利用符号或指示物的知识对另一方加以推理。

以后，儿童的这些表征开始变得具有组织性，形成了结构化的知识体系，表现为早期幼儿能在心理上表征他们在生活中发生的事件，从这些事件中概括出一定的程式。如一个 20 个月的儿童给玩具熊洗澡时所做的动作系列完全符合成人给儿童洗澡的程序。可见，在他们的头脑中有着顺序信息的良好编码。儿童对事件顺序概括出的程式具有适应性，能有效地帮助儿童预测熟悉事件的可能发展，并参与活动。

信息栏2-6　　或许早一点儿?

一些研究者认为儿童的客体永久性的出现要比皮亚杰理论所说的更早些。爱丁堡大学鲍尔的一个实验给人留下深刻印象。

以 8 个月以下的婴儿为被试，拿一块隔板从婴儿正在看着的一个物体前穿过，记录心率，作为婴儿对物体的兴趣指标。在一

① ［美］J. H. 弗拉维尔等著，邓赐平等译：《认知发展》，华东师范大学出版社 2002 年版，第 127 页。

半实验中隔板穿过物体后仍在原处，在另一半实验中，隔板穿过后物体消失。鲍尔认为，如果这些婴儿不具有客体永久性，那么当物体消失后他们不会感到惊奇。而实际上，心率测量的结果显示婴儿在物体消失时比在物体重新出现时更惊奇。

更有学者说，4 个月的婴儿就有客体永久性的认识了。1985 年的一项跨文化研究表明，美、英、法等国和非洲儿童都以同样的方式进行感觉运动作业。因此，连反对皮亚杰阶段论的弗拉维尔（J. H. Flavell）也认为皮亚杰对感知运动期的描述是对人类从出生到2 岁的心理变化的合理概括。

——［英］J. C. 贝里曼等著，陈萍等译：《发展心理学与你》，北京大学出版社 2000 年版，第 135 页。卢濬：《皮亚杰阶段论过时了吗》，见《当代中国心理学》，人民教育出版社 2001 年版，第 346 页。

与事件、程式知识相关的是讲故事。任何一个故事，都是特定时空范围中的连续事件，它有着内在的结构和情节，有着合理的发展线索和结尾。因此，故事也是程式化的。对于故事的程式，儿童也能加入时间顺序和逻辑关系，根据习俗惯例组织自己的故事，对故事加以预测和理解。2～5 岁儿童所讲的故事是“框架式故事”，也就是说这类故事有确定的开头和结尾，如“从前……”。再大一点儿的幼儿，能自己讲述结构完整的故事，并在游戏中扮演角色。通过儿童讲的故事，我们能了解儿童如何认识世界，他们关注什么问题以及如何关注这些问题。这一特点不仅表现在儿童讲故事的活动中，也同样表现在儿童的音乐活动、绘画活动中。

当儿童能在心理上把一组事物的相似性表征为一个特定的范畴时，他们便产生了初步的概念。

（2）概念。通常，概念是反映事物本质属性的一种思维形式。从结构上讲，概念是思维的基本单位。从功能上讲，概念是正确思维的基本条件。而这里所提的“概念”，实质上指的

图2-8 “从前有座山……”——最终儿童能自己讲故事并在游戏中扮演角色
（王振宇提供）

是基于某种底层相似性所做的心理分类。

格尔曼和马尔克曼（S. Gelman & E. Markman）1986 年在一个实验（见信息栏2-7）中发现，4 岁儿童并不单纯依靠知觉做出反应。幼儿具有对所观察的对象产生某种相似性的认识能力。这一研究成果激发了更多研究者的兴趣，导致“喜报频传”，有人利用简化的方法在 3 岁儿童身上发现了类似的结果，又有人利用更简化的方法在 2.5 岁儿童身上发现了类似结果。此类研究结果给人们的启示在于：“幼儿的概念并不仅仅是知觉特征的集合，而是像成人的概念一样，强调样例之间基本的而常常是不明显的相似性，这些相似性使儿童能从某个范畴成员到另一个成员进行强有力的概括。”① 研究者在这个基础之上进一步研究儿童对不同类别概念（如自然类属概念

① ［美］J. H. 弗拉维尔著，邓赐平等译：《认知发展》，华东师范大学出版社 2002 年版，第 146 页。

"鱼、鲸、海豚"等，称名类属概念"圆、公主"等，人造物概念"桌子、汽车、计算机"等）的区分，发现幼儿只是部分而不是完全地区分类别。也就是说，幼儿能在某些特征上做出分类，对另一些特性则不会分类。一般来说，幼儿在分类时，更注重外在的形象，而对内在的本质特性关注较少。格尔曼认为4～7岁有一个发展过程，年龄大的儿童比年幼儿童更可能对范畴做出正确的区分。

信息栏2-7　　鲨鱼与海豚

格尔曼和马尔克曼关于儿童早期概念发展的实验是一项经典研究。其做法是先教给4岁儿童关于各对图片上的对象的一些新信息。例如，向儿童呈现一张热带鱼图片和一张海豚的图片，并告诉儿童"这条鱼在水中呼吸"，但"这条海豚跳到水面上呼吸"。另一对图片的信息则是"这只鸟（火烈鸟）的腿在夜间变冷"，而"这只蝙蝠的腿在夜间仍然是温暖的"。然后呈现第三张图片，该图片与原来一对图片中的一张十分相似，名称却与另一张相同。如：第一个例子中的第三张图片是一条鲨鱼，它在名称上有"鱼"，而在形态上像海豚；第二个例子的第三张图片是一只黑鸟，它在名称上是一只鸟，但色彩上呈黑色，像蝙蝠。儿童的任务是推断第三张图片中的动物的属性更像哪一个，鲨鱼是像鱼一样呼吸还是像海豚一样呼吸，黑鸟的腿在夜间像火烈鸟一样变冷还是像蝙蝠那样温暖。4岁儿童判断：鲨鱼尽管像海豚，但它像鱼一样呼吸；黑鸟的腿夜间变冷，尽管它看起来黑乎乎的，像蝙蝠。但当实验者告诉儿童热带鱼重20磅（1磅=0.453 6千克），海豚重100磅时，儿童认为鲨鱼更像海豚。

——［美］J. H. 弗拉维尔等著，邓赐平等译：《认知发展》，华东师范大学出版社2002年版，第144—145页。

我们知道，概念是一个有层次的系统，分为基本概念、上位概念和下位概念等。而且对于儿童来说，表征的抽象水平不同，概念的水平也不同。许多研究发现，概念的掌握存在一个基本水平，属于这一水平的概念最容易表征。例如“狗”是一个基本水平，而“动物”和“京巴”则分别是上位和下位概念。儿童最早形成基本水平。至于基本水平掌握后是形成上位概念容易还是形成下位概念容易，目前的研究没有定论。但有一点是肯定的，更精细的概念需要儿童进一步学习。

在儿童的概念发展中，数概念的发展也是一个重要方面。

在各种文化中，发展儿童的数概念，普遍被认为是最具生态意义的、核心的认知习得能力。皮亚杰的数量守恒实验就是早期对儿童数能力的经典研究。新近的研究令人信服地证明，婴幼儿所拥有的数知识和数能力，比我们过去所了解的要多。

利用习惯化、去习惯化的研究方法，斯塔基（K. Starkey）等人发现6～9 个月的婴儿能识别幻灯片上的三个物体与两个物体的区别。其他人的研究发现只要数目之间的对比足够大，6 个月的婴儿能够辨别的数目远大于过去认为的四个或五个的上限。温（K. Wynn）设计的一个有趣的实验甚至证明，婴儿能进行简单的加减法（见信息栏2-8）。研究者们认为，数与语言一样，是人类普遍具有的自然能力。这个能力是人类在进化中逐渐形成的某种特殊的习性和倾向，这种习性和倾向构成今后学习的起点。

信息栏2-8　“怎么会这样？”

温利用“违背预期”的研究模式研究婴儿的数推理能力。

在婴儿面前呈现一种可能事件（1+1=2，2−1=1）和一种不可能事件(1+1=1，2−1=2)，婴儿对不可能事件的注视时间比可能事件更长。

可能事件：

1. 在架子上放一个小玩偶，呈现在婴儿面前；

2. 升起屏幕，挡住小玩偶；

3. 加入第二个玩偶，空手离去；

4. 屏幕落下，出现两个玩偶。

另一可能事件是先呈现两个玩偶，再拿走一个，最后出现一个玩偶。

不可能事件：

1. 在架子上放一个小玩偶，呈现在婴儿面前；

2. 升起屏幕，挡住小玩偶；

3. 加入第二个玩偶；

4. 屏幕落下，出现一个玩偶。

另一不可能事件是先呈现两个玩偶，再拿走一个玩偶，最后出现两个玩偶。

5 个月的婴儿对不可能事件的注视时间更长。

关于儿童数能力的研究，学者们确认早期儿童已经获得数抽象能力和数推理原则。

数抽象能力指的是儿童抽象和表征数值或一系列物体的数量的过程。格尔曼指出，计数是幼儿获得数目表征的主要方法。幼儿的计数活动受五个原则支配。

①一一对应原则。凡要计数时，一个人必须对一个物体分配一个数字，并且只能分配一个数字。2.5～3 岁幼儿对这条原则部分掌握，表现为幼儿在计数时一旦出错，能注意到并加以改正。

②稳定次序原则。每次计数必须按同样顺序的数字进行，如必须按 1、2、3 的顺序数，不能按 3、1、2 来数。

③基数原则。某个计数系列最后得出的数字就是该项目组的基数值。

④抽象原则。任何事物都是一个可以计数的对象。幼儿在计数时通常并不在意对象的同质性，什么东西都可以往一起加。

⑤次序无关原则。一组对象无论从哪儿开始计数，其结果

是一样的。5 岁幼儿已经掌握这一原则。

数推理原则表明无论如何操作或变换集合，儿童能推测最后的数值结果。幼儿可能已经认识到，只是改变一组项目的颜色或其他特性，不会改变集合内的数目，而增添或取走项目则会引起项目数的变化。“在儿童中期和青少年期，儿童的数能力继续完善和扩展，部分是源自学校正式教育的直接结果，部分则源自始于生命早期对数的非正式的自发学习的延续。”①

无论是语词概念还是数概念的掌握，都离不开社会条件的影响。成人与儿童的社会互动能有效地促进儿童掌握和正确使用概念。此外，文化因素也影响儿童对概念的使用。最典型的是汉语数字比英语数字更符合十进位的计算规则，更便于理解。这也许是中国儿童的计数成绩普遍比美国儿童好的重要原因。

2. 分类

分类是一项重要的思维过程，是大脑有效地知觉外部对象和接受信息及概念的最初操作，是使思维保持连贯、概括、正确的基本保证。

有学者运用习惯化和去习惯化的方法研究婴儿的分类，发现 3 个月的婴儿已经能够根据简单特征，如颜色或形状的相关性对物体进行分类。而 10 个月的婴儿能在一个较为复杂的动物分类研究中，对两个特征之间的相关性加以分类。这一阶段，如果分类特征变得复杂，婴儿分类的水平就会倒退到先前的水平。研究发现，物体特征的相关性是婴儿进行分类的关键因素。1.5～2 岁儿童在自己熟悉的玩具中，对不同形状的积木、塑料能够按一定的分类标准操作（如连续选取同一形状的）。这些初期的分类与儿童的知觉和动作紧密联系在一起，也就是说是感知—运动水平上的分类，有学者称其为知觉分类。

---

① ［美］J. H. 弗拉维尔等著，邓赐平等译：《认知发展》，华东师范大学出版社 2002 年版，第 171 页。

随着成长，儿童还会出现另一种分类形式，即概念分类。

知觉分类与概念分类的区别在于：(1) 知觉分类是根据物体的外貌进行的，而概念分类是根据物体在事件中的作用或功能进行的；(2) 知觉分类包括的信息比较具体、详细，而概念分类包括的信息相对笼统、粗糙，缺乏具体内容；(3) 知觉分类是通过动作而外显的，概念分类是运用记忆而内隐的。

幼儿期的分类表现出概念分类逐步概括化的趋势，这一点既表现在幼儿的思维活动中，也同样表现在幼儿的语词概念的发展中。

3. 推理和解决问题

在皮亚杰之后的心理学研究发现，儿童通常比皮亚杰所说的更有理性。这一点尤其表现在儿童的类比推理中。

类比推理的思维过程可以设想为是由"特殊"概括出"一般"，再指向"特殊"的过程。这种思维过程是归纳推理和演绎推理的有机统一。通常认为，在儿童心理发展过程中，这种能力的出现无疑是儿童逻辑思维发展的重要成果。如果以语词概念作为类比推理的指标，小学低年级儿童类比推理的正确率只占 20%，中年级占 35%，高年级上升到 59% (邵瑞珍等，1980)。新近的研究将实验指标从语词改为动作，发现 10～12 个月的婴儿也有非常简单的类比推理行为。例如，在婴儿的面前放一个障碍物，即红色小盒子，小盒子前面左、右各铺放一块矩形红色布条，每块布条上放着两根黑色细绳：一根细绳的一端系着一辆玩具汽车，汽车搁在红布的外边；另一根细绳什么也不系。实验时让 10～12 个月的婴儿观察父母的动作：首先移开障碍物，然后拉动红布以便拿到红布上的黑绳，再拉动黑绳，把玩具汽车牵引到面前并拿到汽车。在另一实验情境中，玩具汽车改为五彩小马，红布改为绿色的条纹布，障碍物变为绿色小盒子。婴儿把从父母那儿观察到的动作迁移到新情境中，也成功地拿到小马。在第三个实验中，系着玩具的绳子改放在左边，婴儿同样也能顺利拿到玩偶，表明婴儿已形成一个灵活、概括的解决问题的心理表征（见图2-9）。还有一个实验是向儿童提供大、中、小三个杯子，而实验者面前有另外一套规格的大、中、小三个杯子，儿童面前的小号杯子和实验者面前的中号杯子一样大。当实验者从自己面前的三个杯子中拿起中号杯后，24 个月的儿童也会从自己面前的三个杯子中拿起中号杯，尽管这两个中号杯实际大小不一致。从这些实验中可以看出，当以动作为实验指标时，儿童类比推理能力的出现要早得多。

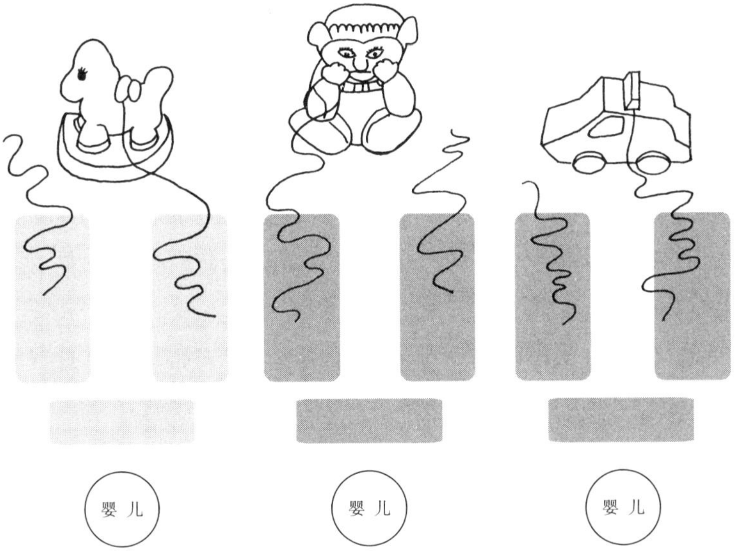

图2-9　1 岁婴儿的类比推理实验

[Shaffer, D. (2002). *Developmental psychology*. Belmont: Wadsworth/Thomson Learning, p. 288]

新近的心理学研究倾向于认为，儿童的头脑中拥有形成知识和解决问题的最初资源，尤其是关于物理现象、生物现象和心理现象的最初知识（即朴素理论）。儿童心理发展的结果是这些知识变得越来越方便于解决问题。

儿童解决问题时还受到父母、教师、同伴的提示和鼓励，这些社会支持有力地帮助儿童形成解决问题的技能，每个儿童在解决问题时都已内化了他们的文化所鼓励的特定方式，并用这种方式去收集信息和处理问题。

信息栏2-9　众人评说皮亚杰

在后皮亚杰时代，如何评价皮亚杰？一位不愿透露姓名的学者说，要评价皮亚杰对发展心理学的影响，如同要评价莎士比亚对英国文学或亚里士多德对哲学的影响一样是不可能的。1996 年纪念皮亚杰诞生 100 周年时，一些著名学者对皮亚杰的主要贡献评价如下。

1. 皮亚杰创立了我们今天知道的认知发展的学科。他对儿童思维的兴趣使得这个领域是发展的，不只是把从成人那里搬来的研究思维的观念和方法应用到研究儿童身上。

2. 皮亚杰使我们相信儿童是好奇的、积极的探索者，儿童在自身发展中有重要地位。尽管皮亚杰提出的儿童积极地建构他们自己的知识的假设，在今天看来是显而易见的，但这个观点在当时是创新的，与那个时代的思想是相反的。

3. 皮亚杰理论是第一个试图解释而不只是描述发展过程的理论。今天的许多理论家严肃地解释儿童思维的转变，很大程度上是受了他的理论的推动。

4. 皮亚杰对智力发展顺序的阐述提供了关于不同年龄儿童如何思考得合理而正确的总看法。在某些具体的观点上他也许是不对的，但正如西格勒（R. Siegler）指出的，“在总体趋势上……唤起我们的直觉和我们对童年的记忆”。

5. 皮亚杰的观点在社会性和情绪发展方面有重要影响，对教育也产生了实际意义。

6. 最后，皮亚杰提出了重要的问题，吸引了成千上万的研究者去研究认知发展。正如常规一样，当一个启发性的理论如皮亚杰理论被反复研究，有些研究者指出最初观点存在问题的同时，也产生了一些新见解。

——Shaffer，D. (2002). *Developmental psychology*. Belmont：Wadsworth/Thomson Learning，p. 244.（叶小红译）

第二节　学前儿童情感的发展

皮亚杰说："没有一个行为模式（即使是理智的），不会有情感因素作为动机；但是，反过来，如果没有构成行为模式的认知结构的知觉或理解参与，那就没有情感状态可言。因此，行为是一个整体，既不能单独用结构来说明它的动力。反之，也不能单独用动力来说明它的结构。情感与认识两者既不能分割，同时又不能互换。"① 这番话极其深刻地揭示了情感与认识活动的本质关系。和认识活动一样，情感也是人对客观事物的反映，但是，它又不同于认识活动。因为，情感不是对客观事物本身的反映，而是对客观事物与人的需要之间关系的反映。通常所讲的情绪是情感的具体形式和直接体验，情感是情绪经验的概括。

情绪、情感对学前儿童的成长具有重要的心理价值。

第一，人类婴儿具有先天情绪反射，是人类长期进化中保留下来的适应能力，是新生儿与成人最初交往的"明码"，是今后情绪、情感发展的起点。

第二，情绪是激活婴儿心理活动和行为的驱力，是对个体本能需要的加强和放大，也是各种复杂社会行为的信号。

第三，情绪具有组织功能，能不断地发动和组织人的探究行为，促进或干扰认知的发展。

第四，情绪有人际交往功能。与语言一样，情绪也是人际交往的工具，而且是发生得比语言更早的工具。谁都知道，社会性微笑是亲子情感乃至所有社会交往的媒介。因此，学前儿童情绪、情感的发展是心理发展的重要方面。

---

① ［瑞士］皮亚杰、英海尔德著，吴福元译：《儿童心理学》，商务印书馆1980年版，第118页。

一、学前儿童情绪的发生和发展

（一）情绪的起源

行为主义创始人华生（J. Watson）曾不无感慨地说："今天，我们的社会反应还没有更好地标准化……我们在这些情绪刺激面前表现得像个婴儿。"①因此，他对情绪的研究，主要集中在情绪的发生，即儿童情绪的课题上。他认为新生儿的"情绪是一种遗传的'反应模式'，它包含整个身体机制，特别是内脏和腺体系统的深刻变化"②。在对儿童进行观察的基础上，华生认为新生儿存在三种类型的基本情绪反应，即恐惧、愤怒和爱。引起恐惧的原因是失去支撑、失去平衡、大声，以及当婴儿刚入睡或刚醒来时的突然刺激，反应表现为屏息、抓手、闭眼、皱唇和哭喊。引起愤怒的刺激是活动受阻，反应为哭泣、尖叫、身体僵直、双手乱动和屏息。引起新生儿爱的反应来自对身体，尤其是敏感区域的温柔的抚摸，反应形式为微笑、出声地笑或咕咕发声。儿童在后天环境中建立起各种条件反射，促使恐惧、愤怒和爱三种基本情绪不断发展。"最后，先天的或基本的情绪及其替代派生情绪联合起来，并通过学习团结为越来越复杂的情绪。由于这样一种演化过程，爱引起温柔、同情、相思和有关的情绪，恐惧引起窘迫、苦恼、焦虑和类似的派生情绪，愤怒引起仇恨、妒忌、大怒和类似的情绪。"③

与华生的观点相反，而且观察对象也比华生更多一些的另一项研究来自布里奇斯（K. Bridges）。

加拿大心理学家布里奇斯曾在一家医院观察了 62 名婴儿

---

① ［美］J. B. 华生著，李维译：《行为主义》，浙江教育出版社 1998 年版，第 137 页。

② 转引自［美］K. T. 斯托曼著，张燕云译：《情绪心理学》，辽宁人民出版社 1986 年版，第 28 页。

③ ［美］J. P. 查普林等著，林方译：《心理学的体系和理论》（上），商务印书馆 1983 年版，第 252—253 页。

的情绪反应。她认为，一般性的激动反应约在3个月时首先分化为一般性的消极反应和一般性的积极反应，即痛苦和快乐。以后，随着时间的推移，痛苦和快乐愈来愈分化为特殊反应。痛苦分化为愤怒、厌恶、恐惧和嫉妒，而快乐则分化为高兴、喜悦和亲爱（见图2-10）。由于情绪分化的速度具有很大的个别差异，因而图2-10所示的年龄是一个大概的表示，并不是确定的界线。

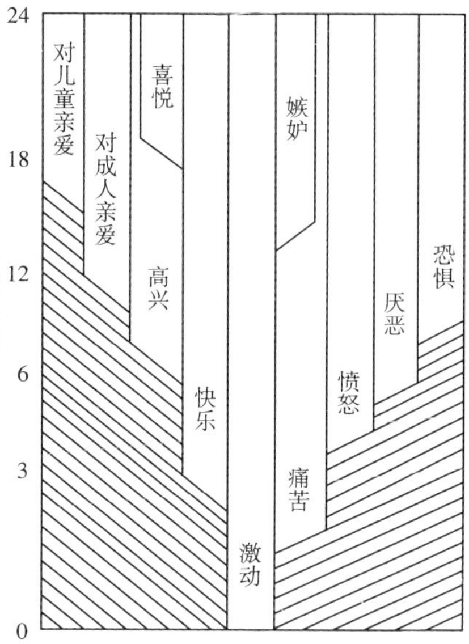

图2-10 儿童情绪分化模式

我国心理学家孟昭兰根据自己的大量研究和概括，提出新的婴儿情绪分化理论。

孟昭兰认为，人类婴儿从种族进化进程中通过遗传获得8～10种基本情绪，如愉快、兴趣、惊奇、厌恶、痛苦、愤怒、惧怕、悲伤等。它们在个体发展进程中随着成熟相继显现（见表2-5）。

表2-5 儿童情绪发生时间

情绪类别	最早出现时间	诱 因	经常显露时间	诱 因
痛苦	出生后	身体痛刺激	出生后	
厌恶	出生后	不良味刺激（苦、酸）	出生后	
微笑	出生后	睡眠中，内部过程节律反应	出生后	
兴趣	出生后	新异性光、声和运动物体	3个月	

续表

情绪类别	最早出现时间	诱　因	经常显露时间	诱　因
社会性微笑	3～6周	高频人语声（女声），人的面孔出现	3个月	熟人面孔出现，面对面玩儿
愤怒	2个月	药物注射痛刺激	7～8个月	身体活动受限制
悲伤	3～4个月	治疗痛刺激	7个月	与熟人分离
惧怕	7个月	从高处降落	9个月	陌生人或新异性较大的物体出现，如带声音的运动玩具出现
惊奇	1岁	新异物突然出现	2岁	同前
害羞	1～1.5岁	熟悉环境中陌生人出现	2岁	同前
轻蔑	1～1.5岁	欢乐情况下显示自己的成功	3岁	同前
自罪感	1～1.5岁	抢夺别人的玩具	3岁	做错事，如打破杯子

孟昭兰著：《人类情绪》，上海人民出版社1989年版，第254页。

儿童各种情绪的发生，既有一般规律，又有个别差异。如同动作发展的常模一样，情绪发展的常模只表现同龄儿童的平均水平，不能简单对照。

心理学家还从引起情绪发作的事件中研究儿童最初两年情绪变化的特点。对于新生儿来说，情绪的引起基本上由于生理的需要和防御本能的需要，是一种先天的无条件反射。以后，情绪的诱因就变得多样化了。有人记录了1～24个月的儿童情绪发作的总次数从500次下降到170次，而引发事件由身体上的原因为主变为社会阻挠的原因为主，引起情绪发作的其他因素也相应增加，表明儿童情绪反应的适应范围扩大了，情绪的内容变得丰富了（见图2-11）。

研究还发现，在正常的家庭环境中，由于儿童能与父母和其他人保持着频繁、丰富的交往，他们的情绪分化要比集体抚育的儿童来得快些。其间，最重要的规则是同步和匹配。同

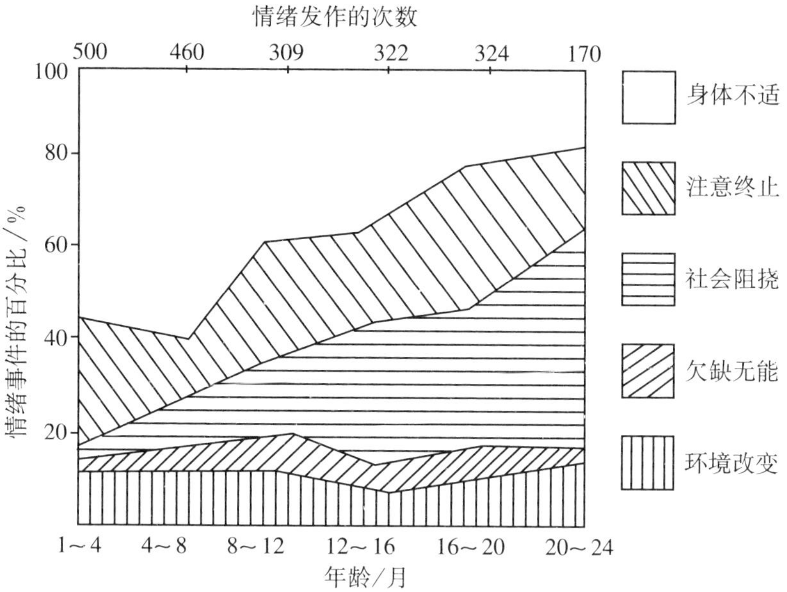

图2-11 儿童情绪发作的频率和情境性质

步，指的是成人与婴儿之间在情绪上的相互直接感染；匹配，指的是成人的情感表现与婴儿的情感感受之间一致。如果成人对婴儿的情绪反应缺乏敏感性，就会导致相互作用的失败。如果这种失败是长期的，成人就成了精神病理学的可能病因。各方面的研究报告反映了一个共同的因素，即儿童情绪的发展与环境作用密不可分。当儿童的需要超出机体需要的范围而逐渐扩大时，儿童与环境的交往便变得复杂起来，他们的情绪经验也日益丰富起来，而且，引起儿童情绪发作的因素所占的比重有一个变化的过程。

（二）儿童基本情绪的发展

1. 微笑

儿童的第一次微笑不仅激荡着父母的心灵，也吸引着儿童心理学家的注意。有人报告，在出生后几小时的新生儿脸上可以见到勉强称得上“微笑”的反应。当然，这是一种乐观主义的结论，事实上它并不是真正的微笑，因为这种反应只局限在口部，不包括眼睛和眼睑等部位的活动。两周之内的新生儿，这种原始的微笑仅仅发生于他完全清醒的时刻。在第一周内，这种反应能通过抚摸他的皮肤等手段而获得。在第二周内，人类的声音比其他声音（如铃声、哨子声等）更富有刺激性。第三周的新生儿可以表现出真正的微笑。这种微笑虽然持续的时间很短，却包括了整个脸部。经常有效的刺激是人声，尤其是妇女的嗓音。而在第五周时，引起微笑的有效刺激就成为视觉形象，如人的眼睛、面孔等（Wolff，1963）。有人注意到，引起婴儿的刺激包括社会的、视觉的、触觉的和听觉的四种，而以前两项作用为大（见图2-12）。

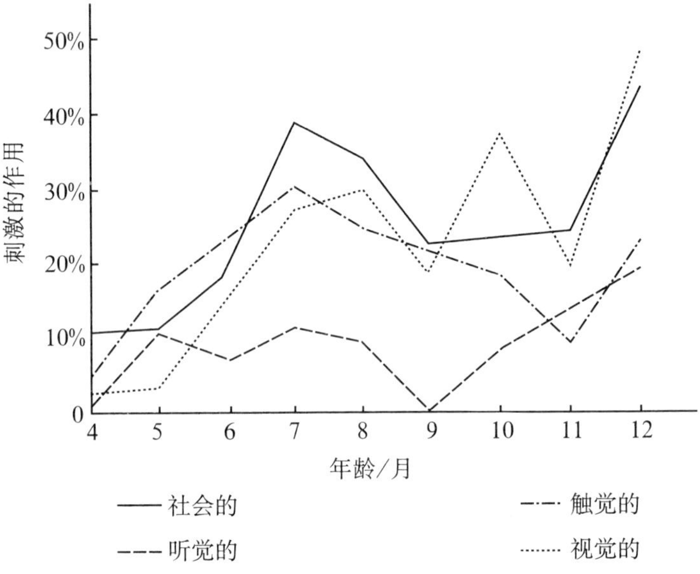

图2-12　1周岁以下引起笑声的四种刺激

婴儿微笑，反映的是快乐的情绪。这是一种正向情绪，对儿童心理发展具有积极的作用，应引起成人的重视。按孟昭兰的观点，在人的生命长河中，人们从自己的事业成就和社会交往成就中得到快乐，这一点要从儿童时期做起。让儿童参加游戏，同他人玩耍，能引起儿童适时的欢乐，甚至可以引起哈哈大笑。这样的快乐对儿童是有益的，成人应该与他们分享快乐。

2. 痛苦与悲伤

痛苦是由于持续的、超水平的不良刺激引起的。痛苦的第一个表现形式是啼哭。啼哭是新生儿与外界沟通的第一种方式。3 周或 4 周的新生儿哭泣时便有明显的分化，有经验的父母可以从他们的哭声中听出是由于饥饿还是由于便溺或疲困。婴儿无休止的啼哭常常弄得人们手忙脚乱，而过度的啼哭对保持儿童的体重也不利，因此在这种场合需要采取措施使孩子安静下来。除了满足他们的生理需要外，连续不断的刺激也可以使他们从烦躁不安中平静下来。这一结论对于儿童教育工作者来说具有实用价值。

儿童的啼哭具有明显的个别差异和性别差异。

对于婴幼儿来说，身体的和心理的分离是引起痛苦的重要原因。身体的分离如与母亲过早别离，心理的分离如情感剥夺、精神虐待、在团体中受排斥、不为集体接纳等。

儿童学习的失败也是引起痛苦的重要原因。

悲伤一般与痛苦同步发生，是痛苦的表现形式。

3. 焦虑和恐惧

焦虑是精神分析学说的重要概念。弗洛伊德认为："焦虑这个问题是各种最重要的问题的中心，我们若猜破了这个哑谜，便可明了我们整个的心理生活。"① 焦虑也是儿童心理中的一个普遍现象。一个人如果不能很好地应付焦虑，焦虑可能会变成一种创伤，致使这个人退回到婴儿时期的那种不能自立的状态。弗洛伊德认为，儿童的焦虑主要是一种现实性焦虑，即对于外界危险或意料中伤害知觉的反应。这种焦虑的倾向来自遗传，儿童只是在重演史前人及现代原始人的行为。这些人因为无助，对于新奇的及许多熟悉的事物都经历着一种恐惧之感，虽然这些事物对我们成人来说已经不再是可怕的了。

① ［奥］弗洛伊德著，高觉敷译：《精神分析引论》，商务印书馆 1984 年版，第 315 页。

恐惧是一种有害的、具有压抑作用的情绪。引起恐惧的原因很多，可能是先天的，也可能是后天习得的。凡强度过大或变异过大的事件都可能引起恐惧，如巨响、跌落、疼痛、孤独、无援、处境不明，都是危险和可能受到伤害的信号，都是引发恐惧的天然线索。这些线索在儿童身上还派生出具体的恐惧对象，如黑暗、动物、陌生人、陌生环境等。

4. 愤怒

愤怒是一种激活水平很高的爆发式负面情绪。当强烈的愿望受到限制时，个体就会产生愤怒。低水平的愤怒可能会被各种因素暂时抑制，但这种愤怒具有残留效应，很可能在某种情境下被引爆或导致攻击行为。持久地抑制愤怒可能要导致生理和心理上的损伤。愤怒可能会导致降低认知和监控，也可能激活更大程度的活力和更高层次的追求。婴儿的愤怒往往产生于身体活动被限制。对于年龄大的儿童而言，不良的人际关系或受侮辱、受欺骗、受压制都会导致愤怒。持久的痛苦或恐惧也可能转化为愤怒。

从以上的分析中我们可以看出，随着儿童对周围人的辨别能力的增强，他们的情感选择性随之增强。

此外，婴儿的情绪和情感易变换、易冲动、易传染、易外露，也都是较明显的特点。

对于幼儿来说，除了表现出情感的动因更加丰富、所引起的情感更加深刻外，一个十分重要的特点是形成了最基本的道德情感。对于成人的赞许，儿童会产生满意的情感；对于成人的谴责，儿童会产生羞耻的情感。儿童开始能辨别是非。

与此同时，幼儿还奠定了其他高级情感的基础，例如理智感和美感等。理智感集中表现在幼儿旺盛的求知欲、对周围环境的浓厚兴趣和获得满足时的愉快等形式上。随着幼儿生活经验范围的扩大，他们的兴趣能得到满足，他们的求知欲和将来的理智感也就能得到充分的发展。反之，如果幼儿的兴趣得不到满足，也就可能会长期地阻碍求知欲的发展。幼儿的美感除了表现在对色彩分明的物体产生愉快感之外，还表现在对音乐、舞蹈，特别是在唱歌时的快感。幼儿特别喜欢一边唱歌一边进行有节奏的活动。

幼儿的情感虽然比婴儿期有较大的发展，但相对地说还是不太稳定的，仍然有易变、易冲动、易“传染”的特点。幼儿的后期（大班）与前期（小班）相比，情感的稳定性和有意性有所增长，幼儿产生了一些较稳定的情感，而且也具有一定的控制能力，并能运用语言来调节情感。

儿童进入学校后，心理水平有了很大的发展，与此同时，情感也有了很大的发展。这些发展集中表现为情感的内容不断丰富、情感的深刻性和稳定性不断增强。这些发展与他们的主导活动——学习是分不开的。学龄初期儿童的情感体验主要与他们的学习活动结合在一起，学习成功就产生愉快的体验，学习失败就产生痛苦的体验。此外，与之相关的还有儿童在集体中的地位、作用，与教师、同学之间的关系，以及教师和集体对他本人的评价、要求和态度，都能引起各种复杂的情绪体验。各种社会活动、社会工作、生产劳动使儿童的情感的社会性大大加强，学龄初期的儿童在独立学习和集体生活的锻炼下，情感有了很大的发展。

但是，我们必须清醒地看到，学龄初期儿童情感上的进步是相对的，由于他们认知水平还处于具体运算时期，整个认识水平还不够高，因此，对他们的情感发展水平不能估计过高。例如，他们这一时期的情感表现仍然有易激动性和直接性，因此，他们对情感的控制还有困难。又如，他们的情感主要是和具体对象相联系的，所以对他们提出的道德要求也应该通过一定的行为规范而加以具体化，并与他们直接经验过的情境联系起来。他们的美感、理智感也都与具体形象紧密联系着，在对他们进行情感培养和教育时决不能忽视这一基本事实。

二、学前儿童的情绪理解和情绪控制

（一）婴儿的表情和表情识别能力

表情是人类交流的“普通话”，不同文化之间人们对表情的再认具有惊人的一致性。婴儿在出生后的几个月内，逐渐显示出各种面部表情，这些表情是先天的程序模式。

孟昭兰等对中国婴儿面部的六种表情（愉快、惊奇、悲伤、愤怒、厌恶、惧怕）的测试，经成人评定，得出五种较为基本的情绪模式（除惊奇外），与美国婴儿的标准化基本情绪模式“最大限度辨别面部骨肉运动编码系统”相比较，基本一致。而且，中国婴儿同中国成人的基本情绪的表情模式也是一致的。研究还发现，即使在社会化了的成人表情中，依然保留着大多数基本的先天表情模式。

新生儿的面部表情在很大程度上是反射性的。随着年龄的增长，婴儿的表情开始日益丰富多彩，并具有很强的适应功能。其中最重要的发展是表情的社会化。

婴儿表情的社会化，集中表现在对成人尤其是照看者表情的呼应上。研究发现，照看者通过了解婴儿发出的信号，为婴儿保持最佳的刺激水平，控制婴儿的情绪唤起。实验者让妈妈和孩子面对面坐着。第一种情景是单调刺激，让妈妈看着孩子，用平淡的语气说话。这时的孩子显得机警谨慎，较少有积极表情，甚至变得焦虑不安。相反，在第二种情景中，母亲用亲切、愉快的语气对孩子讲话，面部表情生动多变，孩子也变得轻松、舒缓，发声增加。以后，婴儿对自己的照看者，通常是母亲产生形式多样的依恋行为，如注视、微笑、跟随、拥抱、亲吻等，更加生动地表达了对亲人的情感。所以达尔文（C. Darwin）说：“脸和身体上的各种表情及运动，无论它们起源于什么，对于我们人类都是非常重要的。这种表情或运动在母亲与婴儿的最初交流中是最为有效的手段。”① 婴儿表情的社会化不仅表现在对亲人的关系中，也表现在对同伴的关系中。婴儿不仅能恰当地表达快乐和痛苦，也能准确地感受到主要照看者的情绪和行为的变化。

婴儿与母亲之间的情感交流不仅局限在亲子双方，还反映在母婴两人对于“第三者”的信息交流。这就是情绪的社会性参照作用。“情绪的社会性参照作用是一种在特定情境中发生的特定情绪交流模式……是人际，特别是婴儿和成人间的主动的情绪交流活动。”② 6～8个月的婴儿学会了活动中的不确定性。在这种不确定性增加的环境中，儿童需要从照看者，主要是母亲的面孔上寻找信息支持（从这里，我们可以进一步领会到新生儿对人脸偏好的心理价值），从而决定自己该怎么办（见信息栏2-10）。尽管儿童出生后不久，亲子（母婴）之间就开始了情绪的交往，但社会性参照作用使情绪的信号功能大大地放大。面临着外部环境中的新刺激，亲子双方处于共同的情感状态中，婴儿受到成人情绪的感染，亲子共享同样的情感。社会性参照作用能促进儿童与成人对环境认识、经验、情感体验的分享，促使亲子心理过程的共发、共振、共鸣，因而有利于儿童自我知觉和道德行为的发展，对儿童的身心健康和人格的最终形成有深远的影响。

信息栏2-10　　看脸色行事

视崖实验是吉布森等设计的一个研究婴儿深度知觉的经典实验。利用视崖装置同样也可以研究情绪的社会性参照作用。

研究者将12个月的婴儿置于视崖装置中间的平台上，母亲站在装置的一边鼓励婴儿拾取一个玩具。当将玩具放在“浅侧”

① ［英］达尔文著，余人等译：《人与动物的情感》，四川人民出版社1999年版，第333页。

② 孟昭兰著：《人类情绪》，上海人民出版社1989年版，第278页。

时，婴儿很容易地取得玩具。当母亲站在“深侧”一边，而玩具放在“深侧”的“断崖”处时，婴儿的深度知觉使他对爬向“深侧”的行为和取得玩具的目的产生了犹豫。显然，犹豫是由于环境的不确定性造成的。于是，婴儿抬起头看着妈妈的脸。这时，如果妈妈的面部表情是正向的肯定和鼓励，婴儿就消除顾虑，爬向“断崖”处取得玩具；如果母亲的面部表情是负向的恐惧、威吓，那么，婴儿就停滞不前，不去取玩具。可见，社会性参照作用直接影响儿童的行为。

情绪的社会性参照是一项复杂的心理技能，昂德(R. Emde)将它的发展划分为四个水平。

第一水平（0～2个月）：不完整的面部知觉。新生儿往往将视线停留在脸部的边缘，如下颌、发际，而对显示面部表情的脸部中心部位注视不够，因而不能融合脸部整体轮廓和表情。这时，婴儿自发的情绪与成人的表情还没有形成联系。

第二水平（2～5个月）：无评价的面部知觉。2个月的婴儿已经能对成人的面部表情做出回应性情绪反应，但这些情绪反应不具备知觉表情的意义。例如，这时的婴儿无论是对成人面部的微笑表情还是忧伤表情，一律报以愉快的反应。又如，在一个实验中发现婴儿能对露牙或不露牙的面部照片加以分化，至于是高兴的露牙还是生气的露牙则无法分化。可见，这时的婴儿只是对成人面部的特征刺激做出反应，而不能对成人面部表情的信息进行加工。

第三水平（5～7个月）：对表情意义的情绪反应。6个月左右的婴儿对正面、负面情绪产生不同的反应，能更精细分化面部表情的细微变化，认识其表达的意义，因而对不同人或不同情景中表现出的表情有了一致性的理解，表明婴儿对面部表情有了概括化的认识。

第四水平（7～10个月）：在因果关系参照中应用表情信号。这时的婴儿已经学会识别他人的表情并影响自身行为，使情绪成为信息交流的方式。如8个月的婴儿面对母亲的微笑表现出相应的微笑，对母亲悲伤的表情表现出呆视或哭泣，对母亲的漠无表情表现出犹豫等。

（二）学前儿童的情绪理解

儿童情绪的表达能力，是与他们对他人情绪的理解能力密不可分的。儿童情绪发展的最高境界不仅包括对自己情感的表达和控制，也包括对他人情感的正确理解，即理解他人情感的原因、性质和真实性。在发展过程中，缺失哪一个方面都是情感发展的不健康表现。

随着儿童认知能力的发展，4～5岁幼儿能正确判断各种基本情绪产生的外部原因。如孩子们会说："他今天得了一个小五星，所以他很高兴。""她想妈妈了，所以她哭了。"他们甚至能理解一个人的情绪与心理活动相联系，如"当你想到伤心的事，你就会难过"。学前儿童还能根据一个人当时的情绪预测他的行为。如4岁的儿童懂得愤怒的孩子会打人，快乐的孩子会把自己的玩具分给别人玩。但幼儿在处理情绪的内部原因时，困难要大一些，如将想象与现实相互混淆，分不清真伪。有研究者观察到，一个幼儿为了吓唬同伴装扮成妖怪，由于装扮得太像，把自己给吓哭了。

受认知水平（主要是表征能力）的限制，年幼儿童很难相信一个人同时有两种不同的情绪，正如一个幼儿所说："一个人不可能一边笑，一边哭，因为他没有两张嘴。"还有儿童这样说："你没有两个脑袋——你的脑子不够。"六七岁之前，儿童一般只能描述先后诱发的两种情绪，如"起先很害怕，后来才高兴"。直到10岁左右，儿童才认识到一个人可能同时体验到两种相反的情绪，如既高兴又伤心。小学中年级的大孩子才懂得情感交流的复杂性，并且逐步明白人的情绪和表现并不一定是一致的。

在同伴交往中，对情绪的理解对同伴交往起着重要作用。当一个人感知到对方的某种情绪时，他自己也能体验到相应的情绪，心理学上称为移情。移情既是对他人情绪的意识，又是与他人情绪的共鸣。1岁的幼儿开始出现依恋的表现，如发现别人不愉快时会停止哭闹，再大一些的幼儿会用拥抱、言语和递送玩具等方式来减轻对方的不愉快。6岁的幼儿能觉察到对方心中的不快，使用言语来安慰对方，包括自己的父母。到了小学阶段，移情有较显著发展。对弱者的情感理解和同情是移情的成熟形式。霍夫曼（M. Hoffman）提出，儿童移情的发展经历四个阶段。下面以苦闷为例加以说明。

第一阶段为整体移情。儿童通过情绪感染，获得他人情绪苦闷的信号，自己也感到不愉快。

第二阶段是自我中心移情。儿童知道别人苦闷，但只在自己感到苦闷时才做出相应的反应。

第三阶段是开始分化。儿童开始认识到他人与自己的情绪是不同的。

第四阶段是修正目标，儿童对他人的移情真正开始。这种移情的能力使儿童逐渐体验到他人的情绪感受，以便与同伴建立更加深入、和谐的合作关系。

儿童对情绪的理解，显然与他们自身的认知发展水平相关。我们从移情发展的四个阶段的划分中，感受到儿童认知发展四个阶段的影响。

儿童积极的移情，是他们亲社会行为发展的内在因素。消极的移情有时会对儿童形成发展障碍，尤其是当消极情绪，如烦躁、焦虑等源自自己的父母和其他与自己关系亲密的人时，会扰乱儿童情绪的稳定性。

（三）学前儿童的情绪调控

一个成熟的个体，既能恰当地、明朗地表达情绪，也能妥善地、有效地控制自身的情绪。这对于自身的心理健康和社会交往的成败至关重要。

儿童对自身情绪的调控有一个发展过程。

婴儿的情绪调控能力是很有限的。当他们情绪发作时，需要成人及时照应。有经验的父母都知道，轻轻地拍拍婴儿，抱着他们有节奏地摇晃和说话，或用温水泡脚都能有效地帮助他们平稳地控制和调节情绪，使他们迅速平静下来。在这种情况下，成人的干预要及时，让婴儿感到自己是被关心的，感到周边环境是安全的，这样有利于他们对外部环境形成安全感、信任感，也有利于他们形成良好的情绪自我调控方式。如果婴儿情绪发作而成人不给予及时关心，每每发作到顶点才引起成人注意，其后果是导致儿童情绪沮丧并加快发作的频率和加大发作的强度，最终对环境失去信任感，产生怀疑感。第一年末到第二年末，当儿童获得语言后，他们开始运用言语表达自己的愿望，但还不善于运用言语自我调控情绪和进行自我安慰。成人仍应该对儿童的情绪体验保持高度的敏感。

2 岁儿童已经能表达他们的情绪感受，并学会采用一定的方式来控制情绪。如在亲子短暂的分离中，通常他们减少情绪唤起的方式有：限制输入，如碰上不愉快的事闭上眼、捂上耳或钻进被窝等；自我安慰，如不断地自言自语、注视母亲出现的方向等；转移目标，如找东西吃或看图画书以等待成人归来。3 岁儿童开始运用有控制的表情来表达快乐、惊讶等情绪。愤怒、伤心、讨厌的表情比快乐要困难些。

儿童学会调控自身情绪的过程，实质上是一个不断观察与学习、不断形成新的条件反射和不断接受强化的过程。成人应为儿童树立一个良好的控制情绪的典范，不要动辄暴跳如雷、气急败坏。同时，成人应多与儿童交谈，在交谈中让儿童宣泄情绪体验，指导他们形成新的认知方式，学会符合社会规范的情绪表达方式，掌握礼貌规则，对于儿童表现出的良好情绪表现和转变要及时表扬，让他们形成良好的性格特征。

儿童情绪的调控能力和调控方式，与气质有重要联系。由于气质的不同，有些儿童的主导情绪积极，容易与成人配合，有些儿童的主导情绪不稳定，难以与成人合作。成人要尊重儿童正当的情绪表达方式，尊重儿童的情绪体验，对于一些不良情绪表现，教导要及时，处理要宽容，不要急躁，更不能体罚。大部分儿童要到10岁，才能形成一套恰当的情绪控制技巧，比如，在权威人物面前控制愤怒和急躁。随着儿童控制情绪的技能增加，调控情绪的效果也有明显进步，儿童才能更加有效地适应家庭、学校和其他社会生活，并准备迎接更大的挑战。

学前儿童的情绪理解和情绪调控实质上就是情绪与认知和意志的关系，它体现着心理过程的协调发展，也体现着人际关系与儿童情绪发展的本质联系。儿童早期情感发展对今后人格的形成具有重要的作用，而早期的情感创伤也会产生不利的后续影响。有时，这种影响产生的严重焦虑，甚至导致人格特征和精神状态的失衡，对个体心理发展产生不利后果。因此，维护学前儿童的情绪健康尤为重要。

第三节　学前儿童个性有关因素的发展

心理学理论体系中，有许多界定不清的概念，个性（人格）就是其中之一。在日常生活中，“个性”是一个使用频率很高的词，如：人们常说“这个人很有个性”，通常指的是这个人与众不同；教育界不断呼吁“要发展儿童的个性”，往往指的是充分发展儿童的某一特长。在一个相当长的时间里，心理学教科书中的个性，指的是人的个别性、特殊性或个别差异。随着研究的深入，心理学界对个性的解释日益趋向于整体性、稳定性，作为一种精神面貌来表达。这是一个重大的理论进步。

从不同的理论体系来看，个性和人格并不是两个完全等同的概念，但本书作同义词用。

一、个性概述

（一）什么是个性

个性是指个体在物质活动和交往活动中形成的具有社会意

义的稳定的心理特征系统。

1. 个性是心理发展的最高平衡状态

个性既不是天生的，也不是儿童一出生后就立即形成的，而是在心理发展到一定水平后形成的。这里的“一定水平”指的是个体的认知发展要达到形式运算水平，情感要达到稳定、可控，个体具有良好的自我认识、准确的自我体验和自我监控，要形成完整的自我。

需要着重说明的是，这里强调“个性是心理发展到一定水平后形成的”，是从个性的存在形式的角度上讲的，而从个性的演化形式看，个性的形成不是某一时刻突然聚合而形成的，它有一个漫长的发展过程，心理发展的各个具体过程对个性的形成都具有重要意义。“从整体上看，认知发展是人的发展的基础，因为认知原则构成了最广泛的和最丰富的结构。”①

儿童在8～12岁期间，随着认识能力和自控能力的增强、社会合作和自我评价能力的增强，个性也就逐渐开始形成，直到青春期最终完成。为什么直到青春期才达到个性的最后形成呢？这是因为，首先，个性的形成需要有形式思维这个智慧工具，形式运算为青少年的思想形成自己的体系提供了可能性，他们开始对一些与具体现实无直接联系的问题进行反省思考，从而将个人的认识、情感、道德倾向等因素与自我综合成一个既是个人的又是自动的协调的系统，制订自己的生活计划。没有形式运算这一理智条件是无法制订生活计划的。其次，个性是社会化的产物，个性的构成就是青少年加入成人社会，充当成人的角色。青少年为了参加到成人的社会中，就借助于试验研究、生活计划、理论体系以及提出各种关于社会和政治改革的意见，总之，“他是借助于思维，而且我们可以说，几乎是借助于想象而参加社会的，即当这种假言演绎思维有时脱离了

① ［美］卢文格著，韦子木译：《自我的发展》，浙江教育出版社1998年版，第40页。

现实时，青年便通过想象去参加社会活动”①。当然，青少年刚开始试图进入成人社会时，不可避免地存在着青春期的自我中心状态，过分相信自己的反省思考，似乎世界应该服从一个理想的格式，而不应该服从现实的系统，因为他们容易想入非非。在积极的社会实践中，青少年的自我中心将在现实世界逐步取得协调并逐步克服。青春期脱离自我中心的过程在思想方面与在社会关系方面是同步的。青少年在与同伴的相互讨论中也逐渐检验自己的观点，逐渐回到现实生活中来。他们最终会认识到，反省思考的机能与具体经验是一致的，他们在与现实世界的协调中取得了新的平衡——一种超出以前任何阶段的前所未有的高级平衡。“一切人类活动最深刻的倾向都是向着平衡状态前进的，表达最高平衡状态的理智乃是智力与情感的重新统一。”②

儿童从生命的开始，一直发展到形式运算阶段，他的思维、情感、社会化（包括道德）日益成熟和相互协调，达到最高的平衡状态，最终形成了个性。他终将以成人的姿态，肩负着社会的重任，迈着坚定的步伐，踏上社会的征途，投身到坎坷而又壮丽的社会生活之中。

2. 个性的结构

个性，包含三个彼此紧密相连的子系统，它们是个性倾向性系统、自我意识系统和个性心理特征系统。

（1）个性倾向性系统。个性倾向性系统包括需要与动机、兴趣、志向、世界观等要素。它是推动个性发展的动力因素，决定着一个人的活动倾向性、积极性，集中地体现了个性的社会实质。个性倾向性系统是构成个性的核心。

需要是个体对身心不平衡状态的体验以及追求新的平衡的动力。它直接导致情绪的产生，也推动认识和交往的发展。当

---

①② ［瑞士］皮亚杰著，傅统先译：《儿童的心理发展》，山东教育出版社 1982 年版，第 93、96 页。

需要达到一定的强度并出现满足需要的条件时，就会引起动机。

兴趣在人的认识和交往活动中起着重要作用。

志向是个人发展的意图和决心的表现。

世界观是指对自然、社会和人类思维的观点体系，是个性倾向性的最高层次，决定了个性的连贯性。世界观的科学性，决定了个性的深刻性。

（2）自我意识系统。自我意识系统是一系列自我完善的能动结构，它充分地反映着个性对社会生活的反作用，是人的心理能动性的体现。自我意识包括自我评价、自我体验、自我监控三个方面。

自我评价是个体对自己的能力、道德品质、行为的认识和评价，是自我意识在认知方面的表现。

自我体验是人在对自己进行自我评价时产生的情绪体验，是自我意识在情感方面的表现。

自我监控是个体对自身心理和行为的主动掌握，是人所特有的心理现象，是自我意识在意志方面的表现。自我监控水平与一个人的心理发展的整体水平，尤其是与个性品质（包括品德）及自身修养不可分割。

（3）个性心理特征系统。个性心理特征系统是个性独特性的集中表现，包括气质、能力、性格等心理成分。其中性格是个性最核心的特征，反映一个人对现实的稳定性态度和习惯化的行为方式。

（二）个性的特性

个性作为一个系统，具有系统论所揭示的各种特征，我们集中论述整体性、开放性、稳定性和独特性四点。

1. 个性的整体性

一个特定的系统，总是伴随着特定的整体性。系统不是诸要素的简单堆砌（或称线性叠加），大系统也不是诸系统的简单堆砌。系统作为一个整体，其中每一个要素的变化都依存于其他要素的变化，每一个子系统的变化也都影响着其他部分。

要素的组合使系统产生了新的功能和属性。

个性作为一个心理特征系统，包含着人的心理的整体性，体现着人的整体精神面貌。什么是整体精神面貌呢？

（1）个性中各要素相互作用。个性系统中的要素包括个性倾向性系统、自我意识系统、个性心理特征系统。其中每个要素又包含更下层的要素，如个性倾向性系统由需要与动机、兴趣、信念、世界观等要素组成。个性系统中的各要素相互作用并联系在一起。每一个要素都影响着个性，个性也影响着每一部分。个性中任何一个要素的变化，都会引起个性系统中其他要素的变化。例如，当一个儿童的兴趣发生变化后，他的活动性质就会随之变化，他的知识结构、认知能力也会随之变化，他的自我评价、自我体验、自我监控等同样会随之变化，他的态度和行为也会随之变化。可见，系统中的各要素是相互联系、相互制约的。

（2）个性影响着各要素。个性系统是由各要素组成的，但个性一旦形成（即部分一旦整合为整体后），就会反过来制约各要素，这种“制约”的实质是各部分之间的协同关系。协同关系导致个体具备了各单个要素所不具备的功能和性质，体现出“整体大于部分之和”的特性。整体大于部分之和是系统论的基本命题，“它的含义不过是组合特征不能用孤立的部分特征来解释”①。一个人在他的任何心理活动中都反映着他的个性倾向性、自我意识和个性心理特征。例如，一个人的个性制约着他的认知风格，表现为：在知觉风格方面，有人属于场独立型，有人属于场依存型；在知觉材料方面，有人偏好言语材料，有人偏好空间材料；记忆风格是趋同还是趋异；思维风格是分析还是综合，是发散还是集中；解决问题的风格是沉思还是冲动；等等。这些认知风格的差异，主要不取决于认知对象

① ［美］冯·贝塔朗菲著，林康义等译：《一般系统论——基础、发展和应用》，清华大学出版社 1987 年版，第 5 页。

（材料）的特点，而是取决于一个人的个性特点。个性同样也制约着一个人的行为倾向、交往风格、情感色彩、意志品质等方面。可见，个性的形成对人的心理活动产生质的规定性。

传统的心理学受原子论的影响，倾向于把复杂的现象分解为基本过程和简单反应，这样做并不能认识心理的全貌。如果不树立系统论的观点，对心理活动的考察就是孤立的，实质上是否定了整体的存在以及整体的功能。在人的一生中，只有在完整的个性的基础上，才能促使个性连贯、丰富、和谐地发展，并且有效防止个性的分裂。

2. 个性的开放性

个性的开放性是指个性形成中和形成后，需要不断地与环境进行各种交换，以推动个性的发展。

人生活在环境之中。个性必须向环境开放，才能保持它作为一个系统的存在和发展。这个“环境”，既指客观环境，如物质环境和社会环境，也包括主观环境，即个性系统所从属的更大的心理系统。离开了这些环境，个性就会老化、僵化、退化。自然科学早在19世纪就已证明，一个系统如果处于孤立或封闭状态，停止与外部环境进行物质、能量或信息的交换，这个系统的有效能量就会不断减少，无效能量不断增加，最终不可避免地走向混沌无序，直至毁灭。一个已经形成个性的人，尽管他已经具备了一定的知识、一定的能力，与外界形成了一定的关系，如果从某一时刻把自己封闭起来不与外界接触，他的知识就会老化，思想就会僵化，行为就会退化，进入心理上的“弥留期”。

个性的开放性，强调系统与环境的相互作用，也就是强调内因与外因的相互作用。个性在内因与外因的相互作用中不断地优化。

系统的开放性必然会形成个性的社会性。这是因为，第一，人所从事的活动是社会的。个性的开放性促使一个人要进行物质生产和交换活动、精神生产和交流活动。无论哪一种活动都要与其他人进行交往。在人与外部环境相互作用时，首先要发生人与人的相互作用。人与人的联系是人与物的联系的中介。以认识能力的发展为例，在与同龄人及成年人一起活动时，儿童的认识能力比单独活动时提高得快，而且在以后单独一人时，还能重复使用这些新获得的知识。此外，人在活动时所使用的语言——心理工具是社会性的。第二，人的各种关系是社会性的。一个人在社会生活中受到环境和人际关系的影响，形成对世界、对社会、对劳动、对他人和自己的认识和观点。这些认识和观点反映着社会集团的意识形态和各种社会关系（如生产关系、政治关系、同伴关系、家庭关系等）。一个人在社会生活中交往越广泛，社会关系也就越复杂、越深刻，他的精神世界也就越丰富。个性的社会性是个性的本质特征，个性的社会性是系统开放性的必然结果。

系统的开放性不仅表现在向外部环境开放，而且也包括向系统的内部开放，如系统的低层次向高层次开放，系统的高层次向低层次开放。如需要，作为个性系统中的一个子系统中的一个要素，向个性系统的开放就体现出本身的发展，“一个需要的满足产生另一个需要”①。而个性中高层次向低层次开放则表现为：“任何真正的需要的满足都有助于个人的改进、巩固和健康发展。”② “高级需要的追求与满足导致更伟大、更坚强以及更真实的个性。”③从发展的角度看，系统的开放性本质上是面向未来。没有系统的开放，就没有系统的发展，这一点对于发展心理学尤为重要。“健康成人的许多典型品质是童年爱的需要的满足的积极成果。”④个性的开放性是个体心理正常、健康发展的保证。

3. 个性的稳定性

个性是在心理发展到一定水平之后才形成的。心理的成熟

①②③④［美］马斯洛著，许金声译：《动机与人格》，华夏出版社1987年版，第99、71、116、74页。

水平，保证了个性的稳定性。个性系统，乃至整个系统中的各要素都具有稳定性，表现为一个人心理活动的一致性和行为的连贯性。个性的稳定性实质上反映着个性在发展过程中具有一定的自我调节能力，这种自我调节能力表现在对外和对内两个方面。

对外而言，一个人在他的生活进程中会遇到环境形形色色的变化、冲击和干扰，但个性能在一定范围内排除这些外界作用，保持自己的有序状态。对内而言，个性系统的各要素之间不可能没有差异，不可能处于静止的平衡状态，这就必然会导致个性系统中涨落的存在。从表面上看，涨落是系统中的差异，是对系统稳定性的平均状态的偏离，但从实质上看，这种涨落会推动个性系统的某一要素超越常规，继而使涨落放大，引起其他要素的响应，把个性引入一个新的更有序的状态。这就是系统论中的另一个重要命题“非平衡是有序之源”的道理。

个性中的各要素都是发展变化的，因此，个性的稳定性是一种动态的稳定性。个性系统中各要素之间的联系越灵活，个性的结构也就越稳定。个性的稳定性是一种开放中的稳定，开放既是系统发展变化的前提，也是个性保持稳定的前提。

广而言之，稳定性是生命现象的一个普遍特性。生命一方面需要十分严格的条件，另一方面又有惊人的自我调节能力，克服条件的多样性与内在环境严格性之间的矛盾，以保持自身结构和功能的稳定。如果生命的自我调节能力无法克服条件变异与追求稳定之间的矛盾，就会引起身心的失衡和病态。例如，当满足一个人的需要的外部条件变得越来越严峻而个人无法克服困难，使人的需要长期得不到满足时，人的个性就会紊乱，最终导致心理疾病。

4. 个性的独特性

个性是一个人整体的精神面貌，每一个人的个性都是他的心理发展的必然结果。心理现象，无论是思维还是个性，从它们的结构和功能、存在方式和演化过程来看，首先具有共性。有共性才能构成科学研究的对象。

但是，系统的共性总是与差异同时存在的，差异构成了具体对象的独特性。因此，我们在强调个性的整体性、统一性时，并不排斥个性的独特性。从个性特征的存在形式上，我们可以发现人与人之间的气质、性格有不同，能力有高低。以性格为例，人与人之间差异显著：有人外向，有人内向；有人擅长分析，有人擅长综合；有人倾向独立，有人倾向依存；有人柔顺，有人刚毅……。这构成了人间万象。个性的独特性是世界的多样性和心理的复杂性的反映，它生动地说明了共性与独特性之间的辩证统一。“我们要求的，是要能看出异中之同和同中之异。”①

心理学理论在一个相当长的时间内习惯于把个性看作人与人之间的个别差异，习惯于从每个人的特殊性来运用个性的概念和解释个性的特征。这样做虽然比较接近日常生活中对个性的理解，但事实上把一个复杂的概念简单化了，并没有揭示出个性的心理学本质属性。现代心理学反对无主题的心理学，强调要把个性研究与社会的人结合起来，着力揭示个性的社会意义和作用，强调个性是作为一个社会实体的人的整个精神面貌。这一理论上的转变，反映了学科的发展和认识的进步。事实证明，只有在充分认识个性的共性，尤其是把握个性的社会性的前提下，才能正确把握个性的独特性。

以上，我们对个性的主要特征进行了阐述，并力图用系统论的基本原理来指导我们的分析。当然，系统论的基本原理是成“系统”的，而我们对个性的分析只是择其要点，也许尚未成系统，但运用系统论分析个性的方向肯定是对的。个性，或称人格，作为心理发展的最高平衡状态，是先天与后天、主体

---

①［德］黑格尔著，贺麟译：《小逻辑》，商务印书馆1980年版，第253页。

与客体、主观与客观长期相互作用的结果。对于儿童来说，形成和保持连贯、丰富、和谐的个性，是儿童发展的重要目标，也是儿童教育的重要目标。当然，这确实不是一个一蹴而就的目标。

学前儿童的个性远还没有形成，但个性系统中的若干因素已经有所发展。下面我们阐述学前儿童的气质、自我意识、性格等个性因素及其发展特点，并阐述独生子女的心理特点。

二、学前儿童的气质

气质是人心理活动动力方面比较稳定的心理特征。它表现为心理活动的速度（如言语速度、思维速度等）、强度（如情绪体验强弱等）、稳定性（如注意集中的时间长短）和指向性（如内向或外向）等方面的特点和差异组合。气质使人的全部心理活动都染上独特的色彩，不同气质的人的行为特点、言语速度、情绪类型、思维习惯、交往风格、性格特征都有各自明显的特色。这些特色反映在个体所有的心理活动中，并直接影响性格的形成和个性的发展。

（一）气质的类型

1. 气质的一般分类

古希腊医生希波克拉底（Hippocrates）对气质类型的划分一直影响至今。他认为个体内有四种体液，其分布多寡构成人的气质差异：有的人激动，如发怒，不可抑制，是由于黄胆汁过多，这种人称为“胆汁质”；有的人热情，活泼好动，是由于血液过多，这种人称为“多血质”；有的人敏感、抑郁，是由于黑胆汁过多，这种人称为“抑郁质”；有的人冷静、沉稳，是由于黏液过多，这种人称为“黏液质”。虽然希波克拉底用体液来解释气质的成因有点儿缺乏根据，但他把人的气质分为四种基本类型比较切合实际。心理学至今一直沿用这一分类。

巴甫洛夫通过实验研究，发现神经系统具有强度、平衡性和灵活性三个方面的特点，并在条件反射形成或改变的过程中得以表现。这三个方面的特点在个体身上的不同组合，构成了各种神经活动类型。其中最典型的有四种。

（1）强而不平衡型。兴奋占优势，条件反射形成比消退来得更快，易兴奋、易怒而难以抑制，又叫兴奋型。

（2）强、平衡而且灵活型。条件反射形成或改变均迅速，且动作灵敏，又叫活泼型。

（3）强、平衡而不灵活型。条件反射容易形成而难以改变，庄重、迟缓而有惰性，又叫安静型。

（4）弱型。兴奋与抑制都很弱，感受性高，难以承受强刺激，胆小而显神经质，又叫抑郁型。

这四种神经活动类型，恰恰与希波克拉底所划分的四种气质类型相对应（见表2-6）。

表2-6　气质类型对照

<table>
<tr><th colspan="4">神经系统的特性和类型</th><th colspan="2">气　质</th></tr>
<tr><th>强度</th><th>平衡性</th><th>灵活性</th><th>组合类型</th><th>气质类型</th><th>主要心理特征</th></tr>
<tr><td rowspan="3">强</td><td>不平衡（兴奋占优势）</td><td></td><td>兴奋型</td><td>胆汁质</td><td>容易兴奋，难以抑制，不易约束</td></tr>
<tr><td rowspan="2">平衡</td><td>灵活</td><td>活泼型</td><td>多血质</td><td>反应敏捷，活泼好动，情绪外显</td></tr>
<tr><td>不灵活</td><td>安静型</td><td>黏液质</td><td>安静沉稳，反应迟缓，情感含蓄</td></tr>
<tr><td>弱</td><td>不平衡（抑制占优势）</td><td></td><td>抑郁型</td><td>抑郁质</td><td>对事敏感，体验深刻，孤僻畏缩</td></tr>
</table>

由于气质与神经系统的先天或遗传特征有关，因此，通常认为气质类型是相对稳定的，不容易改变。环境可能会掩蔽气质的特性，但并没有改变气质。气质类型没有好坏之分，不同气质类型的儿童都能以自己特有的动力特征成为社会的有用之才。

2. 托马斯的气质分类

托马斯（A. Thomas）根据活跃水平等九个维度（见表

2-7)，将婴儿的气质划分为容易照看型、难以照看型和缓慢发动型三类。

表2-7　气质的主要维度

名　称	表　现
活动水平	在睡眠、饮食、玩耍、穿衣等方面身体活动的数量
规律性	机体的功能性，在睡眠、饮食、排便等方面
常规变化适应性	以社会要求的方式调整最初反应的难易性
对新情境的反应	对新刺激、食物、地点、人、玩具或玩法的最初反应
感觉阈限水平	产生一个反应需要的外部刺激量
反应强度	反应的能量内容，不考虑反应质量
积极或消极情境	高兴或不高兴行为的数量
注意分散度	外部刺激（声音、玩具）干扰正在进行活动的有效性
坚持性和注意广度	在有或没有外部障碍的条件下，某种具体活动的保持时间

［英］艾克森著，闫巩固译：《心理学——一条整合的途径》上册，华东师范大学出版社 2000 年版，第 465 页。

容易照看型气质的婴儿的特点：生理节律有规律，比较活跃，容易适应环境，如容易接近陌生人，容易接受新的食物，容易接受安慰等；情绪比较积极、稳定、友好、愉快，喜悦的情绪占主导；求知欲强，在活动中比较专注，不易分心；爱游戏，容易得到成人的关爱。这类气质的婴儿占研究样本的 40%。

难以照看型气质的婴儿的特点：生理节律混乱，睡眠、饮食及排便等机能缺乏规律性；情绪不稳定，易烦躁，爱吵闹，不容易接受成人的安慰，对新环境不容易适应，表现为易退缩和易激动；主导情绪消极、紧张，焦虑强烈；注意力维持时间较短，容易分心；难以与成人合作，与成人关系不密切。在研究样本中这类婴儿占 10%。

缓慢发动型气质的婴儿的特点：不活跃；情绪比较消极，表现较为安静和退缩；对环境刺激的反应比较温和、低调，对新环境的适应比较慢，通过抚爱和教育能逐步适应新环境。这类婴儿占 15%。

除了以上三类气质外，还有35%的婴儿属于混合型气质。

属于难以照看型气质的婴儿，如果家长照料态度不当，容易发生心理问题，易形成不安全依恋。进入学校后，大多数这类气质的儿童会发生更多的适应问题。而且，这类儿童在幼儿期和童年期表现为焦虑、退缩，或有较多的侵犯行为。

对具有缓慢发动型气质的婴儿只要给予足够的关爱和耐心，通常不会发生心理问题。但如果家长对他们缺乏应有的敏感和关心，如漠视、粗暴等，他们也容易形成不安全依恋。而且进入学校后，他们与同龄人相比，显得有些适应困难，如表现出焦虑不安等。

3. 卡根的气质分类

美国发展心理学家卡根受巴甫洛夫高级神经活动学说的启发，以行为抑制性—非抑制性为研究儿童气质的指标，提出了儿童气质研究的新思路。卡根这样描述行为抑制性和非抑制性的儿童：在面对一个不熟悉的人、物或情境的最初几分钟内，意识要对闯入的信息进行理解。这时个体处在“对不熟悉事物的不确定”心理状态。个体以不同的方式对不确定做出反应。面对陌生情境的最初10～15分钟，有的儿童非常敏感，中断他们正在进行的活动，退回到熟人身边，或离开不熟悉事件发生的地点。如果这类敏感、退缩、胆怯是稳定的行为特征，那么这类儿童称为行为抑制性儿童。另一类儿童面对不熟悉的事物或人时，不会明显改变正在进行的活动，甚至可能会主动接近不熟悉事件。如果这类不怕生、善交往、主动接近陌生环境的行为稳定地发生，那么这类儿童则属行为非抑制性儿童。行为抑制性儿童的主导特征是拘束克制、谨慎小心、温和谦让、行为抑制，经常有高度情绪性和低度社交性。行为非抑制性儿童表现为活泼愉快、无拘无束、精力旺盛、冲动性强。在日常生活中，父母常把行为抑制性儿童称为胆小的孩子，把行为非抑制性儿童称为胆大的孩子。如果不熟悉事件是一种新事物或环境的改变，行为抑制性儿童就被称为敏感的孩子，行为非抑制性儿童则被称为适应的孩子。如果不熟悉的是一群人或一个人，行为抑制性儿童被称为害羞的孩子，行为非抑制性儿童则被称为好交往的孩子。卡根发现，4个月的婴儿中有20%对新异刺激容易表现不安，有40%对新异刺激表现坦然，还有30%要年龄再大一些时才表现出稳定的气质类型。

卡根在对儿童行为抑制性纵向研究中发现，非抑制行为的保持好于抑制行为的保持。在儿童出生的21～31个月，由行为抑制性向行为非抑制性转变的人数比相反方向转变的人数要多。

卡根认为，气质是生物性因素，但它的发展受环境的影响十分明显。神经系统活动特征在神经系统成熟过程中有重组现象。儿童的行为具有受环境影响而改变的可能性。相关的研究表明，双亲属于支配型，其孩子表现得较顺从、腼腆、被动，缺乏自信心。如果母亲过于严厉，孩子就会表现得幼稚、依赖、被动、胆怯。在现实生活中，大多数儿童对新异事件的抑制或探索反应一般都发生在与抚养者（通常是母亲）相互作用的背景中。当儿童处于一个新环境中，或面对一个陌生人时，母亲常会利用各种社会化策略去影响儿童的行为，鼓励孩子探索新环境，对陌生人做积极的反应。这是儿童社会化的一个重要目标。

母亲的心理问题与儿童的行为抑制有关。易于焦虑和抑郁的母亲，其子女的行为抑制性比例明显高于母亲正常组的儿童。

研究发现，正常儿童的母亲认为孩子的社会技能主要来自他们自身的社会经验，其次是观察学习。她们相信孩子能通过自我调整习得社会能力，因而她们很少使用支配式教育。如果孩子表现出社会退缩，这些母亲往往归因于孩子暂时的内部状态，如态度或疲劳，因而用更积极、更关心、更有信心的态度矫正孩子的退缩行为。而退缩型儿童的母亲习惯于采用支配性方法教给孩子社会技能，把孩子的行为归因于儿童的天性，对孩子的退缩行为表现出生气、失望、难堪、内疚，对孩子的问题行为缺乏容忍和自控的能力。

在影响儿童气质的因素中，父亲也起着重要的作用。孩子的种种性别角色行为与父亲的教育是分不开的。此外，父亲对孩子的成就动机的发展有密切关系。有成就者一般与父亲的关系较密切，成就较低者与父亲的关系较疏远。孩子在校学习成绩、社会能力也与父子关系有关。父子关系比较冷淡的孩子在数学和阅读理解方面的成绩较低，在人际关系中有不安全感，自尊心较弱，常表现为焦虑不安，不容易与他人友好相处。儿童在婴儿期与父亲建立一种积极的亲密关系，对儿童身心健康和人格发展有很大的促进作用。从这个意义上讲，父亲在儿童教育中的角色是无可替代的。

儿童的行为抑制性—非抑制性具有文化差异。卡根的一项比较研究发现，华裔儿童在婴儿期和向儿童期过渡的期间，行为抑制性比白人儿童强烈。在实验中，华裔儿童的言语和笑都比白人儿童少。在与母亲分离时，华裔儿童哭得更厉害。在陌生情境中，华裔儿童接近母亲的时间比白人儿童长。华裔母亲认为自己孩子的最明显特征是胆小和害怕，而白人母亲更倾向于认为健谈、幽默感、主动表达情感是自己孩子的明显特征。在加工不熟悉的视觉、听觉信息时，华裔儿童的心率比白人儿童更稳定。

另一项研究（Chen，et al.，1998）发现，中国家长认为行为抑制是儿童个性的积极方面，而加拿大家长并不这么认为。中国儿童行为抑制的百分比远远高于加拿大儿童。研究者认为，文化信念支持或改变儿童的原始气质成分。总的来说，儿童的气质成分在文化和环境影响下，可能会有所变化。

婴儿的行为抑制性是遗传与环境经过长期相互作用形成的。行为抑制性儿童所引发的父母反应方式与行为非抑制性儿童所引发的有所不同。父母对极端的抑制和非抑制儿童的忍受力不同，父母对儿童气质特征程度的知觉和父母的自我理想是否一致，都会影响父母与儿童的相互作用。社会文化的差异也影响着气质，最终影响儿童的行为特点。婴儿的气质类型形成后，对他们以后的情绪类型和行为特征具有重要的影响。因此，婴儿气质对个体行为具有一定的预测作用。

（二）婴儿气质与行为预测

1. 婴儿气质与认知

我们已经知道，对于心理现象来说，气质本身是中性的。气质决定着儿童各种正常行为的表达方式，无所谓好与坏。但每一类气质对于环境因素都有易接受性和易损伤性两面，表现为某一类型的气质对某一心理过程较为占优势，但对另一心理过程并不占优势。例如，我国心理学家林崇德（1996）研究表明，不同气质类型的人具有不同的记忆优势。高级神经活动类型属弱型的人对数量多、难度大的实际材料记忆效果好，高级神经活动类型属强型的人对无意义音节记忆效果较好。在动作记忆方面，对于不太复杂的任务，高级神经活动类型属弱型的人比强型的人记忆好，而对于复杂的任务，高级神经活动类型属强型的人比弱型的人记忆要好。

心理学家们从不同的维度研究气质，是为了对儿童以后的行为特点进行预测。有人运用托马斯的三类型划分，发现从总体上讲，难以照看型气质的儿童和缓慢发动型气质的儿童比容易照看型气质的儿童的学习成绩差一些。影响学业成绩的气质消极特征主要是注意力高度分散，以及高活动性、趋向性弱、适应性差。这些消极特征明显的小学生在小学低年级的新闻阅读和数学两项标准化测验中所得的等级和分类较低，两者呈正相关。

一些气质可能比另一些气质更符合课堂教学的要求。如专注、持久、适应性强的儿童可能比缺乏这些特征的儿童在课堂上表现更好。那些注意力持续时间短、容易分心的儿童可能难以完成学习任务，对新学习环境的适应时间过长可能会引发其他适应困难，导致学业困难。

2. 婴儿气质与社会行为

也有学者从行为连续性的角度研究基于气质的行为预测(Kagan, et al., 1984; Fox, 1996)。连续性分同型连续性和异型连续性两类。同型连续性指相同行为或相同属性表现在时间上的连续。例如，根据某个婴儿对新异刺激的害怕反应，预测儿童晚期在这个儿童身上会出现的对新异刺激害怕反应的模型。异型连续性指的是基因等潜在特性的连续，而不管表现型的变化。异型连续性强调的是具有共同潜在基础的早期行为与后期行为是否符合儿童相应的年龄阶段，而不强调早期和晚期的某些具体行为的相同或相似。卡根认为，在婴儿身上更容易找到异型连续性，而在成人生活中更容易找到同型连续性。因为在生命的第一年，婴儿在运动、认知、语言等领域内经历了大幅度的发展，不仅体现在量的增加，更体现在质的变化，每一个方面都表达着他们的气质倾向，因而异型连续性是主要形式。根据这样的观点，研究者选择了三组婴儿：第一组婴儿具有高神经运动反应和高负性情绪反应；第二组婴儿具有高神经运动反应和高积极情绪反应；第三组婴儿对新异刺激无明显反应，作为对照组。研究者发现，在生命的头 4 年中，儿童的行为与 4 个月时的气质具有连续性。具体地说，在第一组 44 名高负性情绪的 4 个月婴儿中，有 12 名在随后的 4 年里被认定为连续的社会退缩。而在 31 名高水平的积极反应的婴儿中，仅有 1 人被认定为连续的社会退缩。在第三组中，作为对照的 39 名婴儿，有 4 人表现出社会退缩。在第二组 32 名高积极反应组婴儿中，有 15 人在前 4 年中被认定为连续充满活力，而在高消极反应组中的 23 名儿童中，只有 4 人符合连续充满活力的标准。那些具有高神经运动反应、积极反应的 4 个月婴儿，在 14 个月、24 个月和 48 个月时，在对新异刺激的探究、不怕新异刺激和善交际的表现上具有连续性。值得注意的是，第二组的连续性尤为明显。其原因可能是这一组代表着更“纯”的气质。卡根还发现，4 个月的婴儿若是爱哭、闹脾气，见到鲜艳的、晃动的玩具或嗅到酒精棉球做出很强的肌肉运动反应（四肢挥踢，背部后挺），进入幼儿园后较容易变为胆怯退缩的孩子。4个月大而烦躁不安的婴儿，如果对上述刺激没有明显的肢体反应，则不会变为压抑的孩子。4个月大且有显著肢体反应，但不是易躁怒，而是比较爱笑、咿呀发声的婴儿，较易发展成胆大的孩子。早期肌肉运动反应与日后性情胆怯有关，根源在于抑制型的婴儿脑部杏仁核的激活阈限低。在大脑皮质成熟之前，杏仁核控制肌肉运动反应和爱哭的特性；在大脑皮质成熟并接管肌肉运动反应的控制机能后，杏仁核易激活，表现为易胆怯。因此，气质导致的行为连续性是有生理基础的。对于极端的气质类型，儿童行为的连续性表现得更为明显。

难以照看型气质是研究者特别关注的。越来越多的研究表明，这类儿童在不利的环境下发生各种行为问题的可能性较其他儿童大。而且这类气质与攻击行为以及非攻击性的反社会行为有关。还有人认为，儿童期有难以照看型气质特征以及有过行为问题的个体，成年期可能会出现药物滥用。还有人认为，婴儿的气质可预测儿童今后的肥胖和其他行为，如饮食紊乱等。

需要指出的是，气质类型本身并不会造成今后的行为障碍。当儿童的气质与外界环境协调一致时，即当儿童处于调节良好的状态时，儿童将得到正常的发展。而当儿童的气质与环境不协调时，就容易出现行为问题。如果一个婴儿具有难以照看型气质，而他的母亲并没有认识到他的气质特点，反而运用不良的教养方式（如不敏感，甚至拒绝），那么，母亲期望与婴儿行为之间产生不协调，关系难以达到融洽，儿童在这种环境中生活，心理发展受到挫折，最终就会出现行为问题。需要指出的是，气质行为连续性的影响是一个宏观层面上的问题，即在总体上，有20％～25％的婴儿由于气质类型的极端性，行为表现出明显的连续性，但对于每一个具体的儿童，其行为前后是否连续关键要看他所处的环境因素、所面临的家长和教师的教养态度和方式，以及他对环境因素所做出的反应。如果脱离这一点，单纯从早期特征去预测将来的性格特征，就带有很大的风险。

气质理论还告诉我们另外一个真理，那就是对于儿童的非抑制性行为要加以必要的指导和限制，这同样也包含在成人对儿童教养的“敏感性”之中。也就是说，成人（包括家长和幼儿园教师，所有从事早期教育的人）应该把关爱、指导和限制巧妙地结合起来，为儿童的成长营造一个与文化和生态环境相适应的生活条件。因此，在早期的教养中，根据儿童的气质类型，制订相应策略，增加亲子之间和师幼之间的适应性，是十分必要的。

三、学前儿童的自我意识

自我意识，也称自我，是儿童社会化的重要组成部分，“儿童社会化的目标就是形成完整的自我”①。自我也是“个性成熟水平的标志，是整合、统一个性各部分的核心力量，也是推动个性发展的内部动因”②。

心理学中关于自我意识的定义并不统一，一般来说，人格心理学家、精神分析学派和社会心理学家习惯于用自我，发展心理学家倾向于使用自我意识这一术语。通常，将自我意识理解为是个体对自己的意识。把自我意识的结构划为认知、情感、意志三部分。在具体研究中，自我意识的认知方面主要考察自我评价，情感方面主要考察自我体验，意志方面主要考察自我控制。

---

① 王振宇等著：《儿童社会化与教育》，人民教育出版社 1992 年版，第 26 页。

② 桑标主编：《当代儿童发展心理学》，上海教育出版社 2003 年版，第 389—390 页。

（一）关于自我的研究

自从人类文化产生以来，自我就一直是哲学、文学等学科研究的对象。19 世纪末，美国心理学家詹姆斯的杰出工作，使自我正式进入心理学的研究领域。他本人也对自我领域的研究做出了重要贡献。

詹姆斯认为，自我包含认识者和被认识者，两者统一于自我之中。遵循这一思路，自我分为主体自我和客体自我。主体自我是人类认识自我的过程和对自己行为的调节机制。客体自我是主体作为客观存在的个体所认识的自我，是个体在与环境、他人之间的作用中产生的，是主体通过客观反映和评价而认识的自我。客体自我体现为物质自我、社会自我、精神自我等。20 世纪初，库利（C. Cooley）和米德（G. H. Mead）提出著名的“镜映自我”理论，即我们是通过接受他人对我们的评价而形成自我评价的，他人评价是认识自我的一面“镜子”。

精神分析学说对自我的研究功不可没。尽管自我这个概念本身在古典精神分析和新精神分析中含义并不一致，但精神分析学派创立的自我心理学，对研究自我做出了杰出贡献。自 20 世纪 60 年代起，自我的研究进入了新阶段。心理学的不同分支从不同角度研究自我。其中，社会心理学继承了库利、米德的观点，着重研究自我是如何在人际相互作用的过程中产生和发展的，强调社会因素的作用。认知心理学基于结构主义的哲学观点，研究的焦点在主体方面。认知学派将自我看作一个主观的结构。这个结构有选择地、能动地修正个体所感知、储存和回忆的经验。认知学派的自我理论强调主观因素的作用以及自我结构的整体性和组织性，强调主体结构与外界信息的相互作用。人格心理学将自我概念和自尊作为人格的变量，认为自我受特定的社会情景的影响，并对行为起调节作用。临床心理学家继承了新精神分析学派和现象学派的传统，并吸收了认知学派的思想，把主要兴趣放在自我的机能方面，如自我认知歪曲的机制和作用，自我在个体心理平衡和社会顺应中的作用，正常个体与适应不良个体在自我操作方面的差异等。发展心理学家研究个体自我的发展，包括自我结构的发展过程和阶段特点、自我发展的机制和影响因素，如自我发展与认知发展的关系、文化对自我的影响等。不少发展心理学家还从不同角度建立了各自的自我发展理论。如勒温（K. Lewin）的自我理论着眼于个体与环境相互作用的方式。他认为自我发展的一般趋势是个体从盲目冲动到回避式被动应付环境，再到主动处理矛盾以达到目的。塞尔曼（R. Selman）以社会视角转换能力（即观点采择）的水平作为划分自我发展的标准。诺曼（G. Norman）吸收了塞尔曼观点的合理因素，形成一个自我的多维发展理论，认为每一阶段都有特殊的发展潜力和局限性，并且可能出现不同的发展结果。这一模式既适合解释自我的正常发展，也适用于异常发展。哈特（P. Harter）的自我主体发展模式包含内容和结构的发展、主体自我和客体自我的发展。卢文格（J. Loevinger）认为自我的发展既不是唯序列的，也不是唯类型的，而是两者兼备，于是提出了“发展的类型学”。① 可见，在发展心理学领域，自我的研究也是异彩纷呈的。

（二）儿童早期自我认识的发展

刚出生的新生儿没有自我。他们的第一个发展任务是将自己与周围环境区别开来。在儿童发展过程中，主体自我先于客体自我而出现。一个实验向 3 个月的婴儿播放一段该婴儿与其他小朋友在一起的录像，结果发现婴儿对录像中同伴的注视时间更长，表明 3 个月的婴儿能区分自己与他人。这是婴儿自我的萌芽。儿童在与成人和物理世界的相互作用中，认识到自身的作用，如啼哭能引来母亲并得到安慰和满足，一个推拉的动作能引起玩具移动等，从而逐步学会将“我”与非我区分开

---

① 参阅［美］卢文格著，韦子木译：《自我的发展》，浙江教育出版社 1998 年版。

来。随着儿童认知的发展，出现了客体永久性，儿童逐步形成一个不同于外部世界的主体自我。

婴儿出生的第二年，客体自我开始出现。其标志表现在“点红鼻子实验”中。这是研究儿童自我发展的一项经典实验。实验者在88名3～24个月的婴儿鼻子上点一红点，然后观察他们照镜子时的反应，并对其中2名12个月的婴儿做追踪研究。结果发现，15～24个月的婴儿会对着镜子观看自己的身体，并对着镜子触摸自己的鼻子。研究者认为，这是婴儿出现自我认识的表现（Amsterdam，1972）。

哈特总结了大量的研究，将婴儿自我认识的发展分为五个阶段，前三个阶段是主体自我的发展，后两个阶段是客体自我的发展。这一结论得到学术界的公认。

第一阶段（5～8个月），无我状态。婴儿对镜像感兴趣，但对自己的镜像与他人的镜像并不分化，说明这一阶段的婴儿不能区别自己与他人。

第二阶段（9～12个月），初步的主体自我。婴儿以自己的动作引起镜像的动作，将自身动作与镜像匹配，表明婴儿对自己作为活动主体有了初步的认识。

第三阶段（12～15个月），主体自我发展。婴儿能区分由自己做出的活动与他人所做活动的区别，对自己镜像与自己活动之间的联系有了明确分化，主体自我得到明显发展。

第四阶段（15～18个月），客体自我初步发展。婴儿开始把自己作为客体来认识，认识到客体特征来自主体特征（如自己鼻子上的红点与镜像中的红鼻子的关系），对主体特征有了稳定的认识，客体自我得到初步发展。

第五阶段（18～24个月），客体自我形成。婴儿开始用言语标示出自我，如使用代词“我”“你”来区别自己与他人，是客体自我形成的重要标志。这时的儿童已经能意识到自己的独特特征，能从照片中认识自己，用言语表达自己。

主体自我和客体自我的形成，是婴儿与物理世界和社会环境相互作用的结果。自我的发展有助于儿童妥善处理自己与环境、与他人的关系，如认识到人的态度、体验他人的情感、建立平等关系、共享社会经验等。这对于一个生活在高度社会化条件下的个体是十分重要的。自我意识的发展，是儿童社会化的转折点，也是个性最终形成的必要条件。

（三）幼儿自我意识的发展

我国心理学家韩进之对 3～6 岁幼儿的自我意识发展做了大规模的研究。①

（1）我国学前儿童自我意识（自我评价、自我体验、自我控制）的发展是随年龄的增长而发展的。自我意识各因素的发生具有时间性，如自我评价发生的年龄是 3～4 岁，自我体验发生的年龄是 4 岁左右，自我控制发生的年龄是 4～5 岁。

（2）我国学前儿童自我评价的发展首先是依从性评价，即把成人的评价作为自我评价的依据。如 3 岁儿童在回答自己是好孩子的原因时说："妈妈说我是好孩子。"然后，儿童开始根据某一个方面的行为对自己进行评价，进而能从多方面进行自我评价。如 4 岁儿童从个别方面或局部评价自己，说自己是好孩子的原因是"我不打人"或"我帮老师收积木"，5 岁儿童说"星期天我帮妈妈扫地、抹桌子、刷碗"，6 岁儿童的自我评价表现出多面性，如"我是好孩子，客人来了我主动问好，我上课发言好，帮老师……"等。

在行为评价上，儿童主要是对外部行为做评价，还不能深入到内在品质的评价。只有 6 岁组中的少数儿童处于过渡状态，涉及一些内在品质，但不属于真正的对内在品质的评价。如一个 6 岁幼儿说自己是好孩子，因为"我不撒谎，上课坐得好，我不欺负小朋友"。

---

① 韩进之、魏华忠、杨丽珠：《中国儿童青少年自我意识发展与教育》，见朱智贤主编《中国儿童青少年心理发展与教育》，中国卓越出版公司 1990 年版，第 433—446 页。

学前儿童已经有了一定的道德评价能力。4 岁组 72%的儿童开始能够运用一定的道德行为规则来评价自己和他人行为的好坏。到了 5～6 岁，几乎所有的儿童都能运用一定的道德行为规则评价自己和他人的行为。当然，这时他们对道德概念的理解依然不深刻，较笼统，不分化。

学前儿童基本上能正确地评价自己的身高，但尚不能概括地评价自己身体的好坏。4 岁组儿童能从自己的饭量上评价自己身体的好坏。5 岁组儿童能从自己的胖瘦上评价自己身体的好坏。6 岁组儿童则能从自身的体力和健康情况来评价身体的好坏。如认为自己身体好，是因为“有力气，能干活，跑得快”。这与儿童认知发展中概括水平的发展趋势是一致的。

（3）我国学前儿童自我情绪的体验，有一个不断深化的发展过程。社会情感的自我体验逐渐丰富，并有一定的顺序。同时，自我体验又容易受暗示。

儿童自我体验的不断深化表现为从与生理需要密切联系的愉快，向社会性体验诸如自尊、羞愧发展。3 岁组儿童有愉快自我体验的占 23%左右，有羞愧感的儿童只占 3%左右，6 岁组 97%的儿童具有愉快感和羞愧感。

学前儿童的自我体验容易受成人的暗示，尤其是 3 岁组儿童，只有在成人的暗示下才会有羞愧感。如当成人问 3 岁儿童：“如果在游戏中违反游戏规则又被老师发现，觉得难为情吗?”有 27%的3 岁儿童给予肯定回答。但当实验者改用“你觉得怎样”的笼统提问，只有 3%的 3 岁儿童有自我体验。5～6岁组儿童的暗示性差异不大。

（4）我国学前儿童有一定的自我控制能力。3～4 岁儿童的坚持性、自制力都较弱，只有到了 5～6 岁时，儿童才有一定的坚持力和自制力。5～6 岁组女孩的控制力比男孩强。这可能是女孩心理成熟水平比男孩高的缘故。总的来说，水平都不高。国外有学者认为，3～4 岁儿童的自我控制能力与 15～20 年以后所测的自我控制能力之间有极显著相关，而且男孩的相关高于女孩，具有更大的预测性。这一现象可能表明男性的自控发展受内源性因素（如气质）影响较大，而女性受环境中的外源性因素影响较大。

四、学前儿童的性别化

儿童的性别是一个确定的生物学事实，也是一个普遍的社会事实。儿童对自己性别的认识，对自己在社会生活中应起的作用，以及性意向的发展，是他们社会化发展的一个重要部分。这一发展结果，不但影响到儿童期的心理活动和行为特点，而且关系到儿童最终形成的个性，影响到他们的一生。因此，发展心理学应该研究学前儿童的性别化过程，为健康的性教育提供科学的心理学依据，运用科学的生理知识和心理知识，培养儿童正当的性意识和情感，形成他们抗拒性引诱和妥善处理两性交往的能力，为将来人生道路上的恋爱、婚姻的正常进行打下良好的基础。

性别化是一个广泛的研究领域。就心理学而言，着重研究"性别刻板印象""性别角色""性别认同""性别差异"。关于以上专题，我国心理学界的研究甚少。这里主要介绍的是国外心理学家的研究。由于心理学上涉及性内容的研究带有强烈的社会的、文化的影响，因此，这些成果需要进一步做跨文化研究来比较。

关于性别差异，美国斯坦福大学心理学家麦科比(M. Maccoby)曾做过一个概括，她认为男女儿童的心理差异，即性别差异主要有四点：

（1）女孩的语言表达能力较好；

（2）男孩的视觉、平衡觉较强；

（3）男孩的数学能力较高；

（4）男孩更为好斗。

此外，还有可能存在其他的差异，如男性在社交中更主动，更富有竞争性，而女性在肤觉上更敏感，更宜于表达害怕的体验等。麦科比指出，所发现的性别差异是平均的，定性的性别差异在生理特征中是确实存在的，但就心理特征来说，两性间的相似多于差别。麦科比指出，目前关于性别差异的研究，基本上来自美国白人中产阶级儿童，尚不知如何广泛地与其他文化和其他时期的儿童做比较。因此，这里介绍的内容具有借鉴性，具体数字更具有相对性，不可生搬硬套。

（一）性别刻板印象

常言道，时代不同了，男女都一样。但事实上，对于男性和女性有什么心理差异，各自拥有哪些能力，各自适合于哪些工作，人们具有明显的近似刻板的印象。如人们总是认为：男性具有积极、爱冒险、有抱负、有竞争性、有支配性、独立、自信、粗鲁等特征，擅长解决问题，心理能力具有明显的工具性；女性则具有重感情、体贴、情绪化、温柔、优雅、被动、喜欢孩子、善解人意等特征，擅长交流信息，心理能力具有明显的表达性。20 世纪 60 年代起，波澜壮阔的女权运动也未能最终改变这一刻板印象。

这一性别刻板印象也同样表现在儿童早期的心理之中。2 岁左右，儿童开始标示自己及他人的性别。以后，他们便将服饰、玩具、颜色、游戏、家务活、生活用品等与性别联系起来。儿童在游戏中对于活动的性质和玩具的选择具有高度的性别一致性。社会环境中的性别刻板印象与婴儿的自身认知缺乏可逆性，导致他们对性别的信息难以整合，对于有冲突的信息更是不可能整合，因而年幼儿童的性别刻板印象仿佛变成了一项判断事物的规则。例如：讲到男孩喜欢的玩具，儿童一定是说汽车、火车、枪；讲到女孩喜欢的玩具，儿童一定是说娃娃、发卡。5 岁幼儿对活动和职业的性别刻板印象已很牢固地建立起来。随着年龄的增长，从幼儿园到小学阶段，这种有关男性、女性能力和特点的认识变得较为灵活，标志着儿童认知能力的深化。但这一现象从本质上并没有消失，尤其表现在“找朋友”方面。一项研究发现，无论是幼儿还是成人，对违反性别角色行为的男孩，表示十分不满，拒绝与他交朋友，而对违背性别角色行为的女孩，则相对比较宽容。显然，社会对男性的压力要比对女性的更大。

（二）性别角色

角色，是社会心理学的一个十分重要的概念。角色是一系列的责任、权利、义务，以及在一定的社会结构内，社会对某个位置上的人们期望的行为。角色的内涵取决于社会期待。所谓性别角色，是社会对不同性别的人所产生的行为期望。性别角色与性别有关，但并不是性别之间的所有性别行为差异都是性别角色的一部分，由生物性差异造成的行为差异不属于性别角色的内容，只有由社会期望所决定的性别行为，才是性别角色的内容。

随着儿童的成长，他们逐渐地学习到社会期望对男性和女性的行为要求，并利用这些信息指导和控制自己的行为，以适应社会交往。

儿童怎样理解社会对性别角色的期望？戴蒙（Damon，1977）曾经研究了4～9岁儿童对性别角色理解的特点。他告诉被试一个故事：有个名叫乔治的男孩喜欢玩娃娃（玩具），他的父母告诉他，男孩不应该玩娃娃，只有女孩才玩娃娃。他们还为乔治买了许多男孩玩的玩具如卡车、枪等，但乔治仍然坚持玩娃娃。主试问被试：乔治玩娃娃对不对？别人告诉乔治别玩娃娃对不对？如果乔治坚持玩娃娃，那将会发生什么事？如果乔治穿女装去上学对不对？等等。4岁的儿童对这些问题的回答是不明确和不完整的。例如：他们认为乔治玩娃娃是对的，因为“他想玩”；乔治穿女孩子的衣服是不可能的，因为“他没有”。大多数6岁儿童认为乔治是错的，因为这样会遭到父母的指责，而且别人会不喜欢他。有些儿童认为，只要没人看见，乔治也不算错。9岁儿童的看法有所改变，他们认为人们通常不喜欢男孩玩娃娃，但玩娃娃也算不得大错误，这不同于打破窗户玻璃或偷人家的玩具。因为打破窗户或偷玩具是不允许的，而你想玩娃娃是可以的，只不过人家不喜欢你这样干。对于穿女装的问题，9 岁儿童认为，想穿也可以，但人家要笑话的。从这个实验研究可以看出，儿童对于性别角色的理解有一个发展过程。年幼儿童的认识是自我中心的，认为只要自己想干就不算错。稍大一些的儿童不能区分道德上的正确与社会期望之间的界限，他们对偏离性别角色标准的人无情地嘲笑，他们判断是非的标准是成人的好恶，类似于道德发展中的道德实在论，即以行为的物质后果和违反规则的程度来看待性别角色的作用。从 9 岁开始，儿童开始划清道德力量和社会习惯之间的界限，开始明白社会习惯的规则可以人为地制订，而道德规则包含更为深刻的义务。儿童对性别角色的理解的发展速度没有性别差异，也就是说，在男孩和女孩中发展的速度差不多。

儿童对性别角色的掌握，有赖于性别认同的确立，而性别认同的确立又有赖于认知的发展。儿童对自己性别的认识，是形成心理结构的基础，而这种心理结构又决定着不同性别的人在一定的社会条件下如何采取行动和采取什么样的行为。所以，在认知、性别认同和性别角色之间，有着心理上的内在关系。

对于性别角色的真正理解并在行为和性格中体现出来，是一个长期的发展过程。在社会现实中，男性角色和男性品质受到高度的重视。一个像男性一样骁勇坚定的女性会受到社会的赞赏，而一个像女性那样娇柔的男性则会受到社会的耻笑，而且一般地说，男性社会化的过程要比女性更充满矛盾。在男女平等的社会中，由于教育、生产劳动、经济收入等方面的平等权利，男女性别角色的分化有所减弱，性别角色不再是男女关系中唯一的定型基础。

（三）性别认同

性别认同（或称性别同一性）是对自身性别的正确认识，即掌握自己的性属性或相应的作用。

在正常情况下，儿童总是以确定的性别身份进入这个世界的。从他们一出生，他们的父母便开始以与特定性别相适应的特定方式来对待他们，如姓名、服饰、玩具，乃至以后的行为要求、生活方式、道德准则等。儿童从成人对他们的态度中开始接触到自身的性别问题，并且开始以某些外部标记区别周围的男性和女性。有研究者报告，早在2岁时，儿童就开始懂得一些性别认同，他们能认同自己的照片，并且开始懂得性别意义不同的词和某些东西是属于哪一性别的（如领带是爸爸的，唇膏是妈妈的）。2.5岁儿童开始能回答关于性别的问题，对图片上人物的性别做出认同，并把自己与图片上人物的性别进行认同。3岁左右儿童对性别的理解有所进步，但他们还不会利用性别类型的标记来选择与自己相应的性别。为了研究儿童性别认同的有关因素，汤普森和本特勒（Thompson & Bentler，1971）向4～6岁儿童和一组成人呈现一个性别特征不规则的裸体玩具娃娃，这个玩具娃娃既不是男性，也不是女性，但有三个特征，即女性的体型、女性的发型、男性生殖器。主试给被试两堆衣服，一堆是女装，另一堆是男装，让被试挑选合适的衣服给玩具娃娃穿上，以便“去参加晚会”或“去海滨”，还要儿童给玩具娃娃起个名字，并说明为什么这样起名。研究发现，儿童把玩具娃娃的头发长度作为决定性别的标准，不太注意生物性特征。在144名儿童中，只有14人提及玩具娃娃上身的特征，仅有24人提及生殖器，而成人则把性征或第二性征作为决定玩具娃娃性别的因素。研究者还发现，4～6岁儿童利用生物性特点进行认同的能力没有多大改进。

儿童把发型、服饰等作为区分性别的根据。当发型、服饰改变后，他们认为性别也就随之改变，这是一种关于性别的不守恒。如同长度、体积、质量的守恒一样，性别守恒也有一个发展过程，大约在7岁前达到。性别守恒是随着其他种类的守恒而完成的，它在很大程度上与儿童理解能力的增强有关。性别认同是在生物学基础上儿童与成人相互作用的结果，儿童的性别认同离不开成人（尤其是父母）的教育方式和教育态度，而儿童的性别认同又反过来影响父母社会化的发展。儿童已经成为父母自身社会化发展过程中的一个显著因素，因此有人说，对于父母来说，有两个社会化的过程，一个是儿童的社会化，另一个是父母在成人社会化中的继续发展，这种说法是很有道理的。

科尔伯格把儿童性别守恒的发展划分为三个阶段。

第一阶段：性别标志。早期的学前儿童能正确标志自己以及他人的性别。但这时的儿童对性别的认识是根据外部的、表面的特征，如头发长度、服饰等。将一个玩偶的服饰或发型改变后，儿童认为它的性别改变了。

第二阶段：性别固定。这时的儿童对性别守恒有了一定的理解，如知道男孩将来要长成男人，女孩将来会长成女人，但他们仍相信改变服饰、发型等能导致性别转换。

第三阶段：性别一致性。幼儿园大班儿童和小学低年级儿童开始确信性别的一致性，他们知道即使一个人“穿错了衣服”，也不会改变性别。

儿童获得性别守恒不仅与认知水平的发展有关，也与他们对性别的知识有关。一个对 3～5 岁儿童的研究发现，学前儿童有无关于生殖器的知识，对能否区分性别具有显著作用。

性别认同对个体的心理发展具有重要的意义。绝大多数人的性别认同与生物学意义上的性别是吻合的，因而他们能适应正常的社会生活，能安然地接受自身的性的特征。如果性别认同发生障碍，则不能平静地适应性和社会生活，严重的则会形成“异性癖”，即一个生物学上确定的男人或女人拒绝自己的性别，坚持认为自己是异性，甚至不惜动用外科手术以达到目的。这是一种性心理障碍，从心理学上讲，无不与早期性别认同的障碍有关。

（四）性意向

性意向是一个笼统的概念，大致包括对性欲的体验、对异性的定向、对性行为的追求和对性道德的恪守。

性成熟以前的儿童有性意向吗？对这个问题回答得最彻底、最令人震惊的是弗洛伊德。弗洛伊德认为，儿童自幼就有性欲，它是与生俱来的。但儿童性欲的对象和表现方式是随着年龄的增长而变化的，儿童的性欲是一个逐步进化的存在，婴儿从口腔、肛门和生殖器区域得到快感，男孩依恋母亲，女孩依恋父亲。随着儿童知识和道德意识的发展，他们感到了社会的压力，因而把表现性欲的行为压抑到潜意识中去，一直到青春期，性欲才得以重视。弗洛伊德认为儿童性欲的这一发展过程，对于儿童性格的形成至关重要。儿童将来心理生活正常与否，取决于这一发展是否顺利。如果这一发展受到阻碍，就会产生固结作用和倒退作用，结果就会引起性欲反常乃至精神病；如果发展正常，就能顺利地进入成人的性生活。这里，适宜的性教育是十分重要的，一方面要避免儿童接受过度的和反常的性刺激，另一方面要鼓励儿童进行正当而广泛的社会交往，防止形成“性压抑”，即不要形成一种错误观念，认为表现肉体和性欲是一种卑鄙、龌龊甚至罪孽的行为。这种性压抑一旦形成，也许会造成长期的不良影响，导致男女性功能失调和性生活失败。

弗洛伊德学说的基本出发点就是儿童性欲。这一学说历经坎坷，但对深刻了解儿童心理的发展起了推动作用。这一学说冲击了宗教和世俗对人性的禁锢，对于深入认识人的本质具有一定的推进作用。但弗洛伊德把洗澡水和社会性的外衣一股脑儿地泼了出去，只剩下一个赤裸裸的生物的人，这就使他的学说不能达到真正揭示人的本质的高度。

一般来说，儿童在性成熟之前，早就对性的问题发生了兴趣，但这种兴趣只是属于求知欲的范畴。少年期才出现真正的对性的好奇心。儿童的性意向不同于成人的性意向。德国性学家默尔（A. Moll）曾把个体性意向的发展划分为三个阶段，即中性期（儿童期）、无差别期（少年期和青年初期）和有差别期（成年期）。但儿童很早就能正确地区别男性和女性，并在活动中强烈地表现出这一认识来，所以事实上并不存在所谓的中性期。

在学前儿童的性意向发展中，加强对他们的性教育是一个十分重要的任务。人们通常认为，性教育是针对青春期儿童的，对于学前儿童来说似乎为时过早，实际上这种观点是错误的。所谓的性教育并不只是性生理教育和性行为教育，而是包括形成儿童正确的性心理，防止造成性压抑的全面教育。在学前儿童的早期生活中，让儿童正确地认识人类的性别，安然地接受自身的性别，坦然地认识异性的生理差异，自然地对待性感受，是早期性教育的内容。成人应平静地对待儿童的性好奇，当发现他们玩弄外生殖器时应巧妙地利用其他活动吸引儿童的注意，把他们探究的兴趣转移到其他方面去，而不要大呼小叫，辱骂责打，不要让儿童形成这样的观念：生殖器是肮脏的，抚摸外生殖器是可耻的，体验身体快感是罪恶的。因为这种错误观念可能会形成性压抑，对性心理发展造成伤害，导致以后成人期的性功能障碍。另外，正当的性教育也是防止以后性别同一性混乱（疏远异性或性生活随便）的有效手段，使儿童逐步理解性行为的追求和性道德的恪守之间的复杂关系，成为一个在性压抑与性放纵之间找到适当的平衡点的正常、守法、快乐、健康的人。

男性和女性的性意向都是很显著的，但表现方式有所不同。一般来说，女性的性意向更加复杂多样和微妙曲折。在两性交往中，女性的感受性较强，但实际的主动性较差，因此，她们特别注意充分发挥自己特有的魅力。例如，借助打扮来加强第二性征，内心紧张但表面上又显得平静，以及做出一些典型的女性的防御性动作（如腼腆、羞涩等表情）。男性的性意向表现得比较主动和直接。

性意向的最高级表现就是爱情。如果说一般的性意向作用的对象是弥散的、广泛的，那么爱情的对象则是专一的、深刻的。爱情中体现着一个人心理的完整性、精神的成熟性和道德的统一性。爱情所体现的性意向不再是原始的冲动，而是对所爱对象的全部特征、品质的评价和决策，它确立两性之间的全新的关系。因此，苏霍姆林斯基（B. A. Сухомлинский）说过，在人的一生中，爱情应当永远是最光明的、最亲密的和最不可侵犯的东西。

有关爱情的问题，青年心理学有全面的阐述。在青春期儿童教育中，教师和家长应正确区分男女青少年交往过密和早恋之间的界限，不要简单地把他们之间的亲密交往一概称为早恋而加以排斥、限制和打击。任何简单化的做法都会对儿童社会化的正常发展产生消极的影响，强化错误的性别观念，加剧青少年与成人之间的矛盾，产生适得其反的效果。

随着心理学研究的深入，20 世纪 80 年代以来，关于性别化的理论建设也有新的发展。其中，一些重要概念发生了更加人文化、科学化的变化。例如，男性化和女性化特质的概念被工具性特质和表达性特质所替代。工具性特质注重自我、责任、创新、活动、社会伙伴的交流，有较强的成就动机。表达性特质注重观点采择、感受、体验、宜人性（理解他人及移情等）。这两类特质可以出现在任何一个男孩或女孩身上，正确的教育要促进儿童在这两类特质上均衡发展。这一点在幼儿教育中尤为重要。

五、独生子女的心理

我国社会在相当长的时期内实行计划生育政策，有好几代人是独生子女。因此，研究独生子女的心理特点是十分必要的。

（一）独生子女心理特点的研究

儿童心理发展是有规律的。独生子女的心理发展同样遵循着儿童心理发展的普遍规律。但由于他们在家庭中的位置和生态环境具有特殊性，因而有许多相应的问题值得探讨。

20 世纪 80 年代起，我国心理学界开始注重独生子女心理的研究。

陈科文首先研究了儿童的合群性。合群性指的是个人积极接近和参与他人，想获得他人认同的趋势和倾向，以及被他人接受的程度。① 研究者对北京市城郊 14 所小学和 14 所幼儿园的1 148名儿童进行了谈话和问卷调查，得到以下结果。

（1）城市独生子女在合群性方面和非独生子女无显著差异。郊区独生子女在合群性方面明显差于非独生子女。

（2）小学生中未上过幼儿园的独生子女在合群性方面显著差于上过幼儿园的独生子女。

（3）无论是幼儿园还是小学，城市独生子女和非独生子女的合群性无显著差异，但小学儿童的合群性普遍高于幼儿园儿童。郊区的小学生中，独生子女的合群性不及非独生子女，但郊区幼儿园儿童的这种差异不显著。

因此，研究者认为，独生子女并不存在普遍的不合群现象。此外，研究者还发现，幼儿园的教育可以弥补独生子女家庭中缺乏“儿童集体环境”的不足。因此，大力发展托幼事业，使儿童从小接受集体熏陶，有益于独生子女性格的健康发展。

我国心理学家茅于燕曾用 20 个与性格有关的项目，如“怕陌生人”“见亲人很亲热”“合群”“不良行为”“良好行为”“胆小”“怕困难”“任性”等组成问卷，对北京市 151 名 3～4 岁幼儿的家长和教师进行调查，得到以下结果。②

（1）特异性问题。从教师和家长的评价及双方评价的关系

① 陈科文：《关于独生子女合群性的初步研究》，《心理学报》1985 年第 3 期。

② 茅于燕：《独生子女与非独生子女行为特点比较研究》，《心理学报》1987 年第 2 期。

看，未见3～4岁独生子女性格发展的特异性和两端性（特好与特差）。

（2）年龄特征与儿童行为、性格的关系。小年龄组（3～3.5岁）在上述各项目中被评为“差”的多，中年龄组（3.5～4岁）少些，大年龄组（4～4.5岁）更少。被评为“好”的则相反。差异分析发现，3～3.5岁年龄组差异较大，而3.5～4岁年龄组差异较小。因此可以认为，性格的培养在3岁开始较为合适。

（3）行为的有意性。3～4岁儿童，行为的有意性已有相当的发展，他们在不同的场合表现出不同甚至相反的行为，这种行为的有意性与环境的反馈有密切关系。比如“任性”，不论是否独生子女，同一儿童在不同环境（如学校与家庭）可能有完全不同的表现。3～4岁儿童已经学会根据不同环境的反馈而表现出不同甚至相反的行为。

也有一些研究着重分析了独生子女性格的弱点，如任性、自私、自我中心、不尊重长辈等。究其根源，是不良教育所致，不是独生子女的“天性”。

（二）正确对待独生子女的教育

独生子女，是一个家庭范畴内的概念，并不同于心理学上的“问题儿童”，并不必然有“问题行为”。某些独生子女之所以出现这样或那样的问题，究其根源，主要是由他们不良的家庭教育引起的。在全社会的范畴中，独生子女和其他儿童一样，享有平等的社会地位，必须遵守同样的社会规范，将来履行同样的社会职责。只要不使独生子女在生活上“独来独往”，在行为上“独断专行”，他们将与其他儿童一样健康成长。

独生子女通常容易在家庭的中心位置上，往往会受到父母的过度保护。这种过度保护会限制儿童的活动积极性和独立性，压抑他们的创造性，妨碍他们与其他人的正常交往，因而使他们的身心受到严重的束缚。过度保护的结果，带给儿童的常常不是安全和欢乐，而是焦虑和失望。当他们一旦离开父母走向社会时，就会出现严重的不适应现象。

独生子女在家庭中没有与兄弟姐妹共同生活的经验，在情感上容易形成自我中心，不善于体会共享的欢乐，缺乏协调人际关系的能力，又由于他们在家庭中缺乏可供仿效的儿童，他们只能模仿成人，容易形成言行上的早熟现象。

独生子女在家庭生活中的这些特点，对于他们的社会化发展具有消极的影响。但是，只要采取正确的家庭教育，这种消极影响是完全可以克服的。家庭教养方式对他们的社会化发展有着重要的作用。

在民主的教养方式下，独生子女既可以得到尊重和保护，又可以得到有目的的教育。家长对独生子女的成长应当充当指导者的角色，满足他们的正当要求，鼓励他们进行社会交往，培养他们关心人、同情人的情感倾向和尊重人、爱惜物的道德观念。对于儿童的不正当要求和言行，应给予及时的说服教育，帮助他们抵制不正当的愿望。这样，他们的社会化发展就不会出现特殊问题。

专横的教养方式将会使独生子女得不到足够的社会交往机会，他们容易形成畏缩、利己、没有安全感和少宽容的特点，社会适应能力和智力都得不到充分的发展。而溺爱的教养方式容易使他们形成任性、嫉妒、胆怯、自理能力差但优越感强的特点，这就使他们形成一种畸形的自我概念，以致他们在家中以支配者自居，任性妄为，而在家外，穷于应变，甚至容易产生攻击行为。专横和溺爱的教养方式，严重地阻碍独生子女社会化的正常发展，是极为有害的。

信息栏2-11 父母行为对儿童的影响

尽管存在许多方法学上的障碍，研究者们至少达成了一点共识，即父母的态度和行为中存在一个可预测的维度结构：两个主要维度分别以爱—拒绝和控制—自主这两个独立（正交的）轴来表示。

研究发现，父母的态度会导致以下特点：

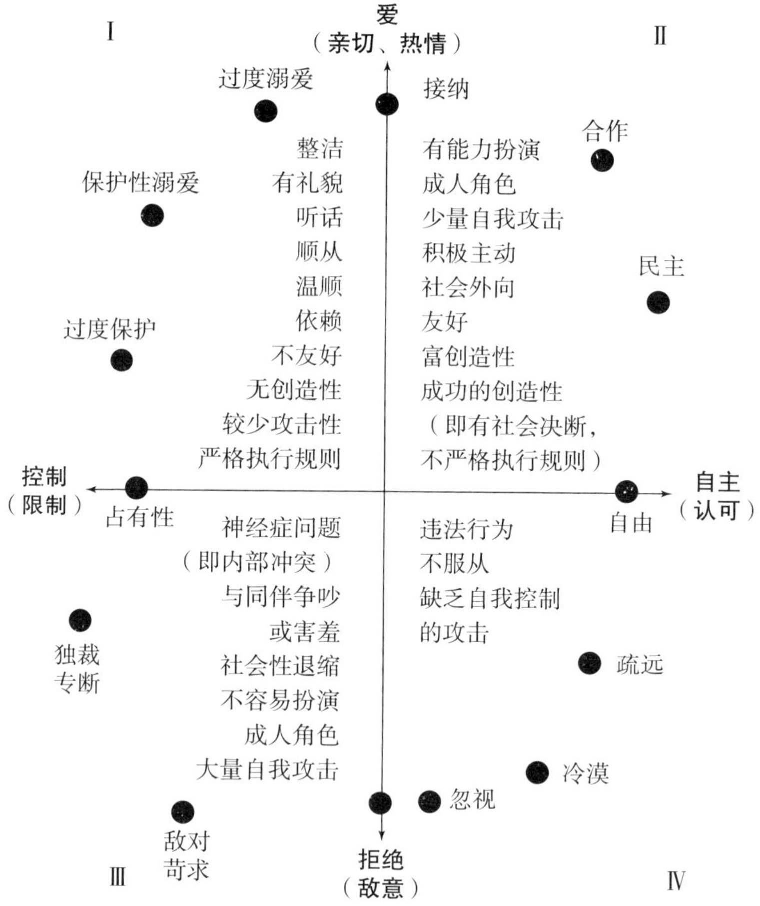

——［英］J. C. 贝里曼等著，陈萍等译：《发展心理学与你》，北京大学出版社 2000 年版，第 87 页。

1996 年 9 月，由上海社科院青少年研究所发起组织的一个研究报告《走进青年期的中国独生子女与非独生子女的比较研究》① 权威性地证实了我们对独生子女心理发展的基本观点是正确的。这个研究报告认为，独生子女的生活需要（包括生

① 参阅《展翅飞翔吧，“新生代”》，《文汇报》1996 年 10 月 6 日。

存需要、发展需要等层面）与非独生子女没有本质差别，但有具体差别，如独生子女对生活环境要求高，对生活质量要求高，对受教育的期望值高，对实现个人价值、获得成功的要求高。独生子女在发展需要上，表现为社会参与意识强烈，价值观多元，功利性十分突出，有利于个人利益和发展的就多参与，反之就不参与或少参与。

在社会交往的欲望、交往面的广泛性和交往频率方面，独生子女与非独生子女之间没有显著差异。但在交往对象和交往的价值取向上，独生子女有自我中心的痕迹，他们期待别人尊重和关心，却缺少对他人的尊重和关心。

参加这项研究的专家们认为，这一代独生子女既有优势，也有明显的弱点，因此，家庭、学校、社会都应该在独生子女早期教育中发挥作用，提倡“以群治独”，促进独生子女社会化的正常发展。

独生子女社会化的良好发展，是一个十分重要的心理学课题，也是全社会特别关心的一个问题。只要摆正独生子女与其他人的关系，培养他们的良好生活习惯，鼓励他们走向社会，形成健全的性格特征，他们就会在身心方面得到全面发展。

思考与练习

1. 现在有很多家长喜欢在婴儿的床头挂许多玩具以开发智力，你对此有何看法？

2. 幼儿的无意识记和有意识记发展的趋势是什么？

3. 儿童思维发展的一般趋势是什么？

4. 婴儿的基本情绪有哪几类？

5. 情绪的社会性参照经历哪些发展阶段？它的发展对儿童社会化有什么作用？

6. 什么是个性？它有哪些特性？个性的结构包括哪些子系统？

7. 气质对儿童行为有什么预测功能？

8. 根据哈特的观点，儿童早期的自我发展经历了哪些阶段？

[第三章]

交往中的学前儿童心理

本章提要

人天生是社会动物，不仅是一种合群的动物，也是只有在社会中才能独立的动物。儿童心理的发展是离不开社会条件和人际交往的。这就是儿童社会化研究的领域。如果说上一章主要是在物理世界中考察学前儿童的心理发展，那么，本章则是在社会条件的范畴中阐述学前儿童的心理发展。任何人际交往，本质就是社会交往。交往中的心理发展涉及学前儿童的语言、亲子依恋、同伴关系和社会行为等内容。关于儿童社会化的研究是发展心理学的一个较新的课题，有助于我们在更真实的条件下了解和认识学前儿童更为深刻的心理特点和发展趋势。

从出生起，婴儿就是一个社会的人。面对丰富多彩的世界，在与周围环境交互作用的过程中，儿童尽情地活动，尽兴地发展，掌握了语言，获得了认知、情感、社会性等方面的积极成果，而支撑儿童活动与发展的重要杠杆则是儿童的人际交往。儿童与父母亲的互动，儿童与同伴的玩耍，儿童与周围其他人的接触，这一切给儿童的生活带来了根本性的变化。交往，这一卓越的方式，为儿童的活动与发展提供了无限的时空平台，同时，儿童的活动与发展又使得交往过程变得更为积极有效。

第一节　学前儿童语言的发展

对于婴幼儿来讲，再也没有比获得语言更能使父母和其他亲人感到喜悦、欣慰和幸福的了。儿童获得语言，便开始掌握社会交往和思维的工具，儿童逐渐开始使用语言来表达自己的需要和情感，用语言来调节自己的动作和行为，用语言来认识整个世界。儿童获得了语言，心理发展便放射出人类特有的奇光异彩。

正因为语言所具有的特殊性和重要性，儿童心理学历来特别重视对语言的研究。20 世纪 60—70 年代，由于受现代语言学，特别是乔姆斯基（N. Chomsky）的生成转换语法理论以及皮亚杰的认识发展理论的影响，儿童语言发展的研究方面开辟了一个新的领域，即发展心理语言学，它从语音、语义和语法三个方面展开研究，揭示了儿童理解和使用语言结构的发展过程。

学习儿童语言发展的理论，掌握语言（主要指口语）发展的规律，具有十分重要的理论意义和实际意义。研究儿童语言的获得可以为儿童心理发展的基本理论提供依据，也可以为幼儿园的语言教育提供指导，为临床诊断儿童语言发展提供指标。虽然在不同的国家和民族，儿童掌握的语言是不相同的，但儿童掌握语言所经历的发展阶段和达到这些阶段所需的时间大致上是相同的。从呱呱坠地到掌握语言，一般需要三四年时间。我们把出生到 1 岁这一时期称为语言准备期（前语言期），以后便进入语言发展期。

一、学前儿童口语的发展

（一）儿童语言的准备

儿童出生，便仰天长啸，仿佛吹响了向人生进军的冲锋号。但这种啼哭只标志着他独立呼吸的开始，并不能算作语言的发音。儿童语言的准备经历了以下三个阶段。

第一阶段，简单音节（0～3 个月）。

婴儿出生后的第一个月内，在哭声中，特别是当哭声稍停的时候，有时会发出 ei、ou 的声音。在第二个月，哭声中有 m-ma 的声音。接着，在不哭的时候，也能听到婴儿发音，特别是在成人发音逗他时，这种现象更为明显。据我国心理学家吴天敏、许政援记录，两个多月的婴儿一般能发出以下一些音：a，ai，e，ei，hai，ou，ai-i，hai-i，u-è（不标音调者均为第一声，下同）。从这些记录中可以看到，基本的韵母发音较早，特别是 a、ai、ei、e、i、ou 这些音。这个阶段发出的声母还很少，主要是 h 音，有时有 m 音。婴儿初期的哭，都是喉音，因此这个阶段的发音也都是从喉中运动开始的，这自然与婴儿舌部、唇部等运动不发达有关系。这些发音属于反射性的，没有任何符号意义，天生聋的儿童也能发出这些声音。

第二阶段，连续音节（4～8 个月）。

这一阶段，婴儿明显活跃了，发音也增多了，尤其是声母如 b、d、g、p、n、f 等。韵母 ong、eng 等也有出现。但这些还是一些比较容易发的音。随着发音连续性的增多，这一阶段的发音开始变得复杂起来，同一音节时常连续重复出现，如 a-ba-ba-ba 等。其中主要是 b、d、m、n 和 a 合成的音节，其次是 h 和 ai、ei 的合成。由于发音增加，有些音节和词的发音很相似，如 ba-ba，ge-ge，a-i，ma-ma。但从声频图谱中分析，这些音节与成人发音还很不相同。如果成人利用这些音与具体事物相联系，可以建立一些条件联系，尽管这些联系还很不稳定、很不确切。7～8 个月的婴儿对听到的语音发生的动作反应，主要是由语调和整个情景引起的，并不是因为直接区别词的意义。

从这一阶段可以看出，婴儿的发音与他的生理状态有关。

一般地说，婴儿的发音行为，往往发生在基本需要得到满足之后，尤其是在成人逗他的时候。当婴儿有某种不舒适时，也会发出特殊的声音。因此，这时的婴儿发音已经不纯粹是无意识的练习，而在某种程度上开始带有社会交往的性质。如果在这时成人注意保持婴儿良好的情绪，对于婴儿的发音会具有一定促进作用。

第三阶段，模仿音节（9～12 个月）。

这一阶段所发的连续音节不只是同一音节的重复，而且明显地增加了不同音节的连续发音，音调也开始多样化，如 à-jue-lu-bi，à-lù-fù，en-én-ěn-en。听起来仿佛像说话，格塞尔戏称之为“有表情的难懂话”。当然，它们仍然是没有意义的，是一种发音的准备。

6～12 个月的婴儿有一个发音相反又相成的过程，一方面是声音扩充，随着婴儿的生长，他们能发出越来越多的音，另一方面是声音收缩。起先，这一时期婴儿的发音适用于人类的各种语言，既有本民族的语言，也有非本民族的语言，甚至还有原始民族的语音特点。在婴儿 9～10 个月，外域音逐渐被放弃，声音逐渐集中到即将出现的最初的词的音节上。这一阶段近似词的发音增加，如 jiě-jiě，máo-máo。同时，婴儿开始模仿发音，这一进步标志着儿童学说话已开始萌芽。

在成人的教育下，一定的音开始能与具体的事物相联系，开始具有一定的意义。但这时一个一定的音只是与一个具体的、个别的事物相联系，不具备概括性。到了这一阶段的后期，婴儿会根据成人的指示做出一些稍微复杂的反应，如“再见”——招手，“欢迎”——拍手等。同时，婴儿也开始能用一定的声音来表示一定的意思。也就是说，声音对这一阶段的婴儿来说，已经具有初步的交际作用。由于这一阶段的儿童还没有真正掌握词，这种交际作用也还处于一种萌芽状态。

经历了这一番准备时期，儿童开始进入正式的学说话阶段。

(二) 儿童语言的发展

儿童语言的发展主要表现在语音、语法结构、语义和表述四个方面的发展上。

1. 语音的发展

前面我们已经谈到，语言准备期的婴儿发音与其生理状态有关，无论是舒适或不舒适状态下发的音，都是对内部状态的一种总的反应。儿童处于舒适状态时，身体包括发音器官都比较放松，因此发出的音比较舒展、开放，而在不舒适的状态时，肌肉收缩，口腔变窄，发出的音也显得紧迫和狭窄。尽管如此，这些发音还不等于语言，只是发音的练习而已。

儿童进入语言发展期，开始是连续音节增多，近似词的音节也增多。随着近似词音节的增多并能说出一些单词，无意义的连续音节就逐渐减少，这是一种从无意义音节向有意义词过渡的阶段。在1～1.5岁，一定词的语音对婴儿已经具有一定的概括性意义，这说明婴儿已经开始掌握词了。

儿童进入语言发展期后，要到4岁左右才能全部掌握本民族语言的全部语音。西方心理学家认为，儿童获得语音体系，必须掌握语言的基本单位——音素。每一种语言里的音素都是由一系列的对比分辨出来的（如t与d，p与b等），儿童通过区别性的特点对音素加以分类，从而学会掌握音素，但并不需要逐个地掌握音素。一些比较复杂的语音要在6～8岁才能完善起来。

儿童在学习语音时，成人应该给予及时的、正确的关心。我们知道，儿童要掌握语音，必须先听懂语音，然后才能说出语音。而前者需要听觉系统与视觉系统的协同活动，后者还要加上动觉系统的协调。因此，成人应该有意识地引导儿童注意成人的口型和发音示范，使儿童的语音系统一开始就符合社会上既定的标准语音，能够准确地听和说。一个郑重的家长或幼儿教师不应该对儿童语音采取无所谓的态度，或者为了迁就某些发音的困难甚至为了寻开心而故意教导儿童发出不规范的语音。成人还应该注意儿童的发音器官（包括唇、舌、声带、喉部、鼻腔等）和听觉器官的功能是否正常，如果发现有障碍，要及早采取措施。对于发音有困难的儿童，成人还要鼓励儿童努力发音，并对他们发音的进步及时强化。

儿童掌握语音的阶段，总的趋势是一致的、不可逆转的，但发展的速率有快有慢，这是正常的。但如果儿童到了 5 岁，经过教育仍然不能发全音，则应及时检查、治疗。

2. 语法结构的发展

儿童掌握了语音，仅仅是在掌握语言方面取得了最初的成就，还不能认为已经掌握了语言。儿童要掌握语言，必须获得语法结构，掌握组词成句的规律。当然，这里所讲的语法结构，不是指语法书上的定义，而是一种自动的应用。儿童掌握语法结构也有独特的发展规律。我国心理学家朱曼殊、武进之、缪小春的研究认为，2～6 岁儿童的语法结构大致按照以下趋势发展。

（1）从混沌一体到逐步分化。幼儿早期的语言功能有表达情感、意动（语言和动作结合表示意愿）和指物三个方面。最初，这三个方面紧密结合，以后才逐渐分化。

幼儿表达情感的句子往往有省略主语和宾语提前的倾向。造成省略主语的原因可能与儿童思维中的自我中心有关，他们误以为自己明白的事别人也明白，因而把主语省略掉了。而造成宾语提前的原因则与他们在说话时带有强烈的情绪色彩有关，他们往往把容易激起兴趣和情绪的事物当作重点，急于抢先表达出来。儿童语言中表达感情的另外一种常见的方式是频繁地使用叹词和语气词。

幼儿语言表达意动的功能是一种常见的现象，他们讲话时往往总是一边说，一边做动作，尤其是当语言难以表达的时候，动作总是语言的注释和“图解”。

幼儿语言的指物功能最初并不单独出现，以后随着年龄的增长而开始单独出现，并发展为表达的功能。

幼儿早期的语言不分词性，稍后才能在使用中逐步分化出修饰语和中心语，以及名词和动词等词性。

（2）句子结构从简单到复杂。儿童语言中的句子结构，也有一个分化的过程，从最初出现的那种主谓不分的单词句到双词句而后发展到简单句，最后出现结构完整、层次分明的复合句。

单词句是出现在1～1.5岁的特定语言，这是人类共有的普遍现象。单词句中的单个的词，实际上是一个句子。这种单词可以表示多种意思，也可以表达多种语态，富有多种功能。双词句出现在1.5岁左右，起先发展缓慢，以后急剧加速。双词句是一种有结构的语句，它包括中心词（p）和开放词（o），有p+o、o+p、o+o和o等几种形式。同时双词句还有一定的语法结构。布朗（R. Brown）认为，儿童的双词句可以表达以下八种语义关系：施事—动作（如“妈妈吻”）、动作—对象（“打球”）、施事—对象（当儿童要求妈妈用玩具娃娃做事时说“妈咪娃娃”）、动作—位置（“坐椅子”）、实体—位置（“杯子桌子”）、所有者—所有物（“爸爸汽车”）、实体—属性（“大汽车”）、指示词—实体（“那汽车”）。有时，双词句也用来表示“更多”或“没有”（如more milk和allgone milk）。① 到了2岁左右，儿童开始使用简单的主谓句、简单的动宾句、简单的主谓宾句和复杂的谓语句。3岁儿童词汇量猛增，因而句子中的修饰语显著增加，并具有一定的语法规则。3～4岁儿童的语言中仍以简单句为主（61.4%），当儿童的简单句尚不完善时，复合句已经开始出现。复合句在简单句的发展过程中同时平行地发展完善起来（见表3-1、表3-2）。

① ［美］J. H. 弗拉维尔等著，邓赐平等译：《认知发展》，华东师范大学出版社2002年版，第391页。

表3-1 2～6 岁儿童肯定陈述句中简单句、复合句比较

年龄/岁 \ 句子类型	简单句/%	复合句/%
2	96.46	3.54
2.5	90.00	10.00
3	82.57	17.43
3.5	78.45	21.55
4	76.60	23.40
5	59.95	40.05
6	62.85	37.15
总计	75.57	24.43

表3-2 2～6 岁儿童复合句类型分布

年龄/岁 \ 复合句类型	联合句/%	主从句/%	多重句/%	紧缩句/%
2	85.7	14.3		
2.5	80.33	19.67		
3	67.46	29.76	2.4	1.2
3.5	79.14	16.55	3.5	0.74
4	70.83	23.21	4.16	1.8
5	78.42	13.35	7.87	0.36
6	79.17	13.06	6.39	1.39
总计	76.92	16.57	5.39	0.98

（3）句子结构从不完整到完整。儿童最初的句子不仅简单，而且常常不完整，漏缺句子成分或者句子成分排列不合常规。以后，随着年龄的增长，句子日趋完整严密。据研究，2 岁组儿童的简单句中完整句占 64%左右，3 岁占 93%，5 岁占 95%，6 岁占 98%。儿童最初出现的复合句，大部分也是不完整的（占 66%），结构松散不严密，造成句子意思不明确。如果脱离当时的情景，就很难理解这些话。到了 6 岁，儿童的句子一般就比较完整了，如说因果复合句时，能说出关联词“因为”等。随着年龄增长，儿童句子中各成分间的相互制约性也越来越严格。如 3.5 岁以后的儿童句子中出现把字句，“小白

兔把萝卜放在桌子上”。这种把字句的结构是严格的，“把”字前后两个名词的位置以及它们与动词的关系不能互换。

（4）句子长度由短到长。句子的平均长度（以词为单位计算）也是儿童语言发展的一项指标，2～6岁儿童使用句子的长度也随儿童年龄的增长而增加。2岁儿童主要使用单词句（占总句数的70%），其次是双词句（占22.4%）；2.5岁仍以单词句为主（37.96%），但三词句已上升到第二位（21.6%）；3岁儿童主要使用三词句（21.5%）；3.5岁儿童的句子长度发展到6～10个词（21.2%）；到了4岁，儿童使用句子的长度有较大的发展，出现11个词以上的句子。此后，这种长度的句子逐年增加，但相对儿童语言的总句数来讲，这种长度的句子还是占少数。①

研究人员分析了2～6岁儿童的简单陈述句的平均长度的发展，也发现了这种增加的趋势（见表3-3）。

表3-3　2～6岁儿童简单陈述句句子长度的发展

年龄/岁	2	2.5	3	3.5	4	5	6
句子长度（词数）	2.9	3.8	4.6	5.2	5.8	7.9	8.4

3. 语义的发展

在儿童语言的发展中，语义的发展比语音和语法结构的发展要晚一些，如果4岁前儿童基本上获得了语音和语法结构的话，那么，相应水平的语义要到8～9岁才能获得，这是因为语义的获得与儿童认知水平的发展紧密相关。

儿童理解语义包括词义和句义两个方面。

（1）词义的理解。前语言期的婴儿能够理解单词的意思吗？虽然绝大多数的孩子直到快满1周岁的时候，才会说出他们第一个有意义的单词，但是父母们经常肯定自己所说的一些

① 参阅朱曼殊主编：《儿童语言发展与研究》，华东师范大学出版社1986年版。朱曼殊主编：《心理语言学》，华东师范大学出版社1990年版。

话能被自己处于前语言期的孩子听懂。控制非常严格的单词理解测试说明，前语言期的婴儿即便能听懂一些话，那也是很少很少的。在一个研究中，妈妈告诉 11～13 个月的孩子看一些熟悉的物体。妈妈不能看，也不能用任何手势或其他非语言性的提示来吸引孩子的注意。研究发现，绝大多数 11 个月大的孩子不能理解单词的意思，因为他们看错误的物体和看单词代表的物体的可能性差不多。而 13 个月大的孩子确实能够理解代表那个物体的单词的意思，因为当他们听到一个单词时，他们很专心地看着单词代表的物体，他们基本上不看其他错误的物体（Thomas，et al.，1981）。有研究者（Oviatt，1980）认为：12～17 个月的孩子早在他们能运用一些名词和动词之前，就能理解这些名词和动词的意思。因此，婴儿对语言的理解似乎比他们可能说出来的要多。无论具体结论有什么差异，有一点是公认的，即接受性语言（理解）要早于生产性语言（表达），在出生后的 12 或 13 个月出现，也许可能更早。

年幼的儿童在不能马上明了单词所代表的物体的情况下，是如何知道这些新单词的意思的呢？这是一个非常富有挑战性的问题。阿赫特（N. Akhter）和她的同事们（1996）认为 2 岁的孩子已经具有对社会和背景线索的特殊的敏感性，这样有助于他们判断那些新的词语是指什么。为了证明这一点，阿赫特让 2 岁的孩子和两个成年人一起玩三个没有名字的物体，这些物体对孩子来说是很不熟悉的。然后一个成年人离开，并又增加了第四个没有名字的物体。不久，刚刚出去的那个成人回来，然后她说："看，我看到了一个 gazzer！一个 gazzer！"没有指出或表示出任何线索来表明她指的是这四个中的哪一个，即"gazzer"可以指这四个未命名的物体中的任何一个。但是，这些 2 岁孩子中有相当一部分人正确地推断出说话者指的是哪个物体。当要求他们把"gazzer"拿出来时，他们拿起了那个新的玩具（对说话者来说是新奇的，而对他们并不新）。他们意识到那个成人没看到第四个物体，从而假设她肯定在谈论那个对她来说是新的物体。①

儿童对词义的理解有一个从混沌到逐渐分化的过程，在这个过程中，经典性条件反射和操作性条件反射都对词的理解发生作用。前者的例子是当儿童想伸手拿一件东西时，成人说一个“不”字，同时拍打一下儿童的手。经过一定次数的结合，以后只要说一声“不”，就能引起儿童缩回手的反应，这表明儿童已经理解了“不”这个词的意思。后者的例子是如果儿童发一个近似于 nǎi 的音，成人便赶快向他提供食物。这样，儿童饥饿时便逐渐增加发类似音的可能性。

儿童在理解词义时往往采用一定的策略，研究者归纳为表3-4。

表3-4 能指导婴儿推断新单词意思的一些策略或限制

限制原则	描 述	举 例
物体范围限制	假设单词指的是整个物体，而不是物体的局部或特性。	孩子总结出：单词“kitty”指的是他看到的这个动物，而不是指动物的耳朵、尾巴、喵喵的叫声或它的颜色。
分类限制	假设表示相似物体的种类的单词，它们有共同的感官上的特征。	孩子总结出：单词“kitty”指的是他看到的这个动物，而且也包括那些小小的、有毛的、四条腿的动物。
词汇比较限制	假设每个单词有一个唯一的意思。	已经知道“狗”是什么的孩子，如听到用“dalmatian”（达尔马提亚狗）等名称来命名一只狗的话，那么他就假设这个名称指的是一种特殊的狗（从属等级）。
相互排斥	假设每个物体只有一个名称，不同的单词指的是独立的、没有交叉的类别。	已经知道“狗”是什么的孩子，如果听到别人说“看那只在追猫的狗”，他就会假设“猫”指的是那只在逃跑的动物。

① Shaffer, D. (2002). *Developmental psychology*. Belmont: Wadsworth/Thomson Learning, p. 366.

儿童对大量早期词的理解和使用，与成人有很大程度的差异，表现为词义的扩张和缩小两个方面。

儿童最初使用一个词时，容易倾向于过分扩张，并包含了比成人更多的意义。如“狗”这个词，首先学会专指一只狗，然后被用来指所有四条腿的小动物，或指所有会活动的小动物，或指带毛的小动物等。发生这种现象的原因是儿童思维过程的发展不足和缺乏经验，只运用一个或几个特征作为认识和理解的标准。当增加了特定的特征后，儿童理解词义的范围逐渐缩小。比如，在扩张地理解“狗”以后，再学一个词“乳牛”时，儿童必须对词义的标准增加其他特征。对于“乳牛”，儿童或许会增加牛的叫声特征、大小特征和形态特征，同时也相应地增加了对狗的概念的理解。随后，儿童就学会了更多的词用以代替他原先保留的那个“狗”的词义的一部分，而逐渐缩小了对“狗”的词义的理解范围，直到最后接近成人所理解的词义为止。从以上例子中我们可以看出，儿童理解词义是一个不断分化的过程。

3～4 岁时，儿童对词义的过度扩张现象就不太明显了，但对紧密相关的词还是容易混淆。对于这类问题，只有增加每个词的特定特征，儿童才能区分它们的不同词义。

在出现词义扩张倾向的同时，儿童还有词义缩小的倾向，即儿童常常把初步掌握的词仅仅理解为最初与词结合的那个具体事物。这种缩小倾向与扩张倾向一样，都表明儿童最初对词义的理解是混沌的、未分化的，只有经过一定的发展，儿童才能从具体到抽象，逐步掌握词义。在大量的语言实践中反复应用词语，也是儿童理解词义的一个重要途径。在上下文特定的语言环境中学习新词的意思，理解和掌握它们，这对于年长儿童来说会变得越来越容易。在不断的实践中，儿童所拥有的词汇量迅速增长。图3-1是 1～5 岁儿童词汇量增长的示意图，它反映了这种突飞猛进的趋势。

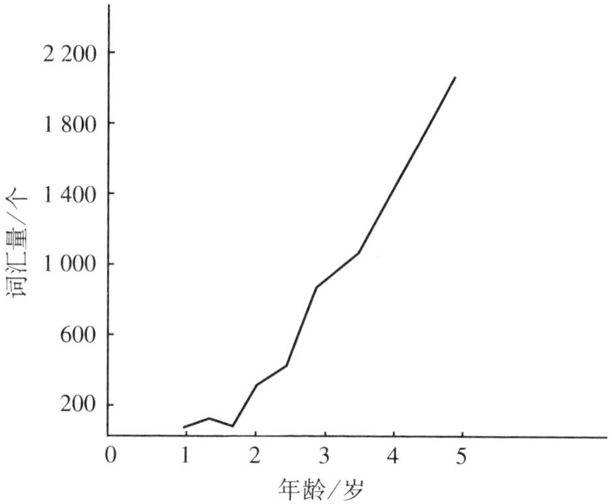

图3-1　儿童词汇量的发展

我们知道，词分为实词和虚词两类。汉语中的实词包括名词、动词、形容词、数词、量词、代词六类，而虚词包括副词、介词、连词、助词、叹词等。这些词类在儿童语言中出现的频率是不同的。朱曼殊等人的研究（见表3-5）揭示了以下特点：①在儿童的口头语言中，名词和动词占有相当大的比例。在以后的发展中，由于别的词类的增加，名词和动词在总词汇中的比例有所下降（见图3-2）。名词中代表具体形象的词出现在先，抽象概括的词出现在后。动词中表示动作的词出现在先，表示愿望的词（除“要”以外）出现在后。②随着词语的丰富，那些便于发音、具有象征性的简单象声词（如“觉觉”“饱饱”之类）不断减少，而较复杂的抽象代词、介词等的比例逐渐增加，尤为突出的是代词和副词。③数量词随儿童思维能力的提高而不断递增。2 岁左右儿童的口语中没有序数词，数词比例也少（0.6%），到了 6 岁，数词比例增加到 4.6%。④6 岁以前儿童（包括 6 岁）口语中连续词发展较缓慢，但有个别差。

表3-5　2～6岁儿童各种词类比例　单位：%

年龄/岁	2	2.5	3	3.5	4	5	6
名　词	32.8	29.6	26.0	22.4	22.9	22.5	22.3
动　词	29.8	27.3	29.5	27.4	26.2	25.2	24.4
语气词	12.8	9.3	8.6	7.9	7.7	7.2	6.6
副　词	6.4	7.0	7.1	8.5	8.3	9.7	11.6
代　词	5.7	13.6	13.7	14.8	15.6	14.1	12.8
形容词	4.3	5.1	4.2	5.5	5.8	4.8	3.7
象声词	2.6	0.3	0.4	0.2	0.1	0.1	0.1
助　词	2.2	2.6	3.2	3.0	2.6	3.1	3.5
助动词	1.0	1.7	2.3	2.3	2.4	2.2	1.0
叹　词	0.8	0.3	0.7	0	0.3	0	0.1
量　词	0.7	1.2	1.9	3.9	3.3	4.9	5.9
数　词	0.6	1.0	1.3	2.1	2.7	4.1	4.6
介　词	0.3	1.2	1.1	2.0	2.1	1.9	2.8
连　词	0	0	0.2	0.2	0.2	0.3	0.7

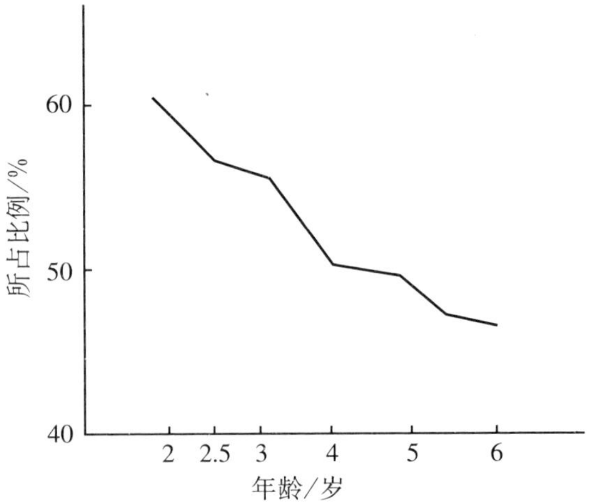

图3-2　2～6岁儿童名词、动词占总词汇的比例

研究表明，儿童对词义的理解不仅受思维水平的制约，而且也受情绪的影响。

（2）句义的理解。影响儿童理解句义的因素是多方面的。朱曼殊等人研究发现，同一句型中主语、宾语名词的性质及组合方式对儿童理解句义都是有影响的。研究者注意到儿童对句子中代词的理解与对整个句子的理解紧密相关。如果句子中主要人物的作用和关系不明确，儿童就不可能正确领会整句的意思。因此，研究者确定把儿童对代词 ta（他、她、它）的理解作为指标，检查被试对句子的加工情况。实验用的刺激变量采用三类句子。第一类为主动语态复合句，如："小兔子偷走了农民伯伯的萝卜，'ta'把萝卜藏在草堆里。"待儿童听清楚以后，问："谁偷走谁的萝卜？谁把萝卜藏在草堆里？"第二类为被动语态复合句，如："玲玲被珍珍撞倒在地上，老师把'ta'扶起来。"问："谁撞倒了谁？老师扶谁？"第三类是与常理不符的被动复合句，如："李医生被小明送到医院，'ta'生了急病。"问："谁送谁进医院？谁生了急病？"实验对象为5～7岁儿童（7 岁又分甲、乙两组）和 11～18 岁聋哑儿童，补充实验又抽取了 4 岁、8 岁、9 岁和 10 岁四个年龄的儿童。结果包括以下三点。①句型因素对理解水平的影响比较显著。5 岁组和 6 岁组对第一、二两类句型的理解力有显著差异，对主动句的理解远远胜过对被动句的理解。5 岁组和 6 岁组儿童在经常使用主动句的过程中，已经形成了把句子中的名词—动词—名词的次序当作施动者—动作—受动者的理解策略加工。这种策略适合于主动句，对于被动句必须及时做智慧逆转，否则就会理解错误。这就是他们对被动句往往出差错的原因。7 岁儿童已经能按不同句型结构做不同的加工，因而对于他们来说，第一、二两类句型因素影响不大。②主体的认知格式对理解句子的影响很关键。7 岁甲组和聋哑组对第二、三两类句型的理解水平也有显著的差异，虽然两类都属于被动复合句，但第三类句子所反映的人物关系与被试已经形成的一般认知格式不一致，这时候儿童还不能通过对新刺激的顺应来改变已有的认知格式，而总是用自己已有的格式去同化新的刺激，因而产生了强烈的主观期望效应，导致错误率增加。对于第三类句子，4岁儿童已经表现出受已有格式的束缚，不顾句法信息和全句内容的影响。7～8岁儿童在句法信息与已有格式之间表现出矛盾，因而犹豫不决。到了10岁时，儿童能完全摆脱已有格式的束缚，并通过对句子内容的合理化揭示来顺应新的刺激，为进一步揭示句子理解过程的实质提供了有意义的线索。③在同一句型中，主语、宾语名词的性质和组合方式也是影响理解过程的因素。句子中的主语和宾语如果是同类、同级而且比较生疏的名字，就容易引起混淆。总之，这项研究证明，影响句子加工过程的因素是多方面的，句法信息和语义信息在不同的句子条件下产生的作用不同，而主体的智慧水平或认知格式总是起着决定性的作用。研究还表明，儿童对句子的加工似乎不以句子提供的全部信息为依据，而往往只借助于最少量的必要信息，有时只根据少数的词去构造整个句子的意义。如在第二类的句子中，往往只根据一个名词和一个动词来完成测验作业，有时只根据自己对句子所涉及事物的已有知识来推测句子的意义，而并不对句子的语词和句法做认真的分析，如在第三类句子中所表现的情况那样。

我国心理学家缪小春（1986）研究3～7岁儿童对疑问句的理解和回答，发现：大部分3岁儿童对“什么”“谁”“什么地方”三类问题已能做出正确回答，大部分4岁儿童能正确回答“什么时候”“怎样”，5岁儿童大部分能正确回答“为什么”。这个发展次序与国外研究结果基本相符。

缪小春（1989）还研究幼儿对某些复句的理解。向学前儿童呈现带有“还”“不是……而是”“不但……而且”“或者……或者”“不是……就是”“如果……那么”“只有……才”七种连词的句子，要求儿童根据句子的意思取出各种形状和颜色的木块。结果发现，4岁儿童基本理解含有“还”“不是……而是”的并列复句，6 岁儿童基本理解含有“不但……而且”的递进复句和含有“如果……那么”“只有……才”的条件复句。对于选择复句，6 岁儿童还没有达到基本理解的水平。儿童对这些复句的理解一方面与复句的复杂性和认知活动的难度有关，也与语言表达的方式有关。在另一项研究中，研究者还发现 6～7 岁儿童基本上能理解因果复句和条件复句，8 岁儿童的理解能力又有提高，但仍未达到完全理解的水平。①

总的来说，儿童对句子的理解是以儿童的认知发展为基础的。随着儿童认知水平的提高，语言也得到相应发展。但儿童的认知发展与语言的发展不是同步的。语言的习得取决于语言的表达形式对语义的内容和概念的反映能力，语言的表达形式有易有难，儿童对它们的掌握也有先有后。儿童对语言的理解在很大程度上与他们自身的生活经验有关。对内容熟悉的句子，儿童理解的正确率高；反之，理解的正确率较低。

4. 表述的发展

儿童使用口头语言表述故事的情节，是儿童使用语言的实际能力的表现。看图说话，就是一种激发儿童表述的一个特定情境。武进之等人利用看图说话研究儿童口语表达能力的特点和发展趋势，取得了一定的成果。

（1）幼儿讲述图画所表达的故事基本内容的量，是随着年龄的增长而递增的。就该实验材料而言，2 岁组平均只能讲述故事基本内容的 27.8%，3.5 岁组达 56.7%，而 6 岁组则高达 80.6%。此外，幼儿对故事内容的表达顺序具有一定的规律性，如从外显的动作、表情到内隐的心理活动，从孤立的、片面的事件到事物之间的联系和事物的各个方面，从行为的结果到行为的过程，从画面的直观内容到画面外的想象内容。

（2）看图说话中儿童语法结构发展的趋势与自发语言一

① 缪小春：《语言理解和儿童语言研究》，见《当代中国心理学》，人民教育出版社 2001 年版，第 290—292 页。

致，但由于图画内容对儿童语言的限制，使儿童在各年龄阶段上对各种句子结构的使用率稍稍落后于自发语言的水平。

(3) 儿童看图说话的主动性有一个发展过程。2 岁组、2.5 岁组的儿童只能对主试提出的具体问题做简单的回答，不会做主动叙述；3 岁组开始出现部分的主动叙述；3.5 岁组大多数能做部分的主动叙述（72.9%）；4 岁组能主动叙述的已达 78%；6 岁组全部能主动叙述。

(4) 复述的能力也有一个发展过程。复述就是儿童在看图说话后能不再看图而讲述故事的内容。3 岁前的儿童不会复述，3.5 岁开始有少数儿童能复述，4 岁以后大多能复述。最初的复述内容往往比看图说话来得简略，以后复述与看图说话的内容基本相似，最后，复述比看图说话的语言要更明确、连贯并富有表情。

儿童的表述水平是认知发展和语言发展相互影响的结果。但表述水平并不总是与认知发展水平相适应的，往往有落后的现象，也有形式上超前的现象，表现为儿童讲出一些他自己其实并不真正理解的高级词句。另外，即使儿童所说的句子是完整的，但有时他们并不能抓住故事的主要情节，对故事的基本内容缺乏理解。

二、学前儿童语言的交际功能

早在 20 世纪 20 年代，皮亚杰就对儿童的语言进行了详尽的研究。在这以前，不少心理学家都对这一课题表现出极浓厚的兴趣，并都取得了各自的资料，提出了各自的观点。皮亚杰吸收了各家之长，提出了自己的看法。他认为，研究儿童语言的发展，只能从儿童心理学的观点而不能从逻辑学家的观点来考虑。正因为这样，他收集资料，分析综合，为儿童语言的研究开辟了一个新的天地。

（一）从自我中心语言到社会化语言

皮亚杰着重研究了 2～7 岁儿童的语言，将儿童的语言划分为两大类：自我中心语言和社会化语言。

1. 自我中心语言

所谓自我中心，是指儿童把注意力集中在自己的动作和观点之上的现象。在语言方面的自我中心则表现为讲话者不考虑他在与谁讲话，也不在乎对方是否在听他讲话，他或是对自己说话，或由于和一个偶然在身边的人共同活动感到愉快而说话。

自我中心语言共分为三个范畴。

（1）重复（无意义字词的重复）。儿童为了感受到说话的愉快而重复这些字词和音节，他并没有想到要和什么人说话，甚至他在讲一些有意义字词时，也是如此。这是儿童发出的那些连续声音所留下来的残余，显然没有社交的性质。

（2）独白。儿童对自己说话，似乎在大声地思考，并不是对任何人说话。

（3）双人或集体的独白。在有人存在的情况下，儿童之间相互说话，但并不构成沟通思想或传递信息的功能。说话的儿童并不要求旁人参与谈话，也不要求旁人懂得这种谈话，更不注意旁人的观点，旁人只起一个刺激物的作用。这种双人或集体的独白实际上只是儿童在别人面前大声地对自己讲话。这一现象在3～4岁儿童身上表现得最为明显。

2. 社会化语言

社会化语言有下列四种。

（1）适应性告知。当儿童把某些事情告诉他的听众而不是讲给自己听，或者当儿童在对自己讲话的同时也在与别人合作，或者他与他的听众进行对话时，便产生了适应性告知。适应性告知实际上是儿童要促使别人听自己讲话并且想方设法影响别人，也就是说，是在传递思想。

（2）批评和嘲笑。这是一类有关别人的工作和行为的话，它与特定的听众相关联，担负有强烈的情感因素，肯定自己而贬低别人。如："我有一支铅笔，比你的好。"

(3) 命令、请求和威胁。这一类语言有明确的相互作用。如:“让开一点儿,我看不见。”“妈妈,到这儿来。”“慢点儿,不要进来。”

(4) 问题与回答。这两类语言具有社会交往的性质。儿童提出的问题大多要别人答复,而儿童的回答有拒绝和接受两种。不过,这些回答不是有关事实的答复,而是有关命令和请求的答复。如:“你把它(戏票)还给我,好吗?”“不,我不需要它。我在船上。”

皮亚杰指出,在这个时期儿童之间的交谈没有解释性质的谈话,即没有因果关系的解释,只有对事物的描述和对事实的陈述。儿童之间的辩论,也只是两个肯定判断之间的冲突,并没有任何逻辑理由,也就是说,属于原始辩论,儿童没有使用逻辑理由的能力。皮亚杰认为,7 岁以下的儿童,其思想是自我中心的,他们缺少持久的社会化交谈,他们不能隐秘任何简单的思维,因此,他们没有个人化。又由于缺少真正的思想交流,因此,他们也没有达到真正的社会化。直到 7～8 岁,儿童的自我中心语言才逐渐失去了它的重要性。皮亚杰说:“我们相信,儿童开始沟通思想(这时自我中心的语言占 25%)大概在 7 岁和 8 岁之间。这并不是说,从 7～8 岁起,儿童立刻就能互相理解了,而只是说,从这个年龄起,他们就试图改进交流思想的方法和增进互相的理解。”① 也就是说,到了 7～8 岁,儿童之间协调关系有了新的发展,他们的自我中心语言才开始萎缩。

(二) 从外部语言到内部语言

苏联心理学界对皮亚杰的儿童自我中心学说,尤其是自我中心语言提出了不同的见解。维果茨基是第一个从理论和实验上提出异议的人。

---

① [瑞士] 皮亚杰著,傅统先译:《儿童的语言与思维》,文化教育出版社 1980 年版,第 66—67 页。

维果茨基是高级心理机能学说的提出者。他认为，人的心理机能分两大类：一类为低级心理机能，如感觉、知觉、不随意注意、形象记忆、情绪、冲动性意志、直观的动作思维等；另一类为高级心理机能，如观察、随意注意、词的逻辑记忆、高级情感、预见性意志和抽象思维等。低级心理机能是种系发展的结果，而高级心理机能则是历史发展的结果。在儿童个体的发展中，这两种心理机能是交织在一起的。儿童的高级心理机能是在社会交往中形成的。随着儿童社会交往的扩大和复杂化，高级心理机能也得到不断的发展，最后形成了完整的高级心理机能的自我调节系统，形成了意识。一切高级心理机能都必须使用心理工具，即使用各种符号，其中主要是词、语言。人的心理工具是随着物质工具的使用而发展起来的。而心理工具的使用又促进了物质工具的进一步发展。心理工具越复杂，心理机能的机制也就越高级。心理工具的使用，使人的心理机能发生了质变。

基于这样的理论，维果茨基认为，儿童自出生后，就是一个社会的实体，社会交往是儿童生活活动的基本形式。语言是成人与儿童交往的工具，这种交往最初伴随着动作和实物，以后才获得概括的意义。语言在组织儿童的活动、形成儿童的智力行为中起着指导和调节作用。儿童心理的发展，往往是在以成人的言语指导为开端、以儿童的实际动作为结尾的相互交往中进行的。因此，儿童所使用的语言（包括听和说）从一开始就具有交际功能，并不像皮亚杰所说的那样，儿童早期的语言是以自我为中心的，没有交际功能。维果茨基一方面充分肯定了皮亚杰在儿童语言和思维方面的杰出研究和理论上的贡献，另一方面又对自我中心语言的观点提出质疑。他设计了一些实验，研究当社会情境改变（减弱和增强）时，儿童自我中心语言有没有变化。实验表明，每当儿童的活动过程产生困难时，自我中心语言就大为增加。实验结果使维果茨基确信，所谓的自我中心语言，实质上就是社会化语言，它在儿童的活动中起着定向和调节的作用。因此，自我中心语言是儿童思维的工具，它具有反映解决任务的计划的功能。自我中心语言是形式上的外部语言与功能上的内部语言的结合，随着儿童心理的发展，自我中心语言并不是消失了，而是转化成了内部语言。也就是说，儿童的自我中心语言是由社会化语言向内部语言过渡的一个中间环节和必要阶段。

另一位苏联心理学家塞尔金娜（В. Сыркина）用实验法揭示出自我中心语言一方面与活动的性质和内容有依存关系，另一方面与儿童跟周围人交往的性质有依存关系。她测量了儿童在绘自由画和在解答理智性问题时跟三种人（成人、不熟悉的儿童和熟悉的儿童）交往时出现自我中心语言的比率，发现儿童跟不熟悉的成人交往时自我中心语言的比率最高，跟不熟悉的儿童交往时比率其次，而跟熟悉的儿童交往时比率最少。由此可见，在有着同样的交往可能性的情况下，语言的自我中心状况极大地依存于真实协作的可能性，真实协作的可能性越高，儿童自我中心语言的比率越低。由于协作的形式在本质上依存于活动的内容和性质，所以，自我中心语言在不同形式的活动中有不同的功能，它反映着可能形式的真实协作和帮助。艾利康宁（Д. Эльконин）根据塞尔金娜的实验进一步指出：自我中心语言不仅在起源上是社会化的，而且在趋向上也是社会化的，它是在这样或那样的活动中的真正的实际协作的特殊的语言等价物；在发生困难的情况下，它就反映着协作和帮助的可能内容，从而客观地执行了对活动的调节功能。艾利康宁认为，自我中心语言并不像皮亚杰所说的那样，随着协作精神的发展而萎缩，而是随着儿童独立性的发展而缩减的。

维果茨基的儿童语言理论对国际心理学界有很大的影响，对皮亚杰本人产生了影响，使他在晚年时对自己的观点做了修改。

当代心理语言学的研究在语用方面又有新的成果，研究者认为交流是儿童语言发展的关键因素（见信息栏3-1）。儿童在语言运用中不断增长交流能力并不断提高交流的效果。

信息栏3-1　　交流的重要性

儿童的语言是在交流活动中学到的。交流的双方都力图使对方了解自己，这需要一点儿策略。其中，对儿童来说是努力使用语言，而对他人来说则是努力使儿童听懂。

一项跨文化的研究指出父母或哥哥姐姐对婴儿或学步儿说话时普遍具有一种倾向，那就是说的话很短、很简单，心理语言学家称之为儿化语，或者是“妈妈语”（Gelman & Shatz，1977；Kuhl，et al.，1997）。这些话都是以一种很慢的方式但音调又很高的声音说出来的，经常会被重复，强调一些关键词（通常是一些表示物体或行动的单词）。从出生后起，婴儿就会偏向于注意那些音调高，有许多不同的、新奇的模式的“妈妈语”，而较少注意成年人一般交流时的那些“平实”的话语（Cooper & Aslin，1990；Pegg，Werker & McLeod，1992）；他们也会更多地加工那些用儿化语表示的物体的信息（Kaplan，et al.，1996）。实际上，婴儿甚至看上去能够明白以父母的口吻表达的某些确定的信息（如“当心点儿！”或者是“好样的！”），尽管要他们说出这些话是什么意思还需要很长的时间（Fernald，1989，1993）。

有趣的是，当孩子的语言逐渐变得准确时，父母也会逐渐增加他们简化了的儿化语的长度和复杂性（Shatz，1983）。而在给定的任意一个时间点上，父母的句子总是比孩子的长一点点，复杂一点点（Bohannon & Bonvillian，1997；Sokolov，1993）。这里有一个情景也许能够说明语言学习的一些观点。孩子是一直处在一个有新的语义关系和语法规则出现的环境中，而这些新的知识点出现在他们可能理解的、简单的说话方式中；特别是如果比他们大的孩子经常重复或解释他们正在努力交流的那些观点的话，孩子学习语言会更快（Bjorklund & Schwartz，1996）。很清楚，这是模仿父母的一种形式。但是，孩子不是直接通过模仿父母来获得新的语法规则，成年人也不是有意识地通过举例教孩子这些规则的。父母用"妈妈语"说话有一个主要的目的，即和他们的孩子进行有效的交流（Fernald & Morikawa，1993；Penner，1987）。

年幼的孩子学习语言是否只要通过聆听别人的谈话就可以了？显然不是这样的。先天论者认为所有的孩子需要获得的语言能力是要定期地接触说话情景，这种说法很明显低估了社会相互作用在语言学习中的作用。只是接触说话的氛围是绝对不够的，孩子必须运用语言，积极地加入交流（Locke，1997）！比如，有人发现，讲荷兰语的一组孩子，虽然他们看了大量的德语电视节目，但是不能获得任何德语的单词或语法（Snow，et al.，1976）。而且，那些父母是聋人而自己听力正常的孩子，只要他们每个星期在一个有正常的成年人会和他们交流的团体中待上5～10小时，他们就常常表现得和正常的语言发展模型差不多（Schiff-Myers，1986）。在一些文化中，即使成人很少修改孩子们原来的句子或者用儿化语和他们说话，孩子们也照样学会了语言，没有明显的延迟（Gordon，1990；Ochs，1982；Schieffelin，1986）。但是，这些孩子也定期地参加可以运用语言的社会交往活动，这也就说明了在掌握一门语言中什么是最重要的（Lieven，1994）。

——Shaffer，D.(2002). *Developmental psychology*. Belmont：Wadsworth/Thomson Learning，p.348.（韩春红译）

由于早期的句子是不完整的，加上意思经常不那么明确，孩子会不断地用手势和声调的线索来补充他们的单词，以确保人们能理解他们的意思（O'Neill，1966）。成人也许会认为非语言的手势是一种没什么作用并且受到很多限制的交流方式，但实际上，许多聋童完全是基于非语言信号和手势，逐渐知道和学会使用非常复杂的语言的。学步儿也逐渐对交流的社会情景性因素产生敏感。比如，2岁的孩子已经相当精通口语的回应，他们知道当说话者想结束说话时就会抬头看听的人，他们也会在结束自己的话时使用这个相同的非语言线索。2～2.5岁时，孩子知道如果想和别人交流的话，就必须站得离那个人

近一点儿，或者提高说话的声音来补偿距离过远的不利条件。很显然，当2～2.5岁的孩子选择交流的话题或提出要求时，他们开始考虑对方知道些什么（或不知道什么）。他们非常喜欢谈论那些对方还没有跟自己交流过的事件或对方不知道的事件。当儿童向对方提出希望得到自己无法拿到的玩具，而对方又没有意识到玩具在哪里时，儿童会把要求阐述得非常清楚，而且很有可能包含一些手势。实际上，2.5岁的孩子甚至能对他人做出的反应进行监控，并且能对成人没有理解的话进行进一步澄清。一个想要玩具鸭子的孩子，当听到成人说“你要袜子”时，经常会修正自己没有成功传达的消息，会说：“我不要那个！要鸭子！”

一个有效的交流者不仅能清晰、准确地表达意思，而且能从别人的话中察觉出那些说得模棱两可的话，并要求他人把意思澄清。这就是语言的参考交流技能。

人们曾经假设学前儿童在交流中不能察觉那些没有提供信息的消息，也不能解决绝大部分的问题。如果要求孩子对一条模糊消息做评价时，如“看那匹马”，而这时视线中有许多马，学前儿童可能会说这是一条有信息的消息。显然，他们经常无法察觉语言上的模糊性，因为他们更多地是在想这句话是什么意思，而不是这条消息（模糊的）的文字意思。为什么学前儿童会去猜测那些没有提供信息的消息呢？有可能是因为他们经常成功地推测那些模糊语言的真实意思，他们借助于其他的背景线索，如他们有关那个特定说话者的态度、偏好和过去的经验。相对于7岁的孩子来说，4岁的孩子不容易察觉出他们自己说的那些模糊的话，也不会再说一遍，把话说清楚。实际上，他们经常假设自己的表述是具有一定信息的，如果不能进行交流，那只能归咎于听者（Flavell，et al.，1993）。

但是，绝大部分3～5岁的孩子在自然环境下，特别是当自然条件有一些背景线索能帮助他们澄清一条模糊信息时，比在实验任务中表现出更好的参考交流技能。而且，即使是3岁的孩子，当他们知道无法执行一个打着哈欠的大人所提出的愚蠢要求（如“把冰箱拿给我”）时，他们很快会意识到这是不可能的。这些年幼的孩子也知道他们怎样才有可能在交流中解决这样一些有矛盾的问题。例如，他们会对那个打哈欠的成人说“什么?”或“嗯?”，或者问他：“怎么行呢？太重了!”

总之，3～5 岁的孩子在口语消息的字面意思中，不大擅长察觉那些模糊语言。然而，他们比许多有关理解力调查的实验室研究中显示的要更擅长交流，因为他们能在一个非语言背景信息中成功地推断出一条模糊消息所包含的意思。

三、语言获得的理论

儿童在生命最初的三四年中，就掌握了成人语法的基本体系。然而，儿童究竟是怎样获得语言的呢？这就涉及语言获得的理论了。当前，较有影响的语言获得理论有三种：强化理论、模仿理论和生成转换语法理论。在介绍这三种理论之前，先谈谈语言发生的生物性因素。

（一）语言发生的生物学基础

人类语言之所以有发展的可能，至少有一部分理由在于人所具有的生物学特点。也就是说，人类确实有一种与生俱来的语言获得机制，这种机制也就是人脑的机制，是一种高度组织起来的物质的特性。虽然，我们今天还不能揭示它，但总有一天会认识它。这种人类所特有的普遍机制既不是天上掉下来的，也不是头脑里固有的，而是人类祖先与环境长期斗争的结果，是种系发展的产物，是在社会性劳动中与劳动共同发生和发展的。因此，从种系发展的角度来看，这种机制是人与环境相互作用的产物。这种产物为个体语言的发生提供了自然条件和物质前提，这种自然条件和物质前提为个体语言的获得提供了可能性。而这种可能性向现实性的转化，是受环境和教育制约的。动物不具备这种可能性，因而它们不可能经过训练而掌握人类语言。即便是令人逗趣的鸟鸣蜂舞和自成系统的猿猴社会，其中的交际活动也很有限，无法与人类的语言相比拟。伦内伯格（E. Lenneberg）发现的以下两个事实是很有实际意义的：（1）语言发展中的那些“里程碑”是普遍地依固定的次序而达到的；（2）这些“里程碑”和运动发展的“里程碑”是密切同步的，而运动的发展与生物性因素的关系是众所周知的。为了证明这一观点，伦内伯格将语言发展与运动发展并列对比，使这种同步关系一目了然（见表3-6）。

表3-6　语言发展与运动发展的同步关系

实足年龄	运动发展	语言发展
12周	俯卧时能抬头；以肘支持体重；手常常是张开的，没有抓握反射。	比8周时啼哭显著减少；向他说话和点头时微笑，随着发出通常称为喔啊声的长而尖的声音，其性质与元音相似，音调有抑扬；这种喔啊声可持续15～20秒。
16周	能去玩一个放在他手中的拨浪鼓（摇它，注视它），头能直起来；强直性颈反射在消失。	对人声的反应更明确了；转动头，眼睛似乎在寻找说话者；有时发出一些笑声。
20周	能依靠着坐住。	在类似元音的喔啊声中开始有像辅音的声音掺杂进来；唇部擦音、摩擦音和鼻音可常见；从声学方面看，儿童所有的发音和同环境中成人的语音很不相同。
6个月	弯腰向前而用手来支持身体坐着；帮他站起来时能支持自己的体重，但还不能脱离扶持而站立；够东西用单手；拇指尚不能与其他各指相对；给他另一个木块时他就扔掉原来那一块。	喔啊声向类似于单音节发音的咿呀声转化，无论元音或辅音都不能很稳定地重现，最常发出的是像“ma”“mu”“da”“di”等声音。

续表

实足年龄	运动发展	语言发展
8个月	能抓着东西站起来，把拇指和其他各指对起来抓握东西，用拇指和食指尖把小球捡起来。	反复发同一声音（或更延长的重复）的情况多起来，音调的形式清楚起来，能用声音来表示强调和情绪。
10个月	爬得相当好，能抓着东西跨横步，能拉着站起来。	发音中掺杂着声音游戏，如做咯咯声，或吹气声；似乎乐于模仿声音，但模仿总不大成功；开始能区别所听到的词语而做出不同的顺应。
12个月	拉着一只手会走；将膝抬起来，用手和足爬；不管什么东西都往嘴里放的行为几乎停止了；能自己在地板上坐着。	同样的声序重现次数多起来，也出现了词（“妈妈”或“爸爸”）；清楚地表现出对某些词和简单的命令（指指你的眼睛在哪儿）有所理解。
18个月	握、抓和放的动作已充分发展；步调僵硬，前冲和重踩；只是在有吸引目标时才能安坐在童椅上；倒着爬下楼梯；把三块积木垒起来有困难。	掌握了一定数量的词（多于3个，少于50个）；仍有许多咿呀声，但现在发出的是有复杂声调形式的几个音节；不试图交流信息，而且也不怕别人不懂；说的话里包含如“谢谢你”或“到这儿来”之类的话；没有把这些词结合为自然的双项词组的能力；理解进展迅速。
24个月	会跑了，但急转弯时会跌倒；坐下和起立两种姿势能很快地交替；能上下楼梯，但只是一只脚向前迈。	掌握的词增加到50个以上（有的儿童似乎能叫出环境中每样东西的名字），开始自发地把词组成双词词组，所有的词组都像是出于自造，交际行为和说话兴趣明显增加。

续表

实足年龄	运动发展	语言发展
30 个月	能用两只脚跳起来；能用一只脚站大约两秒钟；能用脚尖走几步；能从椅子上跳下来；手和手指有了良好的协调动作；手指能个别地活动，操纵物体的能力大有进步，能垒起六块积木。	词汇增加极快，每天都增加新词；咿呀声完全不见了；说话有了交际的意向；如果说的话未被成人听懂就感到别扭；说出来的话至少包含两个词，有许多还包含三个甚至五个词；句子和词组具有典型的儿童语法，这就是说他们很少逐字重复成人的语言；说出来的话还不太好懂，儿童之间个别差异很大；说给他的话似乎都能听懂。
3 岁	能用脚尖走 2.7 米远；跑得很利索，能加速、减速；急转弯没有困难；上下楼梯双脚轮流迈；能跳 30 厘米高；会驾驶三轮玩具车。	词汇约达 1 000 个；说出来的话约有 80%甚至连生人也能听懂；语言中语法的复杂程度略与成人口语相似，虽仍出现一些错误。
4 岁	会跳绳，会单用右脚跳；胳膊能夹住球；能踩直线走。	语言已相当完备，其不合成人标准之处大部分在于风格而不在于语法。

［美］利伯特著，刘范等译：《发展心理学》，人民教育出版社 1983 年版，第 293—295 页。

关于大脑的研究业已证实，大脑对语言的控制是在皮质特定区域内完成的。近年来，运用正电子发射层描记术（PET）在无损伤条件下对语言区定位的研究发现，听词语和产生词语确实是在语言中枢（布罗卡区和韦尼克区），但在所有的语言信息加工中，其他脑区如联合感觉区和运动区也都参与进去。① 随着大脑皮质的逐步成熟，大脑皮质的功能逐渐分化，

① 杨雄里著：《脑科学的现代进展》，上海科技教育出版社 1998 年版，第 101 页。

在优势半球（左半球）的一定部位产生了语言过程。如果在大脑成熟之前，这个区域遭受损伤，会产生暂时的语言障碍，不久，大脑右半球相应区域代偿性地承担起语言的功能。

需要重申的是，语言发生的生物性因素只是语言发生的前提，是必要条件。生理机制既为语言的发生创造了条件，而本身也在语言的发展过程中发展、完善并构造着。生物性因素并不能囊括语言发展的所有因素。

下面我们分别介绍三种语言获得理论。

（二）强化理论

强化理论是行为主义理论体系的具体表达，代表人物斯金纳(B. F. Skinner)。这一理论用操作性条件反射的操作行为和强化等概念来解释语言的获得。所谓操作性条件反射（或称工具性条件反射），是指对动物（包括人）的自发操作行为（反应）进行强化（如肯定、表扬、给予食物或关注等）而形成的一种条件反射。这一理论认为，一个操作行为发生后，接着呈现强化刺激，那么，这个操作行为再发生的强度（频率）就增加。斯金纳认为，语言和其他行为功能一样，是通过操作性条件反射获得的，语言的操作性条件反射建立在由环境引起的声音、和声音连接的选择性强化的基础上。比如儿童在牙牙学语时，会自发地、无目的地发出各种声音，一旦有些声音近似于成人的说话声，父母便对这些声音给予强化，使这些声音在儿童的发声中占据优势。这一理论特别强调“选择性强化”这个概念，认为这是语言操作性条件反射中的核心问题，即对正确的东西给予强化，而对不正确的东西不给予强化。他们还认为儿童学习说话必须了解适合每种语言反应的情境，使语言行为受到环境的控制。这种所谓的环境的控制，本身也就是环境对儿童语言反应的一种强化。通过这种强化，儿童的语言逐渐变得有效和得体。

斯金纳的强化理论，试图从理论上归纳出儿童获得语言的过程，但是，这种理论对以下三个问题无以作答。第一，儿童语言发展的速度如此惊人，能在短短的几年中掌握那么多的词汇，这仅仅是强化所能解决的吗？第二，事实上，在儿童语言的发展进程中，成人通常很少对儿童语言的正确语法进行强化，甚至对于明显有语法错误的句子，成人也并不及时指出，那么，儿童是怎样掌握句子的语法结构的呢？第三，强化并不能促使儿童了解句子为什么正确，为什么不正确，那么，儿童又是怎样理解句子的意思的呢？总之，强化理论过分强调儿童无目的的反应和狭隘的强化作用，忽视了儿童自身在语言学习和语言活动中的作用。

（三）模仿理论

模仿理论也称社会学习理论。这一理论认为儿童学习的语言，大部分是在没有强化的条件下进行的观察和模仿，对儿童语言发展起重大作用的是社会语言的范型。如果没有这种社会语言范型，儿童就不可能获得词汇和语法结构。儿童即使并不立即模仿成人的说话，也能从中获得语言信息。对于儿童语言的发展来说，社会语言范型是必不可少的条件，没有这个必要条件，儿童语言便无从发展。这一理论强调模仿情景的重要性，儿童之所以模仿语言，仅仅是为了对这种情景做出响应或者表示向往。有研究表明，儿童与成人交谈时，有互相模仿的倾向，儿童模仿成人的语言倾向于压缩（如母亲说“吵架会叫人不高兴”，儿童则说“吵架不高兴”），成人模仿儿童的语言倾向于扩充（如儿童说“捡手套”，母亲则说“把手套捡起来”）。在这种语言交往中，儿童确实能学会一些句子，这就是模仿理论的出发点。

模仿理论和强化理论都很重视社会环境对儿童语言发展的作用，尽管前者强调社会语言范型，后者强调选择性强化，前者强调先要有语言印象然后才能表达，而后者强调先要有语言表达然后再接受强化。这两种理论都能在一定程度上说明语言发展的原因，但是，正如强化理论有它的困难之处一样，模仿理论也有自己一本难念的经。

首先，它同样解释不了儿童语言发展的速度。如果儿童的语言是完全由模仿而获得的，那么，儿童在学会说话之前必须听过大量的句子并把它们像录音机一样地储存起来。有人计算过，一个儿童在能说出英语之前必须先听过 10^{30} 个 20 个词的句子！当然，这是不可能的。可见，儿童的全部语言不是逐字逐句模仿得来的。

其次，据研究，儿童模仿成人的语言，在 28～35 个月时接近 10%，到了 3 岁时下降到 2%～3%，3 岁以后模仿更少。可见，在儿童获得语法结构之前（4 岁以前），模仿早已大大减少。儿童说出的句子要比听过的多，更重要的是儿童说出的句子中有许多并未出现在成人语法中的奇怪的句法结构，这种句子是无从模仿的。显然，儿童在发展水平上有系统、有意义地创造自己的语言学体系。否则，它们是从哪儿来的呢？还有一点令人费解的是，经过一定的训练以后，儿童违背了自己的语言而模仿习得了新的语法，为什么一到实际使用时又恢复老习惯呢？此外，有研究进一步指出，儿童只能模仿自己已经掌握了的语法结构，不能模仿新的未掌握的语法结构。因此，模仿理论还不能充分说明语言获得的过程。

（四）生成转换语法理论

生成转换语法理论的创始人是乔姆斯基。生成转换语法理论是当前影响最大的语言获得理论。乔姆斯基注意到以下事实：

（1）儿童掌握母语异常迅速，极其完善；

（2）尽管语言环境不同，但儿童掌握语音尤其是句法结构的次序是相同的，时间也是一致的；

（3）尽管各种句子的形式不一样，但它们都有着共同的普通语言基本形式（语法结构）；

（4）儿童生来就具有发现或分析语言程序从而获得语言的能力；

（5）语言具有创造性。

乔姆斯基把语言定义为无限句子的集合。一个人的语言知识是以某种方式体现在人脑这个有限的机体之中的，因此语言知识就是一个由某种规则和原则构成的有限系统。但是，一个会说话的人能够讲出并理解他从未听过的句子，这种创造性的能力是无限的。这种能力在一个五六岁的儿童身上就充分地表现了出来。因此，乔姆斯基假设："人类的生物禀赋本身含有一个确定的人们可能获得语言的基本语法结构的原则系统，而经验只是以一种特定的方式对这些原则起到完善或强化的作用。这样看来，所谓'语言学习'似乎和身体的器官生长的情形相似。"① 而人类先天就具有学习语言的内部结构，叫作普遍语法，也就是语言获得装置（LAD）。它在后天语言经验的作用下，转化成为使用某一具体语言的能力和关于这一具体语言的知识（即该语言的具体语法）。儿童在出生时，就具有学习语言的能力，而且这种能力可以适用于各种语言。"我们可以把普遍语法看作人类'初始状态'的一部分，即儿童的先于语言经验的心智状态。……这种初始状态是一种人类的种属特征，为人类所特有……一个儿童在适宜的经验条件下，经过一系列的认识状态后，最后达到一种不再发生变化的相对稳定的状态，这种状态不包括增加新词这样的外围状态……确定普遍语法和具体语言的个别语法的各种形态正是生成语法要探索的根本问题。"②因此，关于生成转换语法的理论，也是儿童获得语言的理论。

乔姆斯基在 1965 年提出的标准理论中，把语法体系分为句法、语义和语音三个部分。它们之间的关系如图3-3所示。

①② 黑龙江大学《外语学刊》编辑部编辑：《乔姆斯基语言理论介绍》，1982 年，第 4、5—6 页。

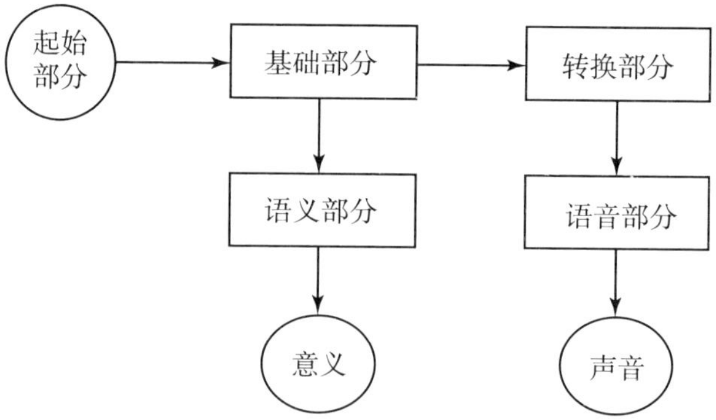

图3-3 乔姆斯基标准理论的语法体系

图中起始部分是语法的输入，基础部分和转换部分共同构成句法部分。基础部分除包括一系列重点规则外，还包括词典。词典中列入各个词项的句法特性、语义特性和语音特性。由基础部分产生句子的深层结构。深层结构进入语义部分，获得语义的解释。转换部分则把深层结构经过转换规则映射为表层结构，然后表层结构又由语音部分的规则给出语音解释。在这一理论体系中，句法部分是语法的生成部分，具有生成无限多的句子的创造能力，至于语音部分和语义部分只是语法的解释部分。一个句子的语义，并不决定于表层结构，而决定于它的深层结构。（关于这一点，1973 年乔姆斯基在他的扩充式标准理论中做了相应修订，认为基础部分生成深层结构，通过转换形成浅层结构，浅层结构又通过各种规则与语音表达和语义表达相连接。所谓浅层结构是介乎深层结构和表层结构之间的一种结构。）

儿童在获得语言的早期，已经能使用深层结构的信息。例如，单词句时的语法关系，就已经表现了句子中深层结构的基本方面。儿童在语言中表示句子深层结构的方法是发展变化的，如前所述，最初使用单词句表示，接着运用双词句（或并列词组）表示，再后则用更为复杂的组合来表示。总之，儿童从开始有语言的时候起，就能按一种可理解的方式来和成人交流语法关系，这正是儿童普遍语言能力的表现。生成转换语法理论承认儿童普遍的语言能力，同时也承认，一些复杂的语法规则是将普遍加以组合和限制的结果，这些规则的获得或许需要在儿童和成人的交往中通过一定的学习方式来实现。

生成转换语法理论对语言学和发展心理语言学的研究，产生了巨大的影响。这个理论还得到神经学研究成果的证实，语言的发展与大脑成长发育的速度具有一致性。近年来，主张模块论的学者更是支持这一理论。但是，有必要指出，由于乔姆斯基认为高级心理活动的特性是由内在的生物机制来决定的，社会对它的影响是有限度的，因此，从哲学的高度来看，乔姆斯基属于唯理派（理性主义），尽管他本人无意直接介入哲学史上长期对立的唯理论与经验论的争论。而且，在他看来，人的普遍语法，即语言获得装置，尽管是在完全抽象的方式上使用的术语，并不具有任何实际模型的物理性质，却是一种预成的结构，一种固定的内核。这种结构“为人类的全体成员所共有，不管他们是什么种族或者阶级，也不管他们在智力、性格和体质方面无疑存在的许多差别”①。在这里，乔姆斯基发挥了笛卡儿（R. Descartes）关于认识的“固有思想”或“固有结构”去解释语言获得的内源因素，但是，乔姆斯基没有注意普遍语法的建构过程，因此，皮亚杰认为：“乔姆斯基的心理学和他的学派仍然是相当贫乏的；他不是把语言置于一切认识过程所从属的自我调节机制之中，而是求之于一种‘固定的先天内核’，好像把它推回到生物学就能使问题简单化似的。”②皮亚杰所强调的自我调节机制，指的是遗传因素与环境因素之间的相互作用。单纯的遗传因素或成熟因素“只能决定后天成就的不可能性或者说可能性的范围有多大。但是成就的实现，

① [英] 莱昂斯著，陆锦林、李谷成译：《乔姆斯基评传》，华东师范大学出版社 1981 年版，第 9 页。

② [瑞士] 皮亚杰：《心理学和其他科学的关系》，见赵璧如主编《现代心理学发展中的几个基本理论问题》，中国社会科学出版社 1982 年版，第 15 页。

需要由经验从而也是由环境所给予的外界材料，以及由自我调节引起的逐步的内部组织化”①。语言的发展既要有内源的因素，又不能单纯归结为内源的因素。但是，应该看到，乔姆斯基的生成转换语法理论是一个最有活力、最有影响的语言学和心理学的理论，当代的每一个语言学家和心理语言学家都不可能无视它的成就和影响。

综上所述，儿童语言的发展，是一个十分重要而又十分复杂的问题，它具有自己的系统、自己的结构、自己的规则。这些规则并不是儿童最终学会的成人语言的粗糙的毛坯。可惜，迄今为止的所有理论还不能把儿童语言的获得过程和机制阐述到至善至美的地步。

第二节　学前儿童的亲子关系

人的一生中，无论是孩提时代对父母亲的依赖眷恋还是身为父母者对子女的关爱之心，其间所涌动的亲情令人刻骨铭心，而随之建立起来的亲子关系更是维系着人的终生发展。很多发展心理学家认为，早期的发展，尤其是良好的亲子关系的建立，为个体获得良好的社会适应开辟了一条健康的道路。

一、婴儿期的依恋

弗洛伊德有句名言：婴儿和母亲之间的关系是“独一无二、无可比拟的，作为最早，也是最稳固的爱的对象，以及今后所有爱的关系的模式，母婴关系一旦建立，就一生不变”②。

---

① ［瑞士］皮亚杰著，王宪钿等译：《发生认识论原理》，商务印书馆1981年版，第63页。

② Damon，W.(1998). *Handbook of child psychology*. New York：John Wiley & Sons，Inc.，pp. 34-35.

（一）母亲——婴幼儿的“第一重要他人”

当一个小生命诞生以后，成人便开始扮演起特定的角色，人们情感生活的价值亦由此得到了提升。这个小生命不久就会变成一个合作者，他既是属于家庭的，又是属于我们的祖先的，更是人类的一分子。

婴儿诞生后，母亲给了孩子无数个“第一次”。她们第一次喂养孩子，抚摸孩子，使孩子获得了被人关爱的快感；她们第一次逗孩子，与孩子嬉戏，使孩子体验到了与人同乐的愉悦；她们第一次倾听孩子，解读孩子，使孩子感受到了被人理解的幸福……。这无限的抚育与关爱构成了母婴间的天然联系且连绵不断。

在通常情况下，母亲是婴儿的主要抚养者。科捷尔丘克（Kotelchuck，1976）基于对 6～12 个月婴儿父母的采访，报告母亲每天平均花费 9 小时与婴儿接触，而父亲平均每天花 3.2 小时与婴儿接触。研究也发现，父亲主要是通过游戏对儿童发生影响。

母亲不仅与婴儿相处的时间最长，并且与婴儿接触的空间最广，这种时空关系决定了母亲必然承担着“第一重要他人”的角色。首先，母亲是婴儿最重要的刺激源，母亲提供视觉的、听觉的、动作的、身体的等大量刺激，极大地满足了婴儿生长的需要，为婴儿早期认知结构的发展建构基本的图式。其次，母亲是婴儿最丰富的影响源，母亲对婴儿的影响是立体的、全方位的。比如，有关母子正常交往和母亲缺失对婴儿语言发展的影响的比较研究表明，母亲对婴儿语言发展影响极大，母子正常交往有助于婴儿语言正常、顺利地发展，而母亲缺失，即使父亲健在，也会使婴儿的语言发展受损。最后，母亲是婴儿最重要的情感源，母亲给予婴儿的日常照料和抚育，成为最有效的情感刺激，提供了最丰富的社会性情感反应。因此，母亲在婴儿积极情感的发展中起着发动和保障的作用，同时，母亲又是婴儿社会性行为和社会交往发展的重要基础。

（二）依恋——婴幼儿的最初情感联结

亲子之间的情感联系并不仅仅表现在母亲对婴儿的态度和作用上，事实上，婴儿也在积极地影响着母亲。婴儿从出生后的第一天起，就会对别人发生反应，不仅对说话的声音有反应，而且对人的脸特别注意。2～3 个月的婴儿开始对人微笑，我们称之为社会性微笑。这种微笑的行为常常是被父母注意到的婴儿第一个明显的社会性反应。从这时起，婴儿被一切社会性客体所吸引，并且，与非动物客体相比，表现得更喜欢人。之后逐渐转入“对人的区分”阶段，婴儿学会区别熟人和陌生人。到了 6～7 个月，一个新的发展——特定性依恋开始了。这时，婴儿表现为积极寻求与特定的照看人联系并拒绝他们离去的倾向，这一特定的照看人主要是母亲。

信息栏3-2　　习性学的依恋理论

以英国精神病学家鲍尔比（J. Bowlby）为代表的习性学理论认为，依恋是一套本能反应的结果，这些本能反应对于种系的保护和生存有着极为重要的意义。

鲍尔比明确指出，依恋行为系统的生物功能是保护作用，其中最为主要的作用是保护儿童不受进化环境中有害因素的伤害。因为客观上弱小的婴儿需要与抚养者保持一种特定的亲近，以保证自身的安全感。有关动物的现场研究表明，不与其母亲保持亲近的幼崽可能成为侵害的牺牲品。他认为，即使在现代社会，如果一个儿童独处而不是由一个敏感的成人伴随，儿童也更加容易受到伤害（如因意外事故而伤亡）。因此，他顺理成章地把这种保护作用视为依恋行为及相关母性行为的生物功能的自然延续。而父母对婴儿诸如哭泣、依附、跟随之类的依恋行为予以回应，则由此建立起亲子间相互寻求亲近的情感联系。

由此可见，依恋的生物功能在于保护幼小的后代，而心理功能在于提供某种安全感，有助于良好情感的建立。

依恋是一种强烈的、持久的情感联系。正是这种情感联系，使得婴幼儿最愿意与母亲在一起。当儿童遇到困难、感到害怕时，便寻找母亲，表现出一系列的依恋行为。这种母婴之间的联结，在本质上是一种融情绪、情感、态度及信念于一体的复杂系统，其进化与发展的基础是未成熟、弱小的儿童趋近依恋对象的需要。它的生物意义在于个体可以从中获得关爱和安全感，而它的社会意义在于奠定了儿童日后情感发展的重要基础。

（三）依恋的发展过程

1. 依恋建立的前提

依恋是心理过程发展到一定阶段的产物，是儿童与其所处的社会环境相互作用的结果。依恋的发生与建立有其特定的标志，其前后相继的阶段性发展过程也是儿童心理逐渐趋向成熟的过程。

（1）识别记忆。儿童对周围事物的认知有一个从未分化到分化的过程。当儿童能够把作为依恋对象的特定个体与其他人区分开来时，就有可能形成对特定个体的集中依恋。这种把知觉对象从知觉背景中分化出来的认知技能，就是儿童的识别记忆。

儿童识别记忆产生的时间可以因感觉器官性质的不同而有所差异。随着儿童认知能力的发展，各种感觉器官的活动逐渐协调起来。通过对多通道信息的收集、加工、鉴别，儿童能更准确、更生动、更完整地确认依恋对象。

（2）客体永久性与“人物永久性”。我们已经知道，在儿童认知发展的过程中，获得客体永久性的概念是一个重大成就。正是这种认识能力使婴儿在头脑中始终保持着母亲的形象，我们称之为“人物永久性”。于是，当母亲离开婴儿时，婴儿就会寻找。客体永久性的认知能力，是儿童依恋形成的认知前提。

婴儿的识别记忆和客体永久性的出现并非彼此孤立，两者具有发展上的相继性以及功能的相辅相成性。

2. 依恋形成的标志

儿童对他人的依恋有着一系列的反应和表现。例如：当母亲走进房间，孩子就张开嘴，朝她友好地微笑；当母亲把孩子抱起来，他会拍母亲的脸，摸她的头发，依偎在她身上；当孩子感到焦虑和恐惧时，他会追随母亲，甚至抓住母亲的腿，抱得紧紧的；等等。这里，以什么样的行为反应作为判断依恋真正建立的标志，直接影响到依恋形成时间的确定，以及对依恋关系的特殊性乃至依恋质量与性质的判定。因此，科学地确立依恋形成的标志在依恋研究中具有特殊而重要的意义。

英国心理学家谢弗（R. Schaffer）认为，依恋形成的标志需要符合以下三条原则：

（1）代表性，即能反映依恋这一行为表现不同于其他社会关系的本质规定性。

（2）稳定性，即在依恋一般应出现的时期内能保持相对稳定的存在。如果孩子的行为今日出现，明日消失，则不具有稳定性。

（3）普遍性，即不因个体间的差异而影响该依恋现象的普遍存在。如果在一般情况下某种行为甲具有，而乙在同期并不出现，那么这种标志就很难认为具有普遍性。

3. 依恋的形成阶段

在儿童的早期发展过程中，依恋不是突然发生的，而是在婴儿与母亲的相互作用中逐渐建立的。鲍尔比提出依恋的发展分为四个阶段。

（1）无分化阶段（0～3 个月）。婴儿开始探索周围环境，尤其是人，表现为倾听、追视、吸吮。婴儿对人的探索只能借助于哭泣、微笑和咿呀语等。一旦成人给予回应，或是留在孩子身边，或是抱起孩子轻轻摇晃，都能使之高兴、兴奋，并且感到愉快、满足。这个时期婴儿对人反应的最大特点是不加区分，没有差别，婴儿对所有人的反应几乎都是一样的，同时，所有的人对婴儿的影响也是一样的。因为此时的儿童还未能实现对人际关系中客体的分化，他们并不介意被陌生人抱起。

(2) 低分化阶段（3～6个月）。婴儿继续探索环境，开始识别熟悉的人（如父母）与不熟悉的人的差别，也能区别一个熟悉的人与另一个熟悉的人。如婴儿用不同的微笑和发声区别不同的人。对熟悉的人表现为更敏感。他们在母亲面前表现出更多的微笑、咿呀学语、依偎、接近，而在其他熟悉的人面前这些反应就要相对少一些；若是面对陌生人，这些反应则更少。但此时的儿童除了能从人群中找出母亲，仍旧不会介意和父母分开。

(3) 依恋形成阶段（6个月至2.5岁）。从这时候起，孩子对母亲的存在尤其关注，特别愿意与母亲在一起，与母亲在一起就很高兴，而当母亲离开时则非常不安，表现出一种分离焦虑。同时，当陌生人出现时，孩子则会显得谨慎、恐惧甚至哭泣、大喊大叫，表现出怯生、无所适从。不过，这时候的孩子已经明白，虽然成人不在视野范围内，但还会继续出现，所以他们以母亲为安全保障，在新环境中探寻、冒险，然后又回来寻求保护。

(4) 修正目标的合作阶段（2.5岁以后）。随着认知水平和语言能力的提高，儿童的自我中心减少，能从母亲的角度看待问题。亲子之间形成了更为复杂的关系，具有“目标—矫正”的“伙伴关系”性质。儿童能认识并理解母亲的情感、需要、愿望，知道她爱自己，不会抛弃自己。他们已经理解父母离去的原因，也知道父母什么时候回来，这样分离焦虑便降低了。如2岁的孩子会问妈妈去哪儿（到超市买东西），什么时候回来（过一会儿就回来），这些解释使孩子相信母亲肯定会回来。有时他们会要求母亲离开前给他讲个故事，再把他交给保姆。总之，这时的儿童会同父母协商，向成人提出要求，而不是跟在父母后面或拉住他们，亲子之间的合作性加强。

二、依恋的类型及影响因素

虽然每个家庭的儿童都对熟悉的照看者表现出依恋，但到了第二年末，这种关系的表现程度大不一样。照看者在场时有些孩子能安详自在、无忧无虑，他们明白自己能得到照看者的保护和帮助，而有些孩子却显得神情恍惚、焦虑不安。

安斯沃思（M. Ainsworth）设计的陌生情境实验，是研究儿童分离焦虑、陌生焦虑的经典实验。陌生情境是这样设计的（见表3-7）：在儿童的照看者（通常是母亲）在场和不在场两种情况下，把儿童与一个陌生人安排在一个儿童不熟悉的环境中。这个环境是一间观察室，屋里摆上一把椅子，在椅子周围摆一些玩具。观察儿童在此情境中的反应，判断儿童依恋关系的类型。这种方法基于的假设是：儿童被置于由亲子分离和陌生人的出现所导致的压力情境中，因而突出了其寻求安全的努力。

表3-7　陌生情境实验的场景

场　景	事　件	观察的依恋行为
1	实验者把孩子和父母带进游戏室，然后离开	
2	父母坐着看孩子玩玩具	父母是安全保障
3	陌生人进入，坐下和父母交谈	对不熟悉成人的反应
4	父母离开，陌生人和孩子交流，如孩子不安则安慰他	离别焦虑
5	父母回来，和孩子打招呼，有必要的话安慰他，陌生人离开	重逢的反应
6	父母离开房间	离别焦虑
7	陌生人进入房间安慰	接受陌生人抚慰的能力
8	父母回来，和孩子打招呼，有必要的话安慰他，并再次激起孩子玩玩具的兴趣	重逢的反应

注：第一个场景持续30秒，其余各场景各持续3分钟。分离的场景如使孩子很不安，就缩短从分离到重逢的时间。

观察孩子在这些场景中的表现，发现儿童依恋有着不同的类型。

（一）依恋的类型

儿童的依恋分为A型（焦虑—回避型依恋）、B型（安全型依恋）和C型（焦虑—抗拒型依恋）三类。

1. A型

这类儿童在陌生情境中，母亲是否在场对他们的探究行为没有影响。母亲离开时，儿童不表现出明显的分离焦虑；母亲返回时，儿童也不主动寻求接触；母亲接近时反而转过身去，儿童回避母亲的亲密行为。在忧伤时，陌生人的安慰效果与母亲差不多，不表现出明显的陌生焦虑。

2. B型

这类儿童在陌生情境中，把母亲作为“安全基地”，去探究周围环境。母亲在场时，儿童主动去探究；母亲离开时，儿童产生分离焦虑，探究活动明显减少。这类儿童在忧伤时容易被陌生人安慰，但母亲的安慰更有效。当母亲返回时，儿童以积极的情感表达依恋并主动寻求安慰，即使在忧伤时，他们也能通过与母亲的接触很快平静下来，然后继续探究和游戏。

3. C型

这类儿童在陌生情境中，难以主动地探究周围环境，而且探究活动很少，表现出明显的陌生焦虑。母亲离开时儿童相当忧伤，但重逢时又难以被安慰。实际上，这类儿童抗拒母亲的安慰和接触。他们的行为表现出一种愤怒的矛盾心理，对母亲缺乏信心，不能把母亲当作“安全基地”。当母亲返回时，他们拒绝去探究，仍表现出明显的焦虑不安。

如果把B型（占70%左右）称为安全型依恋的话，A型（占10%左右）和C型（占20%左右）则称为不安全型依恋。三类依恋之间的区别不在于强度的强弱，而在于质量的好坏。显然，B型的质量高，而A型和C型质量低。

可见，婴儿的依恋行为中，存在着一种依恋安全模式和两种依恋不安全模式，前者属于良好、积极的依恋，后者属于消极、不良的依恋。

当然，来自不同文化背景的儿童，其依恋的模式因为受到所属环境的影响，而会有较大的不同。

（二）影响依恋安全性的因素

1. 稳定的照看者

稳定的照看者是儿童依恋形成的必要条件。通常，这个人是母亲。母亲在婴儿依恋的形成过程中扮演着重要的角色。如果某种原因导致照看者不稳定，将对儿童依恋的形成起到破坏性作用。安娜·弗洛伊德（A. Freud）曾研究过二战期间欧洲一些孤儿的依恋发展，发现由于战时看护孤儿的护士不稳定，导致这批儿童无法形成对照看者的正常依恋，只能相互抱成团，相依为命，在社会适应方面有很大困难。斯皮茨（R. Spitz）对孤儿院孩子进行的研究进一步说明了这一点。这些孩子都在3～12个月内被母亲抛弃，他们被放在一个大的病房内，至少七八个孩子都由一个护士照看。和与父母分离前的快乐、外向的行为相比，他们哭泣，对周围环境退缩，体重减少，很难入睡。如果孩子所见到的照看者无法代替母亲，这种伤心就更加严重。

哈洛（H. Harlow）对刚出生的小猴实施母爱剥夺实验（见信息栏3-3）。实验表明，小猴具有先天的接触安慰的需要。与正常生长的同龄伙伴相比，在这种缺乏真实母亲养护的环境中成长起来的猴子，缺少群体行为，不合群，富于侵犯性，怯于探索环境，且不能适应未来的生活。母爱剥夺的后果是极为严重的，而且今后要花很大力气才有所弥补。

从儿童个案和动物实验研究中，我们可以看到，在出生的头几年与照看者建立起亲密的关系是儿童今后正常发展的重要基础。

受精神分析学说的影响，很多人都认为儿童早期母爱剥夺导致的情感创伤，将对儿童的发展造成终生伤害。但后来的研究发现，情况并不像早期的结论那么严峻。1976年，克拉克

(A. Clarke) 等综述了大量文献后指出："看起来有些儿童几乎经历了所有的心理社会性不幸，但后来都复原了。"他们进一步指出："发展的每个时期都很重要，而不仅仅是早期岁月才重要。这并不等于有理由认为不必为抚育儿童的环境条件过多操心。重要的是每一发展阶段的质量。婴儿期固然重要，但这一早期阶段中的经历并不一定就确立了随后的发展情况。后期的经历可以弥补早期的困难。"①

信息栏3-3　　"代理妈妈"

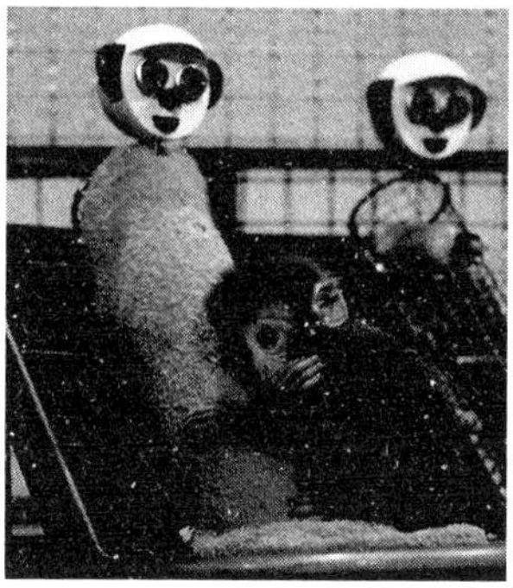

美国威斯康星大学动物心理学家哈洛用恒河猴做的母爱剥夺实验是心理学界的经典实验。研究者不让母猴哺养刚出生的小猴，把小猴单独关在笼子里。笼子里装有两个"代理妈妈"：一个用铁丝编成，身上装有奶瓶；另一个用绒布做成，身上不设奶瓶。小猴饥饿时在铁丝妈妈身上吃奶，但当小猴歇息或恐惧时便趴到绒布妈妈身上去。研究发现，小猴不仅需要食物，还有一种先天的需要，便是与母亲亲密的身体接触。哈洛称之为"接触安慰"。从这个实验推断人类婴儿也具有接触安慰的先天需要。

2. 照看的质量（包括照看的态度和环境）

（1）照看态度对依恋形成有重要影响。婴儿与照看者之间互动的方式，决定着依恋形成的性质。对 4 000 对母子的 66 项研究表明，如果母亲对孩子的信号始终能做出合适、积极的回应，对孩子照顾温柔而细致，孩子的依恋安全就比较强

① [英] J. L. 贝里曼等著，陈萍等译：《发展心理学与你》，北京大学出版社 2000 年版，第 62 页。

(De Wolff & Van Ijzendoorn，1997)。因为在此过程中，儿童发展了一个信仰体系，即将父母合并成一个在保护、培养、安慰和安全的方面可以信赖和依靠的人，同时儿童形成了一个信念，自己能够从别人那儿获得积极的反应。

安斯沃思从敏感—不敏感、接受—拒绝、合作—干涉和易接受—冷漠四个维度来评定母亲的照看方式，结果发现安全型依恋的儿童，其母亲的照看方式在以上四个维度上的分数都高。其中，母亲对儿童的敏感性是影响儿童依恋形成的关键因素。敏感的母亲对儿童是易接近的、接受的、合作的。安斯沃思发现，婴儿出生头 3 个月中，哺乳过程中敏感性高的母亲，其婴儿在 1 岁时一般都显示安全型依恋模式。来自照看者的关心的、温馨的、适时的抚养，有助于婴儿形成安全型依恋。如果母亲采取拒绝态度或不敏感，教养行为又不适当，婴儿则会形成不安全型依恋。

(2) 照看环境。这里讲的照看环境是指婴儿在家庭中由母亲或亲属单个儿照看还是把婴儿送到托儿所集体照看。这两种不同的照看环境对儿童的依恋是否会有影响？这些影响是积极的还是消极的？

在托儿所，一般采取集体照看，几个保育员轮流照看几个或十几个儿童。在集体照看条件下，每个儿童得到的关怀要比在个别照看条件下少，儿童与照看者相互作用的时间或机会少，但这只是一个量的问题，还不足以影响儿童对母亲依恋的性质，关键是照看者的照看质量，也就是照看者的敏感性、易接近性和合作的态度或行为特点。我们知道，母亲的照看态度对儿童依恋的形成具有关键的作用，通常，儿童在进入托儿机构时，依恋的模式已经形成。新的照看环境一般不会改变母子依恋的模式。集体照看和短暂亲子分离也不会中断亲子依恋。但研究也表明，日托儿童与家庭照看儿童在依恋强度和依恋表达方式上有差异。日托儿童依恋行为少，焦虑水平低，探究频率高，多以接近、注视和有声信号表达依恋。家庭照看儿童依恋行为多，焦虑水平高，探究频率较低，多以身体接触、接近行为表达依恋。①

信息栏3-4　为什么婴儿害怕陌生人，害怕分离？

为什么婴儿刚刚开始体验被爱的快乐，就突然开始害怕陌生人，并且与他们喜爱的事物分离时感到焦虑呢？让我们来看一下已经得到一些支持的两种观点。

1. 习性学的观点。习性学研究者鲍尔比（Bowlby，1973）宣称，婴儿面对的许多情景被认为是危险的自然线索，在人类进化的历史中，他们遇到危险的频率非常高，因此害怕或回避的反应已经成为生物学上设计好的程序。

和习性学观点一致的是，婴儿在一个不熟悉的实验室里表现出来的陌生焦虑和分离焦虑要比他们在家里表现出来的更强烈，大概实验室的陌生环境增加了他们平常遇到一个陌生人或不得不忍受分离的焦虑。这种行为理论的观点也解释了在分离焦虑中存在的一种有趣的跨文化的差异：在许多非个人取向的社会中，婴儿与妈妈睡在一起，而且经常与妈妈有非常亲密的接触，他们出现分离焦虑的时间要比西方国家的婴儿早2～3个月。为什么？因为那些婴儿很少与他们的照看者分开，因此几乎任何一次分离对他们来说都是非常奇怪、害怕并容易引起他们生气的事件。

习性学的观点也解释了为什么陌生焦虑和分离焦虑在第二年的时候开始减少。一旦婴儿开始走路，并把他们的依恋对象当作探索的安全基地后，他们开始主动地引起分离，变得更加能忍受分离，对他们以前害怕的其他新奇刺激（包括友好的陌生人）表现出来的小心谨慎也少了很多（Ainsworth，1967）。

2. 认知发展的观点。认知理论的研究者们认为陌生焦虑和分离焦虑是婴儿认知发展的自然结果。卡根（Kagan，1972，1976）

---

① 参阅王振宇等著：《儿童社会化与教育》，人民教育出版社1992年版，第125—132页。

认为，6～10 个月的婴儿最后发展了稳定的图式：(1) 熟悉的照看者的脸的图式；(2) 这些照看者可能待在家里的某个地方的图式（如果他们不在现场的话）。突然，一个陌生的、与婴儿形成的照看者的图式不一样的脸使得孩子不安，因为他们不能解释他是谁或者熟悉的照看者变成了什么。卡根也提出7～10个月的孩子在家的时候对绝大部分的分离不会产生抗拒，那是因为他们清楚地知道，如果照看者把他们留在起居室的话，那么他会去某个地方：他在另一个熟悉的地方，比如在厨房。但是如果照看者拎起公文包，走到前门，从而与婴儿所建立的这些熟悉的脸在一些熟悉的地方的图式不一致，那么婴儿不大能接受照看者所在的地方，有可能会哭。

实际上，婴儿在家里被观察到，当照看者穿过一个不熟悉的门（比如地下室的入口）离开时，比他穿过一个熟悉的门更有可能引起他们的反抗（Littenberg，Tulkin & Kagan，1971）。一个 9 个月的孩子，在分离期间自己安静地玩，当他寻找妈妈并发现妈妈不在他想象的地方时，他就马上变得非常不安（Corter，et al.，1980）。很清楚，这些观察的结果支持了卡根的理论：当婴儿不确定照看者在哪里时，他们很有可能因为与照看者的分离而产生焦虑。

总之，陌生焦虑和分离焦虑是非常复杂的情感反应，一部分来自婴儿对不熟悉的事物的一般恐惧（行为理论的观点），另一部分来自婴儿无法解释那个陌生人是谁，或者熟悉的照看者变得怎么样了（认知发展的观点）。然而，值得注意的是，对于陌生人和分离，不同的婴儿的反应差别非常大：有些婴儿几乎不关心这些事情，而另一些婴儿表现得似乎非常害怕。为什么有这些不同呢？发展心理学家现在相信，这些不同经常反映着婴儿在依恋关系的质量或安全性方面的个体差异。

——Shaffer，D.(2002). *Developmental psychology*. Belmont：Wadsworth/Thomson Learning，p. 394.（韩春红译）

3. 儿童的特点

依恋关系是亲子双方共同构筑的，因此婴儿自身的特点也决定了建立这种关系的程度。

一些心理学家在研究中发现，早期儿童的行为特性、活动水平、挫折耐受力与生活的节律性有明显的个体差异。一些儿童容易照料，与母亲关系融洽，容易接受抚慰；一些儿童很难照料，异常活跃，拒绝母亲的亲近，不易抚慰。这主要归因于儿童先天特性尤其是气质的作用。有研究表明，儿童的气质特点是母亲抚养困难的重要引发源之一。气质在依恋形成与发展中的意义在于，它是影响儿童行为的动力特征的关键因素，它在很大程度上赋予儿童依恋行为以特定的速度和强度，制约着儿童的反应方式和活动水平。对于母亲来说，难以照看型气质的儿童显然比容易照看型气质的儿童的抚养困难程度要大。

有关缺陷儿童的研究表明，儿童的智力水平及生理缺陷对依恋的发展具有重要影响。大多数有智力障碍的儿童在与母亲的交往中往往消极被动，交往的主动权在于母亲，不像正常儿童那样能够把握主动权。智力正常的儿童比弱智儿童更爱注视母亲。聋童对父母的依恋通常发展缓慢，而且衰减的速度也快，其主要原因在于聋童与父母之间未能建立起有效的信号反应系统，使他们的交流受阻。如果父母与聋童之间建立起相互理解的符号系统，情况就有所改善。

4. 家庭的因素

在儿童的生存条件中，家庭是第一要素。失业、婚姻的失败、经济困难和其他一些因素都会影响父母对儿童照看的质量，从而破坏儿童的依恋安全。

孩子在养育环境中是否得到关爱，是否被精心抚养，会直接影响到孩子的依恋安全。有一项研究表明，第一个出生的孩子会因第二个孩子的出生而降低依恋安全性。

正常家庭，尤其是婚姻美满、充满温馨、较少有摩擦的家庭，会使儿童的依恋的安全感增强。相反，如果成人之间充满愤怒的交往，对孩子不适宜的照看，将会直接影响孩子的安全依恋。

三、早期依恋对后期行为的影响

近来，西方的一些研究者提出了多重依恋关系的假设。他们认为，儿童可与在不同环境中（如家庭、学校）扮演不同角色的成人（如父母、教师）建立不同的依恋关系。

儿童与母亲关系的特质和由此而形成的"内部工作模式"可以预测儿童与同伴以及其他人的社会交往方式。有些学者认为，由于儿童在学校与教师、同学一起度过的时间比较长，因此，师生关系会成为儿童建立同伴关系的模式，而且，良好的师生依恋关系能够对安全性低的亲子关系起到补偿的作用。

早期依恋的性质对儿童后来乃至一生的发展都有重要的影响。大量研究表明，婴儿期对母亲的依恋与孩子的认知、情感和社会行为的发展有着密切的关系。

（一）早期依恋对认知的影响

在特定的问题情境中，不同依恋类型的儿童会有不同的表现。有的研究（Matas，et al.，1978）评定了一些12个月和18个月的儿童的依恋类型，在这些儿童2岁时，把他们置于有关工具应用的问题情境中，以揭示早期依恋质量与以后发展的关系。结果表明，安全型依恋的儿童对问题表现出好奇探索的倾向，会主动地接近问题，遇到困难时较少有消极情绪的反应，既能够向在场的成人请求帮助，又不太依赖成人。不安全型依恋的儿童则显著不同，自我调控能力与合作性较差，他们面对困难有明显的失望反应，情绪不稳定，如跺脚、发脾气等，坚持性差，容易放弃，必要时也极少求助于成人。焦虑—抗拒型儿童明显缺乏独立性，过分依赖母亲，难以接近问题，有时干脆从问题情境中退出。由此可见，儿童依恋的性质在一定程度上会影响他们的认知活动。

（二）早期依恋对情感的影响

1951年鲍尔比和同事报告了一些过早离开父母的婴儿状况。报告中指出，这些婴儿不能很好地与人相处，怕做游戏，怕冒险，怕探索，怕发现超过他身体之外的世界，乃至自己。鲍尔比由此得出了这样一个结论：可以确信，心理健康最基本的东西是婴幼儿与母亲（或一个稳定的代理母亲）之间应当有一种温暖、亲密、连续不断的关系。在这里，儿童既可找到满足，又可找到愉快。

儿童期的安全型依恋将导致一个人的信赖、自信和稳定的情绪状态。相反，一个未能在早期形成安全型依恋的人，将可能成为一个情绪不稳定和对环境不信任的成人，不能发展成为一个好的父亲或母亲。

埃里克森支持鲍尔比的观点，认为人在生命头两年都会体验到信任与不信任的心理状态，而这种矛盾必须在这两年解决好，否则儿童将会遭受缺乏信任感的折磨，严重的甚至无法与人相处。有研究认为，安全型依恋的儿童与其他儿童相比更有可能在学步期、学前期和小学阶段，在同伴中展示出社会才能行为，焦虑—回避型依恋的婴儿比安全型依恋的婴儿在以后的幼儿园环境中表现出更多敌对的、愤怒的、侵犯的行为。

20世纪40年代，不少心理学家研究孤儿院的儿童，发现他们表现出两种行为模式：一种是对人冷漠，对保育员和以后的同伴都未形成有意义的依恋关系；另一种是表现为情感的饥饿，他们贪求与人交往，以得到别人的注意和情感。

（三）早期依恋对社会行为的影响

婴儿期对父母安全的依恋会导致儿童在幼儿园有较强的社会能力和良好的社会关系。麦克唐纳和帕克（MacDonald & Parke，1984）观察了3～4岁儿童在家中与父母的游戏和在幼儿园中与同伴的交往，同时获得了教师对儿童受欢迎性的评价等级。结果发现，家庭中的积极经历——父亲的体育游戏和积极参与儿童的活动、母亲的语言交流——预示着儿童，特别是男孩在幼儿期会有良好的同伴关系。这是因为，早期依恋关系导致儿童对关系对象的期待，儿童以较早的依恋所产生的期待去选择同伴，并与他们互动，从而获得确认。比如，有安全依恋经历的儿童就会期待同伴有积极的回应，同时他们的社会行为也确实对引起正面回应有帮助。而有不安全依恋经历的儿童，如家庭中的不良关系可能是破坏日后社会交往的危险因素。因为这些儿童在与同伴的活动中，变得孤立或者充满敌意，同时，同伴对他们的负面行为的回应增强了他们确认自己不被他人接受的预期。所以，早期依恋关系的性质决定着儿童对自我和他人的多方面的认识，而这是构成儿童自尊、自信、好奇心等自我系统的重要基础。

依恋的预测作用十分复杂，并不是简单的行为延续。吴放、邹泓利用中国版的沃特斯-迪因儿童依恋行为分类卡片（The Waters and Deane's Attachment Q-set）及中国儿童依恋安全性指标，对中国幼儿、幼儿母亲、幼儿教师进行测量。其研究结果：（1）与母亲依恋关系安全性高的幼儿不一定与教师也有相同特质的依恋关系，反之亦然；（2）早期入托经验不能有效地预测亲子依恋关系；（3）亲子依恋和师生依恋关系得分高的幼儿，其同伴交往能力也比较强。

信息栏3-5　与陌生焦虑做斗争：对医生和儿童专家的有益建议

对学步儿来说，到医院看病时经常会哭，并且紧紧地贴着他们的父母。有一些方法可以供照看者和医务人员（或其他陌生人）采用，使得这样一次经历不会给婴儿或学步儿带来很大的恐惧。我们有什么建议呢？

1. 熟悉的照看者待在旁边。当与母亲或其他照看者分离时，婴儿对陌生人的反应会更加消极。实际上，绝大多数6～12个月的孩子，如果他们坐在妈妈的大腿上时，对陌生人的接近不会表现出很强的焦虑；但是，如果他们坐在只离妈妈几步远的地方，他们就经常会因为陌生人的接近而抽噎并大哭（Morgan & Ricciuti，1969；Bohlin & Hagekull，1933）。很清楚的是，医生和护士如果能使小病人不与他们的照看者分开的话，那么小病人就能做出比较有益于治疗的反应。

2. 安排照看者对陌生人做出积极的反应。如果照看者和陌生人热情地打招呼或在与婴儿谈论陌生人时使用积极的语调，那么婴儿的陌生焦虑就不大可能会产生（Feinman，1992）。这些行为使得孩子使用社会参考，并总结出结论：妈妈和爸爸似乎很喜欢这个陌生人，也许这个陌生人真的没那么可怕。因此，医务人员在把注意直接对准孩子前，与孩子的照看者进行一次愉快的交谈也许没有什么坏处。

3. 把环境布置得更“熟悉”一点儿。陌生焦虑在熟悉的环境中比在陌生的环境中发生的概率小得多。比如，10 个月的宝宝很少会在家里处处提防，但是在陌生的实验室，绝大多数的孩子对陌生人表现出消极的反应（Sroufe，Waters & Matas，1974）。虽然，建议现代的医生上门看病是不现实的，但是他们至少能为孩子把其中的一个检查室布置得像一个家一样，也许可以在房间的某个角落放一辆吸引人的小汽车，也许把卡通人物贴在墙上，或者给孩子一两个充气玩具玩。婴儿对陌生环境的熟悉程度也存在许多差异：如果 10 个月大的孩子被放到陌生的环境中，陌生人在 1 分钟之内马上就接近他的话，绝大部分的孩子（90%）会变得不安；如果孩子有 10 分钟时间熟悉这个环境的话，只有一半的孩子会对陌生人产生负面的印象（Sroufe，et al.，1974）。如果医务人员只给孩子几分钟时间熟悉检查室的话，那么也许要建议医生需要对一个婴儿或学步儿有更多的忍耐力。

4. 成为一个敏感而谨慎的陌生人。婴儿对陌生人的反应取决于陌生人的行为，这并不奇怪（Sroufe，1977）。如果陌生人最初和婴儿保持一定的距离，然后在微笑中、说话中、给他一个熟悉的玩具中或建议做一个熟悉的动作中，慢慢地靠近他的话，那么这次见面有可能很愉快（Bretherton，Stolberg & Kreye，1981；Sroufe，1977）。如果陌生人像任何一个敏感的照看者一样，从婴儿那里得到提示的话，那也是很有用的（Mangelsdorf，1992）。婴儿喜欢那些能被自己控制的陌生人！那些闯入孩子生活的陌生人，如果很快接近孩子，并把他们自己强加给孩子（比如，在孩子还没有反应过来之前，就一把抱起孩子），他们有可能得到应得的孩子对他们的反应。

5. 试着对孩子表现得不那么陌生。陌生焦虑一部分依赖于陌生人的外貌。卡根（Kagan，1972）提出，婴儿会对他们日常生活中见到的人脸形成心理表征或图式，他们会害怕那些外貌不容易同化到这些已有图式中的人。因此，身穿消毒过的白大褂、脖子上挂着奇怪的听诊器的医生（或一个戴着尖尖的帽子的护士，使得她像一个巫婆）会使婴儿和学步儿真的对他们非常提防。小儿科的专家也许不能改变他们各种使得孩子害怕的身体特征（比如一个大鼻子或一个脸部的伤疤），但是他们能拿下那些奇怪的仪器，脱掉那件使得他们感觉比较正规的白大褂，而且经常这么做的话，会有利于帮助年幼的病人把他们当作人类的成员来看待。

（陌生焦虑，包含对陌生环境和对陌生人的焦虑，这里重点讲儿童对陌生人的焦虑。显然，以上建议对与那些大哭不已的刚入园的小班儿童打交道的教师也是有意义的。——译者注）

——Shaffer，D.（2002）. *Developmental psychology*. Belmont：Wadsworth/Thomson Learning，p. 395.（韩春红译）

第三节　学前儿童的同伴关系

早期儿童在与其主要抚养者相互作用的过程中建立起来的亲子关系，使儿童处于一种亲切的、满足的、易被接纳的地位。同时，儿童还要面临着与同龄伙伴之间的活动和交往的关系，在同伴交往中，儿童所处的地位是共存的、平等的、互惠的。同伴关系（peer relationships）对儿童来说是一种新型的关系。同伴关系和亲子关系是两个平行的系统，它们之间不可相互替代。同伴交往对儿童发展具有十分重要的意义。

一、同伴关系的性质和功能

在儿童度过蹒跚学步的婴儿期后，其生活中同伴和成人的相对重要性会逐步转移，儿童慢慢地为同伴所吸引，更有机会近距离接触同伴，逐渐地减少了与父母的交往而更多地走到同龄伙伴中去。他们正发展着一种崭新的人际关系——同伴关系。

（一）同伴关系的性质

同伴是指在一起相处的具有相同社会认知能力的人。同伴关系是指年龄相同或相近的个体之间的一种共同活动并相互协作从而衍生出价值、期望和情感的关系，或者主要指同龄人之间或心理发展水平相当的个体之间在交往过程中建立和发展起来的一种人际关系。

处于成长过程中的儿童，在与周围人们的交往中，逐渐形成了两种不同性质的关系：垂直关系和水平关系。这两种人际关系对儿童的社会化有着不同的意义。

垂直关系，是指那些比儿童拥有更多知识和更大权利的成人（主要包括父母和教师）与儿童之间形成的一种关系。比如，成人总是居于主动地位对孩子提出要求，发出指令。其性质带有一定的强制性，即成人总是控制的，儿童总是服从的。垂直关系的主要功能是为儿童提供安全和保护，也可以使儿童学习知识和技能。

水平关系，是指儿童与那些具有相同社会权利的同伴之间形成的一种关系。在儿童游戏中，一个扮演妈妈，一个扮演孩子；一个奔跑，一个追逐。他们之间可以商量玩的内容，也可以交换角色，他们的能力是相同的，地位是平等的。水平关系的主要功能是给儿童提供学习技能和交流的机会，这是在平等的基础上进行的，而儿童从中得到的感受、体验是垂直关系所不能给予的。

垂直关系和水平关系既有联系，又有区别。前者主要体现了成人和儿童之间的一种“权威—服从”关系，在心理上、地位上是不对等的；后者主要体现了儿童和生理心理方面处于相同地位的同伴之间的一种“平等—互惠”的关系。在儿童社会化的过程中，水平关系比垂直关系对儿童的影响更强烈、更持久。

一般来说，儿童通常喜欢与同龄伙伴交往，而喜欢与年长儿童交往胜于与年幼儿童交往。

（二）同伴关系的功能

儿童彼此交往、共同玩耍，是因为他们能和别的儿童一起分享共同的兴趣和快乐，快乐经过分享便是双倍的快乐。他们与别的儿童一起玩时，比独自一人玩能参与更复杂、更富冒险性的活动，合作的活动使他们有了双倍的自信。所以，同伴互动在儿童成长中具有多种功能。

1. 帮助发现自我的功能

心理学家詹姆斯在关于成人的自我的论著中，特别强调了社会关系的重要性。他相信，我们具有被我们自己所关注、被我们自己的同类所赞赏的本能倾向。在实际的交往中，儿童逐渐地认识到他人的特征以及自己在他人心目中的形象和地位，学会与其他人共同参加活动，学会如何相互作用和如何处理与其他人的矛盾，学会如何坚持自己的主张或放弃自己的意见。在同伴互动的过程中，儿童确定了自己相对于同龄伙伴的角色和地位，并在平等的环境中认识到领导者与追随者的角色，这样可以帮助儿童去自我中心，从而有利于自我概念和人格的发展。

信息栏3-6　　同伴成了依恋对象

20世纪40年代，安娜·弗洛伊德和丹恩(S. Dann) 对6名德籍犹太孤儿进行了一项研究。这6名儿童出生后不久，他们的父母都死在了纳粹的毒气室里。他们在一个集中营里共同生活了几年，在此期间失去了与成年人的直接联系。二战结束后，他们被带到英格兰的一个乡村里，在这里他们受到了人们的照顾，直到他们能适应新的环境。对他们的观察表明，他们彼此间的内部关系非常亲密，一旦被分离片刻就会表现出不安。而且他们彼此的接触也很亲切，自由共享，并且相互慰藉和帮助。同时他们也具有很多焦虑的症状，包括经常吸吮指头、烦躁不安、做幼稚的游戏以及对护理人员的间歇性攻击，同时也伴随着对同伴的完全依赖。当这些孩子与成年人建立起信赖关系后，他们的游戏能力、言语能力和探索能力也得到飞速的发展。

---

2. 赋予社会知觉的功能

皮亚杰在他的早期著作中论述了同伴关系在社会能力发展中的作用。他认为，正是产生于同伴关系中的合作与感情共鸣使儿童获得了关于社会的更广阔的认知视野。在儿童与同伴交往中出现的冲突将导致社会观点采择能力发展并促进社会交往技能的获得。他指出，非常年幼的儿童是自我中心的，他们既不愿也不能意识到同伴的观点、意图、感情。然而随着游戏的开始，在平等互惠的同伴关系建立的同时，体验冲突、谈判或协商的机会亦随之出现。这种冲突和协商不论是指向物体还是关于不同的社会观点，在引发协调和平等互惠的观念中都起着重要作用。同伴交往使儿童意识到积极的、富有成效的社会交往是通过与伙伴的合作而获得的。没有与同伴平等交往的机会，儿童将不能学习有效的交往技能，不能获得控制攻击行为所需要的能力，也不利于社会知觉的形成。

3. 提供情感支持的功能

归属和爱以及尊重的需要是人类的基本需要。儿童这种需要的满足更多地从一般的同伴集体中获得。比如在不熟悉或有威胁的环境中，或由于父母不在身边而无法得到抚慰时，同伴提供了一定的感情支持。儿童在成长过程中会遇到无数的困惑与烦恼，会产生特别的焦虑和紧张。儿童可以从同伴交往中得到宽慰、同情和理解，因在感情上得到同伴的支持而产生安全感和责任感。他们相互帮助克服情绪上和心理上可能出现的问题，从而获得良好的情感发展。

二、同伴关系发展的趋势

儿童的同伴关系是通过相互作用的过程表现出来的，这是一个从简单到复杂、从不熟练到熟练、从低级到高级的过程。同时，在不同的年龄阶段，儿童的同伴关系表现出不同的发展趋势。

（一）儿童交往的特点

1. 婴儿期和学步儿期

交往是指两个个体在一定时期内的双向互动行为。婴儿第一年的发展大大超乎我们的想象，他们的社会交往有了非凡的进步。例如，到2个月大时，同伴的出现会引起婴儿的注意，他们相互注视。到6～9个月大时，他们朝向观看，发声说话，对别人微笑；通常这样的发起会得到和气的回应，因而证明存在社会性兴趣。到第一年末，婴儿彼此注视的次数增加。他们微笑，用手指点，发声表意，有嬉戏活动、游戏活动、相倚性反应，并被他们的玩伴模仿。这些起初的模仿活动常常集中于客体，象征着第一次同伴间的意义共享，并可能为以后发展合作性的同伴活动打下基础。

婴儿第一年发展了一些重要的社会技能和行为：

（1）看上去有意地朝向玩伴微笑、皱眉、打手势；

（2）仔细地观察同伴，表现明显的社会性兴趣的迹象；

（3）通常友善地对玩伴的行为做出反应。

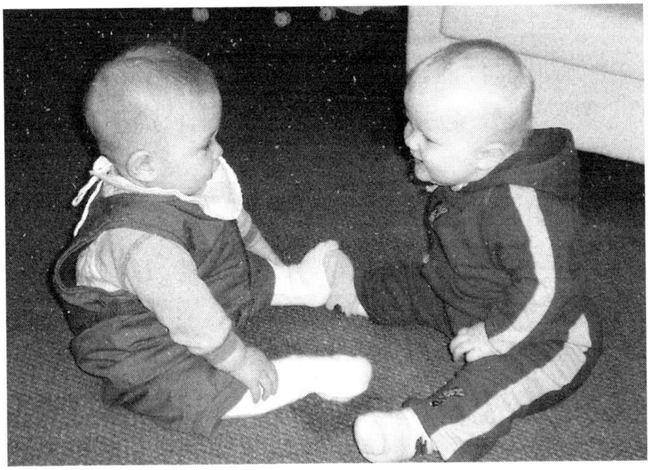

图3-4 “初次见面，多多关照!”——一个 7 个月的婴儿与一个 9 个月的婴儿在交往

(Xiwang 提供)

到了第二年，学步儿表现出在社会性发展领域中有纪念意义的收获。随着运动和语言交流能力的出现，学步儿的社会性交流变得更加复杂，同伴间互动的时间更长。学步儿的游戏可以有组织地围绕特定的主题。这时儿童之间出现了较多的互惠性游戏，在游戏中他们可以互换角色，而且逐渐地学会了轮流扮演角色。第二年末，许多儿童花在社会性游戏上的时间比单独游戏要多得多。有时即使母亲在场，与同伴一起玩的时间也比与母亲一起玩的时间更长。在活动中，儿童逐渐地将玩具融入其中，能够同时注意到物体和同伴，因而这时的活动也显得比较和谐。

典型的学步儿的游戏包括：彼此交流注视、朝向他人的社会性活动，对这些社会性活动产生恰当的反应。通常这些学步儿的游戏带有互惠的模仿动作的标记。互惠的模仿表明，不仅特定的儿童对玩伴有社会性兴趣，愿意模仿玩伴的行为，而且意识到伙伴对自己的兴趣（即意识到正在被模仿）。互相模仿在第二年迅速增加，为今后出现的合作性交流打下基础。

学步儿的社会性技能得到了进一步的发展，具体包括：

（1）与玩伴协调行为的能力；

（2）模仿同伴行为和意识到被模仿；

（3）遵守次序，包括观察同伴—对同伴做出反应—观察和等待—对同伴的反应等相互交流的次序；

（4）表现出帮助和分享行为；

（5）根据同伴的性格做出恰当反应的能力。

有研究认为，婴儿期同伴相互作用可以划分为以下三个阶段。

（1）客体中心阶段。儿童的相互作用主要集中在玩具或物体上，而不是儿童本身。10个月之前的婴儿，即使在一起玩，也只是把对方当作活的物体和玩具看待。他们互相拍触，或咿咿呀呀地发声。

（2）简单相互作用阶段。儿童已经能对同伴行为做出反应，并常常试图去控制对方的行为。比如，儿童A由于不小心碰到了自己的手而大哭起来。这时，儿童B看见儿童A哭了，也跟着大哭起来。而儿童A看见儿童B跟着自己哭起来，似乎觉得很好玩，自己的哭声就更大了。

（3）互补的相互作用阶段。儿童的社会交往比较复杂了，模仿行为也更普遍了，并且有了互补或互惠的角色游戏。在发生积极的相互作用的过程中，还伴有消极的行为，如打架、揪头发、抓脸和争夺玩具等。①

2. 童年早期

2～5岁，同伴互动的频率增加，同伴互动的性质越发复杂。帕滕（Parten，1932）提供了这段时间变化的经典描述。她描述了2～4岁儿童的六种社会性参与：无所用心的行为、旁观者行为、独自游戏、平行游戏、联合游戏和合作游戏。无所用心的行为是一种无目的的活动，例如只是在房间里走动张

① 张文新著：《儿童社会性发展》，北京师范大学出版社1999年版，第145—146页。

望。旁观者行为指儿童只是在游戏圈外看别人活动，自己不参加进去，有时则发表一些口头意见。独自游戏是不与他人发生直接关系的游戏。平行游戏表现为与其他儿童操作同样的玩具，但相互之间不直接交往。联合游戏是一种没有组织的共同游戏，有时互借玩具。合作游戏是有组织、有规则、有首领的共同活动。

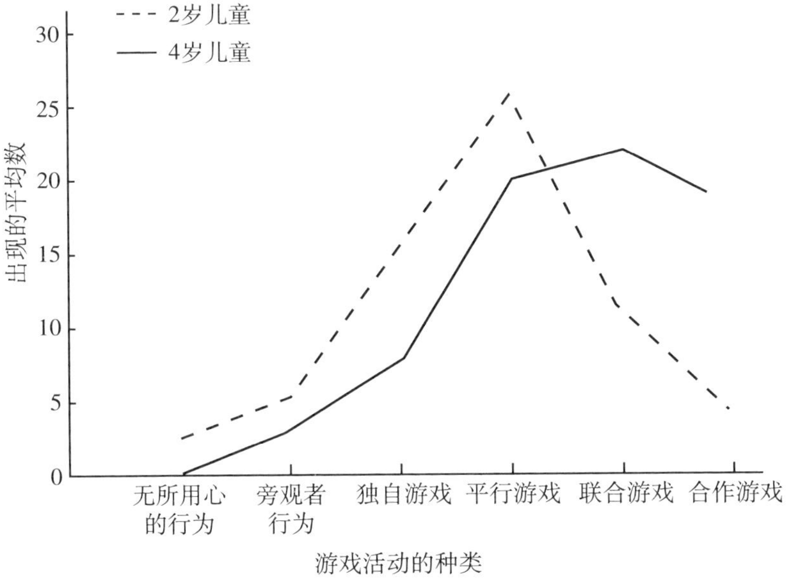

图3-5　2～4 岁儿童游戏类型的差异

从图3-5中我们可以看出，2 岁儿童一般只从事独自游戏或平行游戏，或站在一旁观看。4 岁儿童一直从事平行游戏，但与 2 岁儿童相比，在相互作用和从事合作游戏方面表现得更多一点儿。帕滕发现，随着年龄的增长，独自游戏和平行游戏减少，而联合游戏和合作游戏变得更为平常。但经过进一步的研究，许多学者指出，儿童的平行游戏往往是更复杂、更具合作性的活动的前奏。当一个儿童打算加入到同伴的游戏之前，先要观察同伴在做什么（旁观行为），然后接近同伴（平行游戏），进而进行交流。我们在观察婴幼儿的社会交往行为时，不能只记录行为的表现和频率，更要认识到这种行为的功能。

事实上，在所有年龄段的儿童中都能看到这四种游戏。即便是对于独自游戏这种非社会性活动，如果儿童所从事的是像画画或拼图这样的建构性活动，也不应该把它看作不成熟的行为。

那么，能不能认为，学前儿童成熟的游戏与其说是取决于认知的复杂性，还不如说是取决于社会性或非社会性的特征呢？为了验证这个想法，豪斯等（Howes & Matheson，1992）进行了一项纵向研究。在该研究中，在3年里每隔6个月对一组1～2岁儿童的游戏活动进行观察。他们发现：随着年龄增长，儿童的游戏在认知方面的复杂性越来越高，儿童在游戏中的认知复杂性与他们跟同伴的相处能力有显著的相关；对于确定年龄组的儿童来说，如果他的游戏越复杂，在6个月后观察到他与人相处更友好，更具亲社会倾向，攻击行为和退缩行为更少。所以，似乎儿童游戏（尤其是装扮游戏）中的认知复杂程度能可靠地预测他们将来与人相处的社会能力。

20世纪80年代，豪斯对儿童的社会性游戏进行了观察研究，将它划分为五个不同层次，成为继帕滕分类之后更能有效对游戏分类的观察系统。

层次一，平行游戏。两个儿童进行同样的活动，但彼此没有往来，没有目光接触和其他社会行为。如两个儿童各自画自己的图画。

层次二，共同关系焦点的平行游戏。儿童在平行游戏中有目光接触并相互熟识。如两人各自画图，但有时彼此注视，或谈些什么。

层次三，简单的社会性游戏。当儿童共同参与相同的或相似的活动时，每一个儿童会对其他儿童发出交往的信息，如微笑、交谈、摸触肢体、提供玩具等。当别人遭到挫折时，会去安慰他，双方相互帮助的举动。如两个儿童在画图画，其中一个说“帮我拿一支绿笔”，另一个儿童就把绿笔递给他。也有互相提示的行为，如：“你怎么可以这样画？”

层次四，共同意识的互补性和互惠的社会性游戏。游戏的进行需要两个儿童共同参加与相互配合。如相互抛球、接球，两人的角色互补、互惠，共同注视着球和接抛动作。儿童在游戏中对自己的角色和行为是理解的、配合的。

层次五，互补和互惠的社会性游戏。两个儿童在参与层次四的活动中，发生社会性的交往。如儿童甲和儿童乙在作画，甲对乙说："用蓝色水彩笔画大海。"乙采纳了甲的意见，拿起蓝笔作画。这一层次实际上是层次三和层次四的结合。

在儿童游戏中，角色扮演越来越活跃，它对儿童发展的作用也越来越明显。首先，角色扮演提供了发展交流能力的机会；其次，它使得儿童有了商量角色、规则和游戏主题以及在特定的游戏剧本中扮演各种各样角色的机会；最后，它增加了儿童对扮演角色的理解，并能与他人分享这种理解，象征着在儿童的社会生活中的一个重要里程碑。

儿童在游戏中的交往不仅表现在协同行为上，也体现在因协同困难而发生争吵的时候。这种争吵一般来说没有敌意，只是由于动作不协调或争夺玩具而引起的，往往是好朋友容易争吵。这种争吵实际上是一种心理接触时撞击出来的火花。通过争吵，儿童可以学会如何坚持自己的意愿和如何接纳别人的意见，最终达到掌握协调的能力。

据报告，年长的学前儿童比年幼的学前儿童更多地用语言与伙伴交流（Levin & Rubin，1983）。因此，在儿童交往中提倡混龄交往十分重要。不同年龄儿童之间的交往对发展来说也是一个重要的背景。尽管跨年龄的交往可能会有点儿不平衡，因为一个儿童（往往是年龄大的儿童）拥有更多的权利，这些不均衡可能有助于儿童获得某种社会能力。一项跨文化的研究表明，年龄小的同伴的存在可以培养年龄大的儿童的同情心、亲社会倾向、自信和领导技能。同时，年龄小的儿童也能从混龄交往中获益，他们能从年龄大的玩伴那里学到许多新的技能，并学会如何从更有权利的伙伴那里寻求帮助，如何温和地顺从他们。年龄大的儿童常常负责混龄交往，并常常调节自己的行为以适应年龄小的同伴的能力。即便是2岁的儿童也显示出这种领导的权利和适应性调节，因为当他们与18个月的儿童玩时比与同龄儿童一起玩时，表现出更多的主动性，表现出更多的更简单的和重复性的游戏程序（Brownell，1990）。

混龄同伴间的交往对年龄大的和年龄小的儿童所带来的好处在许多方面类似于同胞之间的交往对大的和小的兄弟姐妹带来的好处。但是兄弟姐妹之间的交往跟同伴之间的交往有一个重要的区别：兄弟姐妹的地位是由出生顺序决定的，因而是固定的，而一个人在同伴中的地位却更灵活，取决于他所选择的伙伴。这样混龄同伴间的交往给儿童提供了在混龄的同胞交往中所没有的经验：（1）处于权威状态的哥哥姐姐学会更具适应性的调节（当他们与年龄大的同伴交往时）；（2）处于被动状态的弟弟妹妹学会了领导和表现同情心（当他们与更小的同伴打交道时）；（3）独生子女获得了两套社会能力。从这个角度看，混龄的交往其实是重要的经验。

国外有学者发现，儿童户外活动的时间比上一代人少。这可能与生活的方式和玩具的质量有关。现代化的住宅比较重视单元化，独门独户，自成一体，减少了儿童交往的机会；核心家庭中的子女较少，与其他儿童交往的机会也相应减少；现代的玩具比较复杂、精致、逼真，比较适合于儿童独自玩耍；家庭内的文化生活比以前丰富，例如，电视及互联网的普及把儿童吸引在自己的家中……所有这些条件对儿童的游戏方式和交往方式都不无影响。目前，我国心理学界已经开始注意儿童长时间沉溺于看电视和玩电子游戏所造成的不良影响，发出不要用电视机代替父母的呼吁，并且提出要加强儿童在活动和情感上多与他人交往的要求。这对于儿童心理的健康发展是十分重要的。

（二）儿童交往的策略

儿童的交往是否有效，是否能够取得成功，与交往的水平有关，其中交往策略是重要的方面。交往策略是各种具体交往方法的概括。国内有学者曾对4～6岁儿童在物质缺失条件下交往策略的特点进行了研究，发现4～6岁儿童在物质缺失条件下采用发起、协调、交换等交往策略方面呈现出的变化。

研究发现，小、中、大班儿童总体的发起行为水平有限。发起，是交往策略的一种。当同伴因物质缺失一筹莫展时，儿童借助语言或行为，发起有效的交往行为，达到解决问题的目的。在日常生活中，发起的角色往往由成人担当，儿童通常是被组织者。因此，在实验情境中，大多数儿童显得束手无策，不善于运用发起这一策略。

研究还发现，发起行为有年龄差异。中班儿童与小班儿童之间存在着显著差异，说明从小班到中班，儿童运用发起策略的人数显著增加。而中班到大班则无明显差异。这主要是由于小班儿童心理水平较低，反映在交往策略上的随意性、主动性和积极性都较低，只有11％的儿童能运用发起策略。而中班儿童的发展水平有了较大提高，在交往策略上也有了长足进步。但发起行为毕竟是一种较高水平的交往策略，即使对于大班儿童来说，其发展也是有限的，不可能达到很高水平，因此中班与大班儿童的行为差异不显著是可以理解的。研究发现，发起行为在性别维度上无差异，即性别因素不影响儿童的发起行为。

协调是比发起更为困难的交往策略。当交往难以继续下去时，协调行为能通过语言或动作进行人际调节，促使交往顺利进行并达到预定目的。它不仅需要儿童在认知能力上有较大发展，而且需要儿童具有更为复杂、综合的社会交往能力。因此，在这项研究中发现，协调行为比发起行为下降将近八个百分点。而且在不同的年龄段中，协调的发展速度不一样。与发起的趋势相同，从小班到中班存在着显著差异，而从中班到大班不存在显著差异。性别因素同样对儿童的协调行为不起显著作用。

在交往策略中，交换是一种基本的模式，通过物质交换解决彼此的缺失困难，有效地达到目的。儿童交换行为存在着明显的类型上的差异（见表3-8）。

表3-8　不同年龄儿童交换行为的人次

班　级	交换类型				
	A型	B型	C型	D型	合　计
小班	23	2	25	22	72
中班	33	6	24	9	72
大班	45	1	26	0	72
合计	101	9	75	31	216
百分比/%	46.76	4.17	34.72	14.35	100

注：A型为又给又拿，B型为只给不拿，C型为只拿不给，D型为不给不拿。

从表3-8可见，儿童的交换行为存在着明显的类型差异。按发生的人次看，其中A型居多，其次是C型，接着是D型，最少的是B型。看来，A型是儿童交换行为的基本模式，是儿童最能理解和接受的交往策略。在研究中有半数的儿童很自然地运用这一策略，达到交往的目的。应该说，这是一种通用的、互惠的交往策略。C型和B型是两种不成熟的交往行为，反映着儿童交往的自我中心。其中B型并不意味着通常意义上的利他行为，而是一种缺乏自主意识的不成熟行为。D型属于零交换，无法达到交往的目的，属于交往策略上的失败和无效。①

另一项研究发现，在儿童的实际活动中，交往的质量比交往的数量更为重要。所谓交往的质量，指的是儿童在实际交往中运用正确的交往策略，表现出的行为特征充分反映个体的心理品质。受欢迎儿童通常性格活泼，对同伴有较多的注意，态度明朗，明确地表达感情，行为方式符合社会规范，他们在交往中较多地表现出尊重对方的友好性，运用发起（即提议，当一个小朋友提出一项活动建议，而你又不想参加时，便提出一

① 黄琼、庞建萍：《4～6岁幼儿在物质缺失条件下交往策略的实验研究》，《心理科学》1996年第3期。

个新建议，转移矛盾，使共同活动继续下去）、协商（如当想参加一个活动时，问："我和你们一起玩，好吗？"）、让步（如及时地放弃手中的玩具，避免与另一个小朋友冲突）等，在交往中表现出较高的建设性、合作性。而不受欢迎的儿童往往在交往活动中表现为不尊重同伴，经常发生哄笑、责备、恐吓他人的不规范言行，在交往中缺乏建设性，运用的策略有较多的支配（只考虑自己的意愿和观点，不顾及他人）、依赖（有问题只求助教师，很少自己主动解决）、退缩（一有难处就哭）等性质。可见，交往策略对交往质量的影响是极其重要的。

还有一项研究针对6岁儿童在人为障碍条件下与成人交往的策略，发现儿童与成人的交往策略分为支配（以肯定的口吻要求、指示和命令成人消除活动障碍）、协商（用语言或表情、动作与成人协商）、顺从（面对成人障碍无任何主动交往行为或采取回避）、逆反（面对成人障碍强行通过）四类，其中顺从和逆反是6岁儿童与成人交往的主要策略。儿童在与同伴交往时表现出较多的"互惠性"倾向，而在与成人交往时更多地表现出"服从性"倾向。显然，儿童与成人交往的水平要低于儿童与同伴交往的水平。① 这进一步说明了儿童的同伴关系对儿童社会化正常发展具有独特的重要性。

三、影响儿童同伴交往的因素

儿童的交往过程可谓千姿百态。有的儿童是被同伴接纳的，有的儿童却是被同伴排斥的；有的儿童是居于中心地位的，有的儿童则是处于边缘地带的。这反映了儿童在交往活动中所扮演角色的不同，他们各自获得的体验也是不同的。研究同伴关系良好或是同伴关系障碍形成的原因，对于儿童未来的社会适应能力和心理健康状况具有重要的意义。

---

① 庞建萍、黄琼：《6岁幼儿在人为障碍条件下与成人交往策略的实验研究》，《心理科学》1999年第2期。

（一）儿童自身的特点

1. 行为特征

行为特征是儿童社会能力的重要体现。儿童在同伴交往中之所以成败不同、地位各异，主要是因为他们具有明显不同的行为特征。通过社会测量技术，可以发现儿童有着各自不同的行为表现（见表3-9）。

表3-9　受欢迎儿童、被拒斥儿童和被忽视儿童的行为特征

受欢迎儿童	被拒斥儿童	被忽视儿童
积极、快乐的性情	许多破坏行为	害羞
外表吸引人	好争论和反社会的	攻击少 对他人的攻击表现退缩
有许多双向交往	极度活跃	反社会行为少
高水平的合作游戏	说话过多	不敢自我表现
愿意分享	反复试图接近别人	许多单独活动
能坚持交往	合作游戏少，不愿分享	逃避双向交往，花较多时间和群体在一起
被看作好领导	许多单独活动	
缺乏攻击性	不适当的行为	

张文新著：《儿童社会性发展》，北京师范大学出版社 1999 年版，第 153 页。

由表3-9可以看出，受欢迎的儿童具有外向的、友好的人格特征，擅长双向交往和群体交往，而且在活动中没有明显的攻击行为。被拒斥的儿童在同伴交往中是比较笨拙的和不明智的，经常表现出许多攻击性甚至是反社会行为。虽然他们也尝试着加入到群体活动中去，但总是由于他们令人讨厌的特征而被人拒之门外。被忽视的儿童在同伴交往中的行为是笨拙的，他们往往逃避双向交往，而将更多时间花在更大的群体中。但是，由于他们害羞，他们中大多数都自己玩，很少见到他们表现自己或对他人显示攻击行为。

谢弗（Shaffer，1997）认为，如果一个儿童被看作破坏行为和麻烦的制造者的话，他的同伴将会拒斥他，那么这个儿童便不能形成正常交往的社会技能。而为了引起别人的注意或清除自己行动的障碍，这个儿童就会做出一种更具破坏性、更使人厌烦的行为，制造各种麻烦，如不愿分享与合作、活动过度、话多等，以此作为加入群体活动的方式。

拉德等人（Ladd，et al.，1988）对3～4岁的学前儿童追踪研究到学龄期，在这个过程中，他们对儿童的社会行为和同伴地位分别进行了三次评定。研究发现，在合作方面存在着相当稳定的个体差异，而且这种差异预示了儿童以后不同的社交地位。早期的争吵行为在长时间内虽然不太稳定，但是也预示了以后的社会接纳性。这些结果表明，最初被看作合作的儿童往往受人喜欢，而被当作好争吵的儿童，即使他们以后改变了这种行为，也往往被拒斥。同样，被忽视的儿童也可能因为他们被忽视的社会地位而变得害羞和孤单。

信息栏3-7　　社会测量技术

社会测量技术包括同伴提名法（peer nomination）和同伴评定法（peer rating）。这是测量同伴关系最典型的方法，这两种方法各有利弊。同伴提名法是指在一个社会群体（比如一个班）中，让每个儿童根据所给定的名单或照片限定提名，让每个儿童说出最喜欢的和最不喜欢的同伴，如“你最喜欢（或最不喜欢）和谁一起玩（或一起学习）”等。根据从每个儿童那里获得的正负提名的数量多少，对儿童进行分类。这种方法可以测量同伴地位的一些重要差异，但是方法本身存在一些局限性：在测量过程中，有些儿童忽然忘记了最喜欢谁，这样获得的结果也就不准确了；而且这种测量不能给出关于那些处于“最喜欢”和“最不喜欢”中间段儿童的信息（Durkin，1977）。基于这些原因，有些研究者（Bukowski & Hoza，1989）主张用同伴评定法，即要求每个儿童根据具体化的量表对同伴群体内其他所有成员进行评定，如让儿童回答有关同班的每个同学的问题："你在多大程度上喜欢和这个同学一起学习（或一起玩）?"并且给出一个"喜欢—不喜欢"的评定量表。这种方法虽然涉及一些道德伦理问题（比如会遇到评价本班同学时感到不舒服的问题），但此方法比较可靠和有效，而且利用此方法获得的结果与来自实际同伴交往情况和同伴偏好观察活动的数据有较高的相关。

2. 认知能力

前面我们讨论了儿童交往策略的问题，儿童解决社交问题的策略是儿童社会认知能力的一种综合反映，而儿童的社会认知能力又与其社交地位有着密切的关系。

在美国和中国台湾的一些对学龄前儿童游戏的研究中，研究者们对儿童在非社会活动、平行游戏和合作游戏中的认知发展做了分析，得到的结果见表3-10。研究表明，随着儿童认知的发展，儿童游戏的复杂性和规则性逐步加强，合作性的要求也不断提高。

表3-10　不同类型游戏中的认知发展

游戏类型	最常见的年龄	定　义	举　例
功能性游戏	1～2 岁	有意识或无意识的简单、重复的机械动作	在房间里绕圈跑，把玩具汽车推来推去，玩泥巴
建设性游戏	3～6 岁	制造或建造物体	用积木搭房子，画画，拼图
角色扮演游戏	3～7 岁	演绎日常生活场景或想象的角色	演绎家庭、学校或警察局的场景，扮演神话或卡通片里的角色
有规则的游戏	6～11 岁	在理解并遵循规则的前提下进行游戏	下棋，打牌，跳房子，打棒球

［美］L. E. 贝克著，吴颖等译：《儿童发展》，江苏教育出版社 2002 年版，第 838 页。

周宗奎、林崇德（1998）以访谈法考察不同年级和不同社交地位的小学儿童解决社交问题的策略，并结合社交问题的不同情境，考察问题情境与解决策略之间的关系。他们假设：受欢迎的儿童提出的社交策略较不受欢迎的儿童提出的社交策略更有效、更恰当，其策略类型也会有所不同；随着年龄的增长，儿童社交策略的恰当性和有效性也会有一定的提高。研究结果证实了不同社交地位的儿童在人际问题解决策略上确有差异。被拒绝儿童更多地借助于第三方来发动交往，表现出更高的依赖性。被忽视儿童发动交往的有效性最低。

国外的有关研究得出了一致的结论：不受欢迎儿童在发动交往时比受欢迎儿童有更多的困难；被拒绝儿童解决冲突的策略最不恰当，而高社交地位儿童比低社交地位儿童能更好地解决冲突。

不同的社会认知能力在一定程度上决定了不同的社交地位，并且也支配着不同的社会技能。受欢迎的儿童大都倾向于成为优秀的社会问题处理者、有效的协调者和对他人的支持者（Erwin，1993）；被拒斥的儿童对同伴表现了更多的敌意、批评，更容易活动过度和过分离群，而且报告有强烈的孤独感；被忽视的儿童更多地参加一些认知不成熟的游戏，有更多的以自我为中心的言语行为。这些儿童在遇到具体的社交情境时，表现出了很大的差异：受欢迎的儿童会很自信地提出欲参加活动的要求，主动开始与群体中其他人交流，体现了良好的社交能力；被拒斥的儿童则在群体附近徘徊，或者以一种破坏性的手段，比如硬抢某东西，强行加入进去；被忽视的儿童则干脆呆呆地站在一边观望。

3．身体吸引力

有关儿童感知觉发展的特点为我们描述了“视觉偏好”，即对面部特征的偏好，这种现象出现得很早。3～6个月大的婴儿对于以成人眼光来看是漂亮的面孔注视的时间要远长于不漂亮的面孔，无论这张面孔的主人的年龄、种族和性别如何。

到了1岁大时，婴儿就已经能“以貌取人”了，对于那些有漂亮面孔的人，他们有更多积极的反应，更容易被逗乐，更少表示拒绝，而对于相貌平平的人，则恰好相反。

在5岁以前，有吸引力的儿童和无吸引力的儿童之间的行为差异很少，但到5岁后，无吸引力的儿童的攻击行为多于有吸引力的儿童，且反应的方式更消极，他们之所以不受欢迎可能是由这种行为导致的。

在童年早期和中期，儿童对于相貌漂亮的同龄人和相貌平平的同龄人会有不同的判断。当要求儿童依据照片来推断陌生的同龄人的性格时，他们会把“友好、善良、聪明”一类的评价给那些有着漂亮面孔的儿童，而将“凶暴”等负面的评价给那些相貌丑陋的儿童。相貌的吸引力在彼此熟悉的儿童中同样与受欢迎程度和相互的评价有关，而且这种关系在女孩子中更为强烈。父母和教师同样也有这种“漂亮的就是最好的”偏见。产生这种现象的原因有二。一是儿童对自己的满意感会影响自己的行为。研究发现，随着年龄的增长，身体无吸引力的儿童会表现出更多不良的甚至有破坏性的行为，而身体有吸引力的儿童不良行为较少。二是教师和父母也会按儿童相貌上的差异对他们表现出不同的态度和行为。

（二）外部环境的作用

1. 父母的鼓励

学龄前儿童在各种不同场合及不同活动中努力寻找着自己的游戏伙伴，但是他们的这种能力是有限的，他们通常依靠父母来为自己建立与同龄人的伙伴关系。父母的作用体现在三个方面。其一，为孩子彼此间的接触提供便利的条件。有时孩子们居住的地方相隔较远，或是被高层楼房包围着，他们的往来很少，这时父母就必须扮演“经纪人”的角色来为孩子安排一些社会活动，如在家里做游戏活动，带孩子外出游玩，为他们提供与同龄人接触的机会。如果父母经常安排一些同龄孩子之间的娱乐活动，那么孩子也会有更多的小伙伴，并会比其他孩子表现出更多的亲社会行为。其二，通过提供建议和指导影响孩子的社会交往。父母如果对孩子使用的言语是积极而且礼貌的（像“请”“能不能……”之类的语言，而不是“不要”“不，你不能……”），那么，他们的孩子表现出的攻击行为就少得多，而且更容易形成影响同伴行为的能力。同时，父母对于儿童如何解决同龄交往中的问题的指导，比如如何加入到其他儿童的游戏中去，与学龄前儿童的社会交往能力和同龄人的接受程度也有密切的关系。其三，父母自身的不同风格对儿童社会化的影响。亲子之间游戏的身体接触的亲密程度对儿童早期的同龄关系有着密切的影响。相互之间的协作以及经常进行积极的情感交流能培养儿童良好的社会交往技能和同伴关系，而父母对儿童的高度控制、教养方式前后不一致以及消极的情感会导致儿童出现攻击行为、交往障碍以及孤独感。

所以，根据哈杜普（Hartup，1985）的研究，父母在儿童的社会能力和性质积极的同伴关系的发展中至少起到三个作用。第一，亲子交往是一种环境，在这个环境中许多社会交往所必需的能力得到了发展。第二，亲子关系构建了一个安全网络，使得儿童可以自由地研究社会，从而提高了社会能力的发展。第三，正是在亲子关系中，儿童开始发展跟他人主动建立关系的预期和推断。

2. 教师的影响

一个儿童在教师心目中的地位如何，会间接地影响到同伴对这个儿童的评价。米勒等人（Miller & Gentry，1980）回顾了几项相关研究，发现教师对一个儿童特征和价值的认可程度会通过一种复杂的方式影响着其他儿童对这个儿童的接纳性。社会心理学家认为，在同伴群体中的评价标准出现之前，教师是影响儿童最有力的人物。因此，作为教师，在教育过程中必须注意自己的言行对儿童的影响。

3. 玩具及电视

玩具在儿童的生活中扮演着重要的角色。研究发现，儿童的活动空间过小或者没有足够数量的玩具，儿童之间的打架和吵嘴的现象就会更容易发生（Smith & Connolly，1980）。儿童同伴行为的类型也会因所提供的玩具而异。艺术、建筑类的玩具，积木和拼图游戏，往往和独自游戏以及平行游戏有关；开放性的、非构造类的玩具则与合作游戏有关（Farver，Kim & Lee，1995）。

无论在哪个国家，儿童喜欢看电视几乎是一个普遍的现象。虽然电视节目大受欢迎，但我们仍然有必要来关注电视对儿童的影响。较长时间看电视，使得儿童的活动范围变小了，与周围客体交互作用的机会减少了，这种单向的灌输形式在一定程度上阻碍了儿童的思维活动，并且容易形成刻板的、模式化的行为方式。同时，越来越多的研究表明，观看暴力电视节目与青少年的反社会行为有关。

在一项特殊研究中，研究者们对加拿大一个小镇上的居民进行了研究。这个小镇的居民以前没有收看过电视节目，研究者们让他们连续两年收看电视节目，然后和以前的情况进行比较。结果发现，学龄阶段的儿童在收看电视节目两年以后表现出了阅读能力和创造性思维能力的衰退，而其性别意识以及游戏中语言和身体上的攻击现象则有所上升。此外，由于收看电视节目，青少年参加社区活动的时间急剧下降（Williams，1986）。

1999年美国儿科学会（American Academy Pediatrics，简称AAP）通过一项指导性意见，认为2岁以下的孩子不应该看电视，任何孩子的房间里都不该放有电视机。该学会公共教育委员会成员里希博士认为："也许这条意见的措辞还应该再强烈一些，最好让孩子最大限度地自由活动，最大限度地互相游戏以及最大限度和父母面对面交流。"①

---

① 余苗：《屏幕前长大的一代美国儿童》，《华盛顿观察》（*Washington Observer Weekly*）2003年11月12日。

当然，电视的负面效应并不是电视媒体天生就有的，相反，这些负面效应是由于社会对媒体的使用不当，或者是家长本身的原因造成的。所以，与其说关注电视对儿童的影响问题，还不如说应当关注媒体宣传的适宜性及家长调控的有效性问题。

信息栏3-8　　父母的招数——控制儿童看电视的措施

措　施	内　容
限制对电视的收看	不要将电视当作保姆来用，对孩子收看电视做严格的规定，如每天只允许看1小时的电视，并规定节目内容，要求孩子严格遵守规定。
把禁止孩子看电视作为对他的惩罚	不要用看电视作为对孩子的奖赏或者惩罚，这样只会增加孩子对电视的兴趣。
鼓励孩子收看有意义的节目	鼓励孩子收看一些对儿童发展有益的、知识性的以及亲社会的电视节目。
就电视内容对孩子进行解释	尽可能地与孩子一起观看电视，帮助他们理解他们所看到的。如果你对电视中的行为表示不赞同，可就电视内容的真实性进行提问，并鼓励孩子就此进行讨论，这样能教育孩子正确地评价电视节目内容，而不是随便地接受。
将节目内容与孩子每天的学习联系起来	以建设性的态度来利用电视，鼓励孩子离开电视屏幕而多参与实际的活动，如在看一个与动物有关的节目后就可以带孩子到动物园参观，或者到图书馆查阅相关的书籍，或者让孩子用新的方法来观察和照料家里的宠物。
以良好的收视习惯为孩子做示范	避免自己过度收看电视，尤其是暴力的节目，父母收看电视的方式往往会影响孩子的收视习惯。

续表

措施	内容
使用权威型的家庭教养方式	关注孩子因成长需要而表现出的一些热烈而合理的要求，这些孩子就会更喜欢亲社会的电视节目而不是暴力的节目。

——［美］L. E. 贝克著，吴颖等译：《儿童发展》，江苏教育出版社2002年版，第869—870页。

第四节　学前儿童的社会行为

从亲子关系的形成到同伴关系的建立，在个体社会化的起始阶段，每个儿童必然要经历尝试失败、调整目标、放弃自我、协商合作等过程，于是，儿童蹒跚学步，逐渐融入更大范围的人际关系之中。在这个过程中，儿童会产生许多社会行为。心理学着重研究两类行为，即亲社会行为和攻击行为，而影响儿童行为的内在因素是道德。

一、儿童的亲社会行为

亲社会行为通常指对他人有益或对社会有积极影响的行为，包括分享、合作、助人、安慰、捐赠等。它是一种个体帮助或打算帮助其他个体或群体的行为趋向。亲社会行为是个体社会化的重要指标，又是社会化的结果。

（一）亲社会行为的早期发展

1. 3岁前儿童的亲社会行为

20世纪20年代，心理学家已经开始注意到儿童早期的亲社会行为。斯特恩（L. Stern）在1924年从观察中得出结论，即使2岁幼儿也已经有感受他人悲伤的能力……并力图安慰帮助他人。勒温（Lewin，1942）研究了18个月的幼儿，认为在对社会事件的理解意义上的社会敏感性，是早期儿童的突出特点。沙利文（H. Sullivan）也认为，早期儿童对他人需要表现出极大的敏感性和同情心。3 个月的婴儿就能对友善和不友善做出不同反应，6～7 个月的婴儿能分辨愤怒和微笑的面孔。布雷瑟顿（Bretherton，1981）等人研究认为，在儿童开始使用语言不久，他们的语汇即表现出对他人的需要和意向等内部状态的理解和推测。例如，一个 2 岁儿童会说："他哭了，他想要糖。"莱茵戈德（H. Rheingold）认为，许多行为反映了儿童给予他人及与他人分享的早期能力，这是在实验室里观察15～18个月儿童与父母相互作用得出的结论。

20 世纪 80 年代的一些研究发现，12 个月的婴儿会与别人"分享"自己感兴趣的活动，偶尔还会把玩具给同伴玩。将玩具出示和递给不同的成人（母亲、父亲或陌生人），在 18 个月的儿童中是很常见的行为。研究者认为，分享行为，包括第一次拿物体给别人看，第一次送东西给人……正是发展的里程碑。这些年幼儿童的分享行为表明他们已经开始参与人际交往活动。

2. 3～6 岁儿童亲社会行为的发展

格鲁塞克（Grusec，1982）考察了 4～7 岁儿童的亲社会行为，要求母亲在为期 4 周的时间内用摄像机记录下自己的孩子试图帮助另一个孩子的一切行为（规定的任务除外）。结果（见表3-11）显示，当母亲看见自己的孩子做出助人行为时，很少有人不对此做出反应。大多数孩子的这些行为都获得了母亲的言语"报偿"：或被感谢，或受到赞扬，或被报以微笑，或被拥抱。同样，表中另一半数据表明，如果母亲认为孩子应该助人，而孩子并没有表现出助人行为时，那么母亲就很少接受孩子的这种行为。

表3-11 母亲报告的对儿童行为的反应 单位：%

	儿童自发做出助人行为	
	4 岁组	7 岁组
承认、感谢、表示赞赏	33	37
微笑、热情感谢、拥抱	17	18
赞扬行为或赞扬儿童	19	16
无外在反应	8	9
	儿童没有做出助人行为	
	4 岁组	7 岁组
道德告诫	26	30
利他要求	22	30
责备、皱眉	18	15
移情训练	6	5
指导或强迫性训练	6	5
接受利他的缺失	8	5

Eisenberg，N.(1983). *The development of prosocial behavior*. New York：Academic Press，p.140.

我国学者对学前儿童在幼儿园的亲社会行为进行了观察研究。结果表明：(1) 儿童亲社会行为主要指向同伴，极少数指向教师；(2) 儿童的亲社会行为指向同性伙伴和异性伙伴的次数存在年龄差异，小班儿童指向同性、异性同伴的次数接近，而中班和大班儿童的亲社会行为指向同性伙伴的次数不断增多，指向异性伙伴的次数不断减少；(3) 在儿童的亲社会行为中，合作行为最为常见，再次为分享行为和助人行为，安慰行为和公德行为较少发生。①

南京师范大学葛沚云对幼儿谦让行为的发展进行了实验研究。结果显示，幼儿在未接受专门的谦让行为训练前，也就是说在日常的教育影响下，他们的谦让行为水平不高，能够自觉谦让的幼儿，小、中、大班都不到半数，分别为 11.36%、18.37%、41.35%，但各班之间有非常显著的差异。这说明在自然教育影响下，幼儿的谦让行为水平虽然不高，但随着年龄的增长也有所提高。实验班幼儿经专门训练后，与实验前比，各班的谦让行为都有提高，小、中班提高尤快。②

有学者采用自行设计的实验情境，探讨了幼儿互助行为的发展水平和一般趋势。结果表明，幼儿期儿童存在以利他为目的的互助行为。随着年龄的增长，各年龄组之间在发展水平上差异不显著，但在互助行为发生频率上有下降趋势。③

（二）亲社会行为的影响因素

1. 换位思考问题

儿童在与他人发生交往的过程中，亲社会行为的发生会受到许多因素的影响，其中能够理解别人观点的能力或者缺乏理解别人观点的能力，即是否能换位思考问题，与儿童亲社会行为有着密切的联系。

塞尔曼研究了换位思考的五个等级模式。他让从学龄前到青春期的儿童对一些两难社会问题（见信息栏3-9）做出回答，这些回答对同一事件提供了不同的信息（见表3-12）。

① 王美芳、庞维国：《学前儿童在园亲社会行为的观察研究》，《心理发展与教育》1997 年第 3 期。

② 葛沚云：《幼儿谦让行为发展与教育研究》，《南京师范大学学报(社会科学版)》1991 年第 3 期。

③ 满晶：《幼儿互助行为发展的实验研究》，《心理发展与教育》1994 年第 3 期。

信息栏3-9　两难故事

霍丽是一个8岁的女孩，喜欢爬树。她在自己的社区中爬树能力最强。有一天，她从一棵大树上爬下来时摔了下来，但没有受伤。她父亲看到了，很不安，警告她不能再爬树。她答应了。后来，霍丽正和她的朋友希恩玩时，希恩的小猫爬上树下不来了。霍丽是唯一会爬树并有能力把小猫救下来的人，但她记起了对父亲的承诺。

问题：

希恩是否知道霍丽为什么会犹豫要不要爬树？

霍丽的父亲会怎样想？如果霍丽爬树，父亲会理解她吗？

是不是霍丽认为她爬树会受惩罚？如果她爬了，应不应该受罚？

表3-12　塞尔曼换位思考的五个等级

等　级	年龄段	描　述	对霍丽两难处境的反应
0级：无显著特征	3～6岁	孩子认为自己和别人有不同的想法，但两者常常有混淆。	孩子认为霍丽不想让小猫受伤害，因此她会去救小猫，父亲也会因此而高兴，他也喜欢小猫。
1级：社会信息角度	4～9岁	孩子认为不同观念是有可能的，因为人们接受不同的社会信息。	当问及霍丽父亲知道她爬树会怎么想时，孩子说："如果他不知道是为了小猫，他会生气。但如果告诉他是为了救小猫，他会改变主意。"
2级：自我反省角度	7～12岁	孩子能"踏着别人的脚印"寻思别人的想法、感情和行为。他们也认为别人能这么做。	当问及霍丽是否会因此而受惩罚时，孩子说："不会，因为父亲会理解她爬树的原因。"这说明霍丽的想法受父亲的影响，也认为父亲会站在她的角度上思考问题。

续表

等　级	年龄段	描　述	对霍丽两难处境的反应
3 级：第三者角度	10～15 岁	孩子能站在两人之外的角度上想象，站在第三者（旁观者）的角度上考虑自己和他人的想法。	当问及霍丽该不该受罚时，孩子说："不，因为霍丽认为救小猫很重要。她也知道父亲不准她爬树，但她知道如果能向父亲说明爬树的原因，父亲就不会惩罚她。"这说明能跳出霍丽和父亲的圈子，同时从两个角度考虑问题。
4 级：社会角度	14 岁到成年	认识到旁观者的看法会受社会角度、社会价值观的影响。	当问及霍丽会不会受罚时，回答是："对动物的人道主义原则会决定霍丽的行为。父亲对女儿这一行为的评价会影响他是否惩罚女儿。"

从上表中可以看到，儿童会根据大量的信息理解他人行为。开始，他们理解他人想法和感觉的能力是有限的。后来，他们开始认识到人们可从不同角度来思考同一问题。不久，儿童能"站在别人的立场"上来寻思别人的想法、感情和行为。最后，他们能分析两个不同的人思考同一问题的角度之间的关系。开始他们是站在旁观者的角度上看的，后来渐渐能以社会价值观为参照。

2. 移情作用

移情是体验他人情感的能力。移情训练有助于培养和提高儿童的亲社会行为。张其龙让幼儿观看一系列情境表演（由教师表演），并通过讨论与回答某些问题让幼儿体验其中角色的情感，再让幼儿扮演类似的角色，自由抒发幼儿所理解角色的感受。结果表明，移情训练对增强幼儿的分享、安慰、仗义、保护等助人行为有明显效果，但对谦让行为的培养不显著。①有研究者通过移情榜样训练、对他人情绪的敏感性的训练、情绪追忆训练和情感换位训练等方式对幼儿进行了为期三个月的移情训练。结果表明，移情训练对增强幼儿的助人、分享、合作、礼貌等亲社会行为有非常显著的效果。②

3. 父母抚养方式

社会学习有助于促进儿童的亲社会行为。在儿童亲社会行为的发展过程中，父母的直接教育和对亲社会行为的强化起了重要作用。霍夫曼的抚养幼儿的研究表明，温和养育型的父母趋向抚养利他幼儿，父母与幼儿的温和养育关系对幼儿亲社会行为有重要的作用。③ 当年龄较小的幼儿观察到慈善或助人的榜样时，他们自己一般会有更多的亲社会行为，尤其这个榜样是他认识和尊敬的，并和这个榜样建立了温和、友好的关系。

父母如果做出了亲社会行为的榜样，同时又为儿童提供了表现这些亲社会行为的机会，则更有利于激发儿童的亲社会行为。有人观察四组 12 个月的婴儿，四组婴儿分别处于四种情境中：成人向他们提供物品（示范目标行动），成人向他们索取物品（补偿性行动），既提供又索取物品（试图做一种“给予—获取”游戏），只与父母说话而不表现任何行动。仅仅看到成人的亲社会方式还不足以增加婴儿的亲社会行为，只有看到榜样索取物品和玩过“给予—获取”游戏的婴儿比控制组的婴儿更多地向榜样提供物品，并且“给予—获取”的经验促进了日后婴儿与其母亲之间的分享。④

① 张其龙：《移情训练对幼儿助人行为的影响》，南京师范大学硕士学位论文，1990 年。

② 李百珍：《移情能力培养与幼儿亲社会行为》，《心理发展与教育》1992 年第 3 期。

③ Hoffman, M. I. (1975). Altruistic behavior and the parent-child relationship. *Journal of Personality and Social Psychology*, 31, 937-943.

④ Hay, D. F. (1979). Cooperative interactions and sharing between young children and their parents. *Developmental Psychology*, 15, 647-653.

4. 不同文化的影响

每一种文化在赞同和鼓励亲社会行为方面显然是不同的。一项跨文化研究考察了六种文化的3～10岁儿童的行为。研究表明，亲社会行为最多的幼儿来自未开化的社会，而来自西方社会的幼儿亲社会行为得分较低。

一项研究发现，来自新几内亚这样一个合作社会的幼儿，一旦他们在西方文化的学校里度过三年，在思考亲社会行为问题时，就会较少考虑他人而更多地考虑自我。当要求幼儿玩双方必须合作才能取得高分的游戏时，墨西哥的幼儿要比美国的幼儿得分高。①

此外，电视对儿童亲社会行为也会产生影响。普里德瑞奇（Preidrich，1975）等人进行了一项研究，评定观看《罗杰斯先生的邻居》节目片段所产生的效果，这是一个集中表现理解他人的情感、表达同情和援助的电视节目。让5岁和6岁儿童观看亲社会的电视节目或中性节目，每天一次，共看4天。看了《罗杰斯先生的邻居》的儿童不仅懂得了这一节目的特定亲社会内容，而且能将其应用到其他情境。与看中性节目的儿童相比，看亲社会节目的儿童学会了一些有关亲社会行为的一般规则。

二、儿童的攻击行为

攻击行为同亲社会行为一样，是儿童个体社会性发展的一个重要方面。攻击性发展状况既影响儿童人格和品德的发展，同时也是个体社会化成败的一个重要指标。

（一）儿童攻击行为的发展变化

儿童的攻击行为有两种表现形式：一种是工具性侵犯，即儿童渴望得到一种物体、权利或空间，并且努力去得到它，他

① Tietjen, A. M. (1986). Prosocial reasoning among children and adults in a Papua New Guinea society. *Developmental Psychology*, 22, 861-868.

们推、喊或者攻击挡路的人；另一种是敌意性侵犯，它意味着伤害别人，如打、踢，或威胁别人去痛打一个同伴。

1977年，美国心理学家霍姆伯格（M. S. Holmberg）进行了一项研究，即“12～42个月儿童社会交流模式的发展”。结果发现，他所观察的12～16个月的婴儿，其相互之间的行为大约有一半可被看作是破坏性的或冲突性的。

在学龄前，攻击的两种形式以及表达方式都会发生变化。美国学者哈杜普的研究表明，年龄较小的儿童的侵犯性要高于年龄大一些的儿童，而且前者的工具性侵犯的比率高于后者。年龄大些的儿童与年龄较小的儿童相比，他们更多地使用敌意性侵犯或以人为指向的侵犯。哈杜普的结论是，在整个学前期，儿童的工具性侵犯呈减少趋势，敌意性、报复性侵犯呈增多趋势。我国学者的一项研究支持了这一观点，该研究认为幼儿园年龄阶段与小学一到三年级年龄阶段的攻击行为有较大的差异。幼儿园儿童中发生频率较高的攻击行为有争抢玩具、争游戏角色、无意攻击、报复性攻击、为吸引教师的注意而进行的攻击。小学生中发生频率较高的攻击行为有报复性攻击、打抱不平的攻击、嫉妒性攻击、挫折性攻击。其中，报复性攻击在3～9岁年龄段较为稳定。①

另外，一些研究人员还以言语攻击和身体攻击为区分标准研究了儿童攻击形式的发展变化。结果发现，儿童在2～4岁，攻击形式发展总趋势是：身体攻击逐渐减少，言语攻击相对增多。3岁左右，儿童的踢、踩、打等身体攻击逐渐增多；3岁以后，身体攻击的频率降低，但同时言语攻击增多了。

男孩比女孩更易进行公开性的攻击，这种趋势出现在许多社会文化中。有研究认为，只要2岁的儿童开始意识到性别刻板印象——期望男性和女性在行为上不同，女孩的攻击行为就

---

① 李俊：《3～9岁儿童的攻击行为调查》，《心理发展与教育》1994年第4期。

大大减少了，而男孩的攻击行为下降得不多。

（二）儿童攻击行为的影响因素

1. 儿童的教养环境

对攻击性儿童的家庭调查结果表明，家庭的情感气氛、教育方式与儿童攻击行为有极大的关系。愤怒和惩罚笼罩着的家庭，容易“创造”出一个“失去控制”的儿童。一个身处沉重的生活压力下的父母（比如经济上有困难或者婚姻不幸），对孩子往往热衷于强制性的训导，如果再碰上儿童的困难气质或性格缺陷，就会导致儿童攻击行为的发生。如果家长本人富于攻击性，经常使用家庭暴力，为孩子提供攻击行为的原型，更容易教会孩子相应的行为。

2. 社会认知的缺陷和歪曲

社会认知缺陷和歪曲增加了攻击行为的产生和延续。具有攻击行为的孩子，往往对攻击行为的后果有一种错误的认知。在他们看来，攻击行为能有效地减少他人的挑逗、取笑和其他令人不愉快的行为。因此，他们倾向于把攻击行为作为保护自己的常用手段。

富有攻击性的儿童，在社会认知上的另一个偏见是自尊过强。尽管他们在学业上和社会上遭到失败，但他们的自我高度膨胀且很脆弱，认为自己是优秀的、有能力的。当某一行为遭到挫折或不被他人理解时，他们就会生气，转而攻击他人。

一项纵向研究发现，有偏见的社会认知会出现在身体受过虐待的 4 岁孩子的头脑里，这些孩子在进入幼儿园 6 个月以后显示出高频率的攻击行为（Dodge，Bates & Pettit，1990）。

3. 交流及文化影响

当同龄人的群体氛围是紧张的、有竞争性的，而不是友好的、合作的时候，敌对是很有可能发生的。这些群体特点在那些有一系列压力的贫困地区更普遍，这些压力包括低质量的教学、有限的娱乐和就业机会以及负面的成人角色模范。

罗夫及其同事（Roff，et al.，1972）追踪研究了几千名三到十年级的男孩。结果发现，不同的社会阶级中的同伴关系产生了不同的结果。当社会经济地位较高或中等时，那些在群体中被拒绝的男孩犯罪率最高；当社会经济地位最低时，犯罪行为经常发生在被拒绝和被人喜欢的男孩身上。因此，不论处于何种水平的经济地位，不良的同伴关系与犯罪行为联系在一起。

社区文化氛围也是影响攻击行为的重要来源。在一个把攻击行为当作维护个人利益的有效手段的社会里，或在一个以武力决定个人威望的区域中，儿童热衷于攻击行为是不奇怪的。

以班杜拉（A. Bandura）为代表的社会学习理论者认为，电视节目对儿童的攻击行为有一定的影响，主要表现为：(1）它教给儿童一些攻击性的行为方式；(2）它使儿童放松了对攻击行为的抑制，使暴力合法化；(3）它降低了儿童对暴力的敏感性，并习以为常；(4）它使儿童对现实的想象建立在自己的行动上，过分地认为自己是受害者，由报复发展到攻击。

此外，电子游戏机对儿童的攻击行为具有更大的强化作用。20 世纪 90 年代的一个调查发现，美国 80%以上的青少年，每周花 2 小时或 2 小时以上时间玩电子游戏（Williams，1998）。研究者担心过多地接触这些流行的和难以置信的暴力视频游戏，如侵略者、性暴力、凶杀、欺诈等会增加儿童的攻击行为。有研究表明，玩视频游戏的时间与真实世界里的攻击行为有中等程度的正相关（Dill & Dill，1998）。一个对三年级、四年级儿童的研究（Kirsh，1998）和另一个对大学生的研究（Anderson & Dill，2000）发现，随便玩暴力视频游戏的被试比那些玩非暴力视频游戏的被试，对后来模棱两可的挑衅做出更有敌对性的归因（见信息栏3-10），并有更多的攻击行为。因为玩暴力游戏的人，会积极地投入到攻击行为的计划和实施中去，象征性暴力的成功也会对他们产生强化。在我国也发生过青年学生沉溺于网吧数日不归家的案例，甚至发生网吧纵火案，造成惨重损失。有人认为，鼓动攻击性效果的暴力视频游戏可能远比暴力电视节目厉害，在看电视节目时，儿童只是被动地接触攻击行为和暴力（Anderson & Dill，2000；Larson，2001），而视频游戏中的暴力行为可以得到虚拟的强化。这些早期的反应意味着，父母至少应该像关注儿童在看什么电视节目一样关注儿童在玩什么游戏。

信息栏3-10　何为“归因”？

归因是社会心理学的一个重要概念，指人们对他人或自己的行为进行分析，推论出这些行为的内在原因的过程。最早研究归因的人是美国心理学家海德（F. Heider），他认为，人类具有两种需要：一是对周围环境的理解，二是控制环境。满足这些需要的手段就是得知人们行动的原因，并预言人们如何行动。这两种需要就是人们热衷于行为归因的内在原因。在归因时，有人倾向于内归因，即归因于内在原因，如人格、情绪、努力程度等。有人倾向于外归因，即归因于工作条件、任务难度、机遇等。人们在归因时会出现偏差。归因偏差有的是由于认识的局限性，属于非动机性偏差；有的是由于某种动机或需要（如自尊）而在加工信息时夸大或缩小某一原因，属于动机性偏差。

三、儿童的道德发展

儿童的外在行为方式是如何获得的，儿童是否愿意采纳社会标准，这不仅仅是一个接受外部强加指令的过程，更是一个内化的过程。为了形成内化，儿童必须“超越父母特殊的观点而有自己的观点”，也就是确信地采纳社会标准。这涉及儿童的道德发展问题。

（一）皮亚杰的道德发展理论

皮亚杰对儿童道德判断进行了研究。他采用了开放式的临床访谈，对5～13岁儿童在打弹子游戏中对于规则的理解提出问题。另外，他给出几个成对的故事，在故事中，人物的行为意图与行为后果是冲突的（见信息栏3-11），以获得儿童的道德判断。

信息栏3-11　　哪个更坏？

皮亚杰运用成对的故事，造成意图与效果之间的差异，看幼儿如何判断好坏。下面是皮亚杰采用的故事组之一。

A. 一个叫约翰的小男孩在他的房间里。家里人叫他去吃饭。他走进餐厅。但门背后有一把椅子，椅子上有一个放着十五个杯子的托盘。约翰并不知道门背后有这些东西。他推门进去，门撞倒了托盘，结果十五个杯子都撞碎了。

B. 从前有一个叫亨利的小男孩。一天，他母亲外出了，他想从碗橱里拿出一些果酱。他爬到一把椅子上，并伸手去拿。由于放果酱的地方太高，他的手够不着。在试图取果酱时，他碰倒了一个杯子，结果杯子倒下来打碎了。

当被试听懂故事后，皮亚杰问被试两个问题：

1. 这两个孩子的过错是否相同？

2. 这两个孩子中，哪一个更坏一些？为什么？

研究发现，年幼儿童注重事情的结果，而不关注行为的动机。皮亚杰称这种现象为“道德实在论”。

——［瑞士］皮亚杰著，傅统先、陆有铨译：《儿童的道德判断》，山东教育出版社 1984 年版，第 138 页。

从儿童的反应中，皮亚杰认为儿童道德判断的发展经历两个阶段。

第一，他律性道德（5～10 岁）。

他律指按照外在的他人的标准判断事物的好坏。他律性道德表明，这个阶段的儿童把规则看作由权威人士传下来的（如父母、教师等），是一个永久的存在，是不可改变的，是需要严格遵守的。例如，儿童认为打弹子游戏的规则是不能改变的，他们这样解释，“你不能用其他的方式玩”或者“它正在欺骗……公平的规则是那个游戏中的规则”（Piaget，1932，1965）。

根据皮亚杰的观点，两个因素限制了儿童的道德理解。（1）成人的权利。这种权利坚持认为儿童应该顺应，并且它会促进对规则以及实施规则的人的无可怀疑的尊敬。（2）认知的不成熟，尤其是自我中心主义，因为儿童认为所有的人都以相同的方式看待规则。此外，他们的道德判断是以现实主义为特点的，也就是，他们把规则看作现实的外部特点，而不是能被随意修改的合作原则。

成人的权利、自我中心以及现实主义导致了儿童肤浅的道德判断。在判断一个行为是否错误的时候，儿童集中于注意客观的结果而不是行为的意图。例如，在有关约翰和亨利的故事中，他们认为约翰更淘气，因为他打破了更多的杯子，尽管他的意图是单纯的。

第二，自律性道德（10 岁以后）。

随着年龄的增长和认知水平的提高，尤其是可逆性的出现，儿童与同龄人的交流愈加频繁，这就促使儿童的道德判断过渡到自律性道德阶段，也就是按自身内在的标准进行道德判断。首先，皮亚杰认为，同龄人之间意见不一致是有促进作用的。因为，通过这些矛盾、争执、僵持、协商的过程，儿童逐渐意识到，人们对于道德行为可能持有不同的观点，意图应该作为判断行为的标准而不仅仅是客观结果。其次，当儿童作为平等的主体参与到同龄人的活动中时，他们学会了以相互受益的方式解决冲突。他们开始使用互惠性的公平标准，在关心自己的时候，逐渐对他人表示同样的关心，这标志着儿童合作道德的开端。最后，当儿童获得了互惠性以后，产生了有关惩罚的新观点，儿童认识到惩罚应该以互惠性为基础或者与过失有合理的联系。而且，惩罚应该以公平、均衡的方式对有过失的每个人实施。

对皮亚杰理论的追踪研究表明，它描述了道德的公平判断中变化的普遍方向。在许多不同文化处理的研究中，道德判断由他律向自律过渡，具有明显的年龄特征。很多证据也都支持皮亚杰的主张。

（二）科尔伯格的道德发展理论

科尔伯格是皮亚杰道德认知发展理论的追随者，同时，他又在皮亚杰道德发展理论的基础上，进一步做了修改、提炼和扩充，于20世纪50年代提出了自己的儿童发展阶段论。他采用道德两难故事（见信息栏3-12），让儿童在两难推理中做出选择并说明理由。根据横断研究中不同年龄儿童所做出的不同反应，科尔伯格把儿童道德发展划分为三个水平六个阶段。

信息栏3-12　　海因兹两难事件

在欧洲，一个妇女得了癌症，快要死了，医生认为有一种药可以救她。同城的一个药商有这种药，但是他要索取高于药本身十倍的价钱来卖它。得病妇女的丈夫海因兹去借钱，但是他仅仅凑够了药费的一半。药商拒绝便宜一些卖这种药，并且让海因兹以后来买。海因兹很绝望，为了救妻子的命，他闯进这个人的药店把药偷了出来，结果被警察逮捕。海因兹应该那样做吗？为什么？

水平一：前习俗道德水平，大约在学前期至小学低、中年级。在前习俗道德水平，道德是受外部控制的。儿童接受权威人物的规则，并且通过行为的结果来判断行为。导致惩罚的行为被认为是坏的，导致奖赏的那些人被认为是好的。此水平又分为两个阶段。

阶段一：以服从与惩罚为取向。处于这个水平上的儿童认为规则是由权威制定的，必须无条件地服从。服从权威或规则只是为了避免惩罚。违背了规则应该受罚。行为的好坏也是依行为所得的结果来评定。受赞扬的行为就是好的，受惩罚的行为就是坏的。属于这个阶段的一些儿童认为海因兹偷药是坏的，原因是“偷药会受到惩罚”。即使有一些儿童支持海因兹偷药，推理性质也是同样的。如有个女孩说：“他可以偷药，因为他先提出请求，又不偷大的东西，他不该受罚。”

阶段二：以工具性目的为取向。儿童不再把规则看成是绝对的、固定不变的东西。他们已认识到任何问题都是多方面的，“要看你怎样看待它”，海因兹可以认为他偷药是对的，而药商可以认为那是错的。于是，儿童成了相对论者。他们还认为，一个人最终总要根据自己的需要和快乐做出决定。正确的行动包含着能够满足个人需要的行动。个体服从规则是为了得到好的待遇。因此，海因兹若爱他的妻子就可以偷，若想跟另一个女子结合就不必去偷。

水平二：习俗道德水平，大约自小学高年级开始。处于习俗道德水平上时，人们继续把遵守社会规则当成是重要的，但并不是维护自我利益的理由。他们认为积极地维持现在的社会制度对于确保乐观的人际关系和社会秩序来说是很重要的。此水平又分为两个阶段。

阶段三：以“好孩子”为取向，或者人际合作的道德观。个体希望保持人与人之间良好的、和谐的关系，希望被人看作好人，要求自己不辜负重要人物如父母、朋友、教师的期望，保持相互的尊重、信任。好的行为就是能使别人高兴，受到别人赞扬的行为。如许多儿童在谈到海因兹偷药的故事时，强调“海因兹想挽救一个人的生命”，“爱他的妻子”，“已经走投无路了”，而药商“一心想赚钱”，“只关心自己的利益而不管别人的生命”，所以是“坏的”“贪婪的”。有的年龄小一点儿的儿童甚至主张让药商去坐牢。

阶段四：以维持社会秩序为取向。这个阶段的儿童注意的中心是维护社会秩序，认为每个人应当承担社会的义务和职责。所谓正确的行为就是尽到个人的职责，尊重权威，维护普遍的社会秩序，否则就会感到内疚。这个阶段的儿童在回答海因兹的问题时，一方面都很同情他，认为他应当去偷，因为他爱妻子，又处于绝望的困境中，另一方面认为维护法律的尊严是十分重要的，否则只要有理由就可以违法，那社会不是混乱一片了吗?！说明该阶段儿童已看到了法律所起的社会作用。大多数青少年和成人处于这个水平。

水平三：后习俗道德水平，大约自青年末期接近人格成熟时开始。在后习俗道德水平，人们超越了对他们自己社会的规则和法律的毫无疑问的支持而行动。他们以能应用于所有情形和社会的抽象原则和价值观来解释道德。

阶段五：以社会观念为取向。与阶段四的儿童比较呆板地信奉个人要严格维护法律与权威相比，本阶段的儿童看待法律比较灵活。认为法律是为了使人们能和睦相处，如果法律不符合人们的需要，可以通过共同协商和民主的程序加以改变。这个阶段的儿童在回答海因兹事件时感到十分困惑，既认为一个人必须对法律有一个深刻的理性的承诺，但又模糊地意识到似乎还有一个比法律更高的原则——维护生命的权利。所以，他们在回答海因兹问题时感到很混乱。一个 16 岁的儿童说："在我们心目中，他有权利这样做，但从法律的观点看，他是错误的。到底他是错还是对，我没有更多可说了。"

阶段六：以价值观念为取向。个人有了某种抽象的、超越法律的普遍原则的较确定的概念，这些原则包括对全人类的正义和个人的尊重。这个阶段的个体不只是认识到社会秩序的重要性，也领悟到不是所有的社会都能实行完美的原则。在对海因兹事件的反应中，该阶段的被试认为虽然不存在海因兹为救妻子而偷窃的合法权利，但他有一个更高的、道德的权利，那就是每个人都有一种绝对的价值——生命，而且这个原则是普遍的。

科尔伯格认为，道德发展的顺序是固定的，可是并不是所有的人都在同样的年龄达到同样的发展阶段，事实上有许多人永远无法达到道德判断的最高水平，有些成人仍在前习俗水平上进行思考。

尽管许多研究支持科尔伯格的理论，它仍然面对一些挑战，其中最重要的涉及科尔伯格的道德成熟概念以及以儿童的道德判断为特点的阶段适宜性。按照科尔伯格的观点，道德成熟要到后习俗水平时才能达到。如果人们必须达到阶段五和阶段六才被认为是真正的道德成熟，那么很少有人会及格。而科尔伯格的前习俗道德水平低估了儿童的道德推理，它很像皮亚杰的他律性道德。所以，科尔伯格的道德发展理论也不是十全十美的。

（三）儿童道德发展的影响因素

1. 认知能力

无论是皮亚杰的理论还是科尔伯格的理论，都强调了个体认知能力对道德成熟的影响。科尔伯格认为，每一个道德阶段都需要一定的认知和换位思考能力，但是这些又不足以确定道德的进展。科尔伯格假设：对每一个道德阶段来说，认知和换位思考能力是必要的但不是充分的条件。

表3-13 中所有阶段的关系表明，认知、换位思考和道德发展以与科尔伯格的预测相一致的方式相互联系着。正因为认知发展是道德发展的必要条件，因此，超越个体的认知发展水平，对儿童进行单纯的教育，对道德判断发展没有促进作用。

表3-13　科尔伯格的道德阶段、皮亚杰的认知阶段、塞尔曼的换位思考等级之间的关系

科尔伯格的道德阶段	解　释	皮亚杰的认知阶段	塞尔曼的换位思考等级
惩罚与顺应取向	所谓对的就是绝对服从规则和权威，避免惩罚，不造成物质损失	前运算阶段，早期的具体运算阶段	社会信息角度
工具性目标取向	所谓对的就是能满足自己或他人的需要，按具体交换原则做公平交易	具体运算阶段	自我反省角度

续表

科尔伯格的道德阶段	解　释	皮亚杰的认知阶段	塞尔曼的换位思考等级
“好女孩—好男孩”取向	所谓对的就是应该扮演一个好角色，关心他人，珍惜别人的感情，对伙伴保持忠诚和信赖，遵守规则，符合期望	早期的形式运算阶段	第三者角度
维持社会秩序取向	所谓对的就是对社会尽职尽责，恪守社会秩序，维护社会或群体的福利	形式运算阶段	社会角度
社会观念取向	所谓对的就是维护基本权利、价值和合法的社会契约		
一般的道德原则取向	以一种全人类都应当遵从的普遍伦理原则为指导		

2. 同龄人的交流

有关儿童同伴关系的研究，揭示了同伴交往的价值对儿童道德判断的发展具有不可替代性。同龄人的交流使儿童在发现自我、形成社会知觉、获得情感支持的同时，也促进了道德理解。因为正是同龄人之间的矛盾、不协调、冲突等障碍，儿童借助于协商、对话、交流等形式，了解了其他人的观点、思想，同伴互动形成了“成熟的道德的骨架”，这对道德发展起到一定的作用。有研究表明，当孩子们进行协商和妥协的时候，他们意识到社会生活的基本准则是人们之间的合作。

3. 儿童的养育实践

沃克（L. Walker）等与一年级到十年级的儿童讨论道德困境时发现：一组父母经常有意识地听，问一些澄清性的问题，提供高一级别的判断，以及使用赞扬和幽默来创造一个支持性的氛围，他们与孩子面谈两年后，孩子在道德理解方面取得了最大的进展；另一组父母经常训斥、威胁，或者做出讽刺性评论，他们的孩子变化很小或者根本没什么变化。

4. 教育与文化

教育的过程是个体道德发展的过程，因为教育传承着社会规范、意识形态，所以教育对于道德发展来说是一个重要的途径。学校对于道德发展来说又是一个必不可少的场所，因为它将年轻人引向一些社会问题，这些问题超越了个人关系而延伸到政治或文化群体，从中使得个体逐渐地内化道德认识，树立道德信仰，培养道德情感，指导道德行为，逐渐成长为一个对社会有用的人。

跨文化研究表明：那些接受先进技术的都市文化人比起那些非工业化群体的农村人，跨越科尔伯格的阶段会更迅速并且能进展到更高的级别。小的集体社会中的成员不能达到阶段四以上，然而发达国家中通过高中及大学教育的青少年和成人可以达到那些阶段。对这些文化差异的解释，有人认为是社会制度在进步的道德理解中的作用。所以，文化对于个体的道德发展来说也是一个重要的背景因素。

思考与练习

1. 儿童掌握语言对心理发展有什么意义？

2. 请你从语言的交际功能的角度解释维果茨基语言理论的正确性。

3. 母亲的角色行为对儿童依恋质量有什么深刻影响？

4. 有些小班儿童入园时每天要哭好几小时。请你运用依恋理论分析原因并设计一套教育方法，使他们不要再哭下去。

5. 与亲子关系相比，儿童的同伴关系有什么特殊的心理价值？

6. 如何有效地控制、调节各种环境因素的影响，以减少攻击行为的负面效应？

7. 阐述儿童认知发展与道德发展之间的关系。

[第四章]

活动中的学前儿童心理

本章提要

活动是心理存在的方式。学前儿童的心理正是在活动中表现和发展的。本章着重阐述在音乐、美术和游戏活动中婴幼儿心理特点以及这类活动的发展价值。本章的确立和内容的择取，是根据学前教育的对象和性质来决定的。音乐和美术活动，也就是我们通常所说的艺术活动，是帮助和促进学前儿童大脑均衡发展，形成丰富、敏锐的感性认识的重要途径，也是促进智力发展，最终形成严密、深刻的理性认识的基础。而游戏更是婴幼儿的基本活动，也是正确的学前教育的不二法门。全部的学前教育学，就是一部如何研究和实施游戏的学问。如何维护学前教育的本质和如何提高学前教育质量的问题，本质上就是如何开展游戏的问题。因此，本章的内容具有明显的学前教育的专业性。

学前儿童的心理发展不仅表现在他们的心理过程中，也充分地反映在他们的活动中。学前儿童的活动除交往活动外，还包括音乐活动、美术活动和游戏活动。为了便于大家全面认识活动中的学前儿童心理的发展，本章主要阐述音乐活动、美术活动和游戏活动中学前儿童心理的特点和发展趋势。

第一节　音乐和美术活动中学前儿童的心理发展

一、学前儿童音乐能力的发展

音乐，是人类交流情感和思想的另一套符号系统。音乐对儿童个性的形成具有独特作用。对学前儿童来说，最容易接受的一个信息交流途径就是音乐。

对于婴儿和较小的幼儿来说，他们什么时候开始表现出音乐的节奏感和旋律感？什么时候能够辨别不同的音高、音色、音长和音强？婴儿的咿呀之声是不是儿童最早的歌曲？幼儿从唱出大致的旋律到有节奏、有表情地唱歌，经历了一个什么样的发展历程？这些问题越来越引起发展心理学家、幼儿教育家和广大幼教工作者的重视。西方一些学者广泛地收集整理有关的文献资料和研究报告，并进行大量的观察研究和实验研究，充实和丰富了这方面的内容。认真从事这项工作，并取得显著成就的代表人物有英国音乐发展心理学家哈格里夫斯（D. J. Hargreaves）、英国心理学家舒特-戴森（R. Shuter-Dyson）和美国音乐心理学家戈登（E. Gordon）等。

（一）舒特-戴森归纳的儿童音乐能力发展的一般年龄特征

0～1 岁：对声音做出各种反应。

1～2 岁：自发地、本能地“创作”并唱歌。

2～3 岁：开始能模仿唱出听到的歌曲片段。

3～4 岁：能感知旋律轮廓。如果此时开始学习某种乐器的演奏，可以培养绝对音高感。

4～5 岁：能辨别音高、音区，能重复简单的节奏。

5～6 岁：能理解、分辨响亮之声和柔和之声，能从一些简单的旋律或节奏模式中辨认出相同的部分。

6～7 岁：在唱歌的音高方面已较为准确，明白有调性的音乐比不成调的音的堆砌好听。

7～8 岁：有鉴赏协和音和不协和音的能力。

8～9 岁：在唱歌和演奏乐器时，节奏感比以前有明显的提高。

9～10 岁：节奏、旋律的记忆改善了，逐步具有韵律感，能感知两声部旋律。

10～11 岁：和声概念建立，对音乐的优美特征已有一定程度的感知和判断能力。

11～17 岁：欣赏、认识和情感反应能力均逐步提高。

舒特-戴森的归纳虽然是以英国及欧美儿童音乐发展的情况为背景，但对观察和描述我国儿童音乐能力的发展历程有重要参照价值。她的这种归纳突出了儿童音乐能力发展过程的一些主要年龄特征，对于我们从整体上把握儿童音乐能力发展的主要脉络有帮助。然而，要详细了解儿童各种音乐子能力的发展历程，还必须根据有关的研究分别做出较详细的描述。

（二）婴儿早期对声音的反应

1. 对非音乐声音的反应

母亲的育婴经验表明，家庭生活噪声和家庭周围的市区噪声会影响婴儿的睡眠，甚至引起婴儿的烦躁和哭闹。然而，又有研究表明：完全无声的环境对婴儿并不适宜；轻柔的声音在一定程度上能使婴儿停止哭闹，或使他们安定、愉悦。例如，给婴儿播放录有微风和海浪声音的录音，会使他们感到安宁和愉悦。

既然不同的声音能使婴儿产生不同的反应，那么，声音刺激与婴儿反应之间的具体关系如何呢？这个问题引起了心理学家们的研究兴趣。在本书第二章，我们已经提供了一些婴儿早期听觉实验研究的发现，这里进一步说明。

布里杰（Bridger）在 1961 年做了一个实验，他先后给 50 名出生仅 5 天（包括 5 天之内）的婴儿奏出一组不同的音响，观察到这些频率不同的声音引起了婴儿身体的运动和心跳频率的变化。他继续弹奏各种声音，直到婴儿熟悉它们，不再产生异常反应为止。该实验发现，出生5天的婴儿已具有敏锐地辨别不同频率声音的能力。低频的声音比高频的声音对婴儿更具镇静作用（Birns，et al.，1965）。艾森伯格（Eisenberg）在1976年又发现频率变化的上行音或下行音系列对婴儿具有唤醒意义。

这些实验结果的本质是什么，即婴儿对不同的声音变化做出不同反应的原因何在？人们对此提出了许多假设，例如，从听神经的角度，用听觉的掩蔽现象（即高分贝音对低分贝音、低频音对高频音在听觉上产生的掩蔽现象）来解释，但确切的原因仍不清楚。有一种相当普遍的看法认为，声音的节奏是引起婴儿反应的一个重要因素，强烈的节奏可引起强烈的反应。有人假设，母亲心跳的频率会使孩子安静，感觉舒适，因为这是他在母亲腹中已经熟悉的。然而，20世纪60年代又有研究者否定了心跳频率有镇静作用的假设，理由之一是，催眠曲就比心跳的节奏要缓慢。节奏固然能引起反应，但什么样的节奏能引起什么样的反应，其原因又是如何？目前尚无令人满意的准确答案。

婴儿长到11～12周，已经能从生活中的各种声源里区分出人的声音，他们尤其喜欢听母亲的声音。这可能与亲子关系有关。我们业已知道，6～7个月的婴儿会明显地表现出对母亲的依恋，并开始害怕陌生人。这说明婴儿对声音的反应与他们接触外界的其他能力相一致地逐渐发展起来。

2. 对音乐的反应

穆格（Moog）于1976年对6个月到5.5岁这个年龄段的婴幼儿的音乐能力进行了一次大规模的调查研究。被调查或测试的婴幼儿共50名，每10人一组，每组包括不同年龄的儿童。他给被试呈现6种声音刺激：（1）让被试听三首著名的儿童歌曲；（2）呈现几种不同的词语与节奏的结合，即用不同的节奏读出词语；(3) 用乐器奏出纯节奏；(4) 呈现三首器乐曲(包括布鲁克纳的一段乐曲、一首通俗歌曲和一段十二音体系无调性旋律)；(5) 呈现一段在录音时故意歪曲了(如改变了速度)的四重奏音乐；(6) 呈现噪声(如大街上的嘈杂声、开吸尘器的声音等)。该项研究对被试进行了8 000次测试，观察记录了婴幼儿被试对这6种声音的言语和行为反应。他还从大约1 000个家长那里获得了一些补充性的数据，如被试自己唱歌的录音等。

穆格的研究结果包括以下几点。

(1) 6个月左右的婴儿开始主动地对音乐做出反应，而不再仅仅被动地接收音乐。他们会转向发出声音的地方，并做出高兴乃至惊喜的表示。

(2) 以后，他们往往会连续地晃动身体。在这个阶段的早期，这些身体运动看来还不是由于有节奏的音乐而引起的，婴儿可能只是对纯音响做出反应。大约要到1周岁时，婴儿才会对较鲜明的节奏做出相应的动作反应。

(3) 1岁左右的婴儿开始发声“唱歌”。穆格对婴儿的“咿呀之歌”和婴儿听到音乐之后的一种特别反应——非音乐的、作为讲话先兆的“咿呀”做出了区分。谱例1是穆格所记录的三首8个月婴儿所唱出的“咿呀之歌”。

从这些记录的“乐谱”中可以看出，这些“歌”已含有变化的音高，是用一个元音或很少的音节唱出的。它们在音阶系统和节奏组织上都还是不定型的和杂乱的。停顿也只是因为呼吸的需要。

(4) 1岁以后的幼儿对声音刺激的反应表现出明显的进步，不同类型的身体运动明显地增加，包括抬起、放下脚后跟或脚尖，点头，向前后移动膝盖等。1.5岁左右的幼儿已有试图使自己的动作与音乐节奏相协调的迹象，他们还表现出与大人一起舞蹈的意向。

谱例 1

（转引自张奇编著：《儿童审美心理发展与教育》，北京师范大学出版社 2000 年版，第 89 页）

（5）幼儿在 3 岁以前，动作与音乐的协调能力逐渐提高。但是到 3～4 岁时，这方面的发展似乎停顿了，而在边唱边做合乎歌曲内容的表情及简单动作方面则有发展。歌表演和游戏是这个时期幼儿音乐活动的主要形式。

（6）4～5 岁的幼儿对音乐的身体上的反应看起来是减少了，他们坐在那儿听音乐的可能性增加了，即他们增加了思想上对音乐的反应，并且会在更广泛的活动方面利用这些反应，如带有想象力的表演和在音乐活动中增进与同伴的友谊等。

穆格的研究可谓设计精细，方法得当，考虑周全，并力图对婴儿的音乐能力发展进行全面的、总体的概括。这对我们从事儿童音乐能力的发展研究极有借鉴作用。

除了穆格的研究之外，还有一些学者的研究试图分析儿童音乐能力中各种子能力（或基本能力）的具体发展情况。

有人（Chang & Trehub）在 1977 年做了一项实验，对一些出生 5 个月的婴儿弹奏一小段包括 6 个不同音高的单音无调性旋律，以每秒钟 2.5 个音符的速度，共弹奏 30 次。这些婴儿开始时表现出一种惊愕，心跳频率减慢。当实验者弹到总次数的一半左右时，婴儿的心跳频率逐渐恢复正常。然后，实验者将这段旋律移高或移低一个小三度弹奏，婴儿并没有异常反应。但是，当实验者将原来 6 个音的顺序调整，改变了旋律的轮廓线弹出时，婴儿则重新做出惊愕的反应。实验者由此得出结论：5 个月的婴儿已能认识旋律轮廓，听出其变化，但当旋律做整体的音高移动时（旋律轮廓不变），他们则不能明显地感觉到。实验者还发现，这个年龄的婴儿也能感知旋律中的节奏变化，即组成旋律的音符音高不变而长短改变时，他们做出了及时的反应。

有人（Bull & Thorpe）于 1984 年进行了更细致的实验。这些实验表明，婴儿能感知的旋律变化还包括：转调，在旋律轮廓大体不变的基础上音程的改变，旋律中某些个别音的八度变化以及形成旋律轮廓改变的一些八度变化等。随着年龄的增长，婴儿逐渐还能感知调性的变化、音程的大小等。

从上述研究结果来看，婴儿对起初呈现的旋律熟悉并已记住之后，他们会本能地将继而出现的音调与其进行比较。如果两者的旋律轮廓与频率的变化相似，他们会把它们看成是相同的；反之，则看成是不同的。哈格里夫斯认为，这些结论对于发展的观点来说是非常重要的。婴儿实际上使用了一种建立在旋律轮廓之上的“整体处理策略”。这与成人对无调性音乐或不熟悉旋律的处理策略是非常相似的。同时，这对旋律记忆方面的研究也是重要的。

（三）儿童歌唱的发展

儿童在婴幼儿时期那种自发的、本能的歌曲“创作”和歌唱，在音乐发展领域尤为引人注目，吸引了许多音乐心理学家和发展心理学家的研究兴趣。

哈格里夫斯整理并归纳了这方面的有关研究，再加上自己的一些研究，将“本能歌”从粗向精的发展过程和儿童音乐感知的发展过程具体地分为以下三个方面。

1. 婴儿的发声和“本能歌”的初始轮廓

研究者（Pond，et al.）认为婴儿的“咿呀”和“本能歌”是有区别的。前者是讲话的开始，在音乐方面非常简单，往往与身体动作相联系，而且经常是在群体嬉戏时产生的，带有表达的功能。后者则复杂一些，更富音乐性和个性。

较小婴儿的“元音表演”可看成“本能歌”的先兆。研究发现，婴儿试图去模仿自己听到的音高。婴儿还能在自己最大限度的音域内发展音高。

有人（Kessen，et al.，1979）做了一项实验：在短时间内训练一些6个月以下的婴儿唱分解小三和弦D—F—A的反向进行，即由简谱的2—4—6到6—4—2的音高。结果他们在总次数的三分之二部分已唱得相当好，他们的模仿很接近这些音高。实验者还评论说，这些婴儿看来很喜欢这项训练，他们很努力地变化自己的发音去模仿标准的音高，并能觉察出旋律轮廓的变化。

前面我们已经看到穆格对“咿呀之歌”的描述，而在这方面的研究中又逐渐形成了另一个术语“轮廓歌”。它是在儿童2～3岁时发展起来的。这时儿童已有关于歌曲的基本结构的感性方面的了解。“轮廓歌”与早期幼儿绘画中出现的“蝌蚪人”相似，只有一个大体的构架。

哈格里夫斯根据他的两个儿子“创作”出的“轮廓歌”（见谱例2），归纳了“轮廓歌”的一些特征：儿童在2岁左右所唱的“轮廓歌”大多是一个简单的句子，节奏没有什么变化，常常出现的同音反复形成了音高上的徘徊，这个句子会不止一次地（不完全准确地）重复。从谱例2中可以看到，小儿子唱的（b）与大儿子唱的（a）模式相似，相互像是反向的模进（即相同音程或相同节奏的不断递进）。

谱例 2

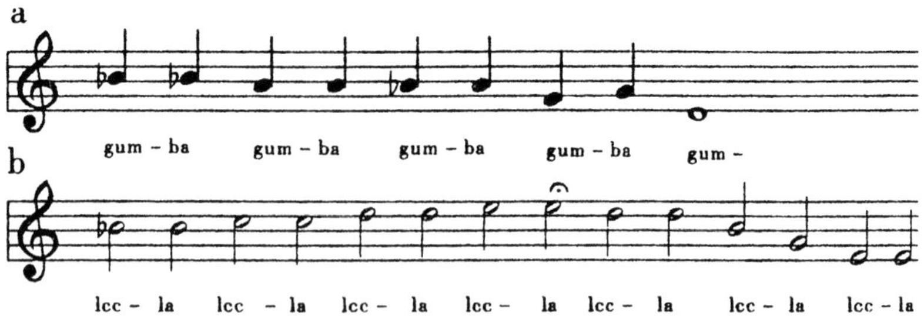

（a 是其长子 23 个月时唱的，b 是其次子 24 个月时唱的）

（转引自张奇编著：《儿童审美心理发展与教育》，北京师范大学出版社 2000 年版，第 93 页）

道林（Dowling，1982，1984）也收集了一些 2 岁左右儿童所唱的“轮廓歌”的录音，并发现了类似的旋律特征。这些特征我们还可以从一些著名的儿童歌曲（如《小星星》《麦克唐纳有个农场》）中找到。

谱例 3 是道林的女儿 2 岁 8 个月时所唱的“轮廓歌”，其中有明显的重复和模进。

谱例 3

（转引自张奇编著：《儿童审美心理发展与教育》，北京师范大学出版社 2000 年版，第 93 页）

谱例 4 是哈格里夫斯记录的他的大儿子在 3.5 岁时所唱的一首“轮廓歌”，其中有明显的重复，还有反复出现的分解主三和弦的音调，并以此作为歌曲的结束。这两个谱例展示了一个进步，说明这时幼儿已初步能够通过重复和变化来控制、发展曲式结构，已开始有调性和声的感觉。道林认为幼儿在音乐上的这种进步是与其在语言上的进步相平衡的。

谱例 4

（转引自张奇编著：《儿童审美心理发展与教育》，北京师范大学出版社 2000 年版，第 94 页）

一项对 9 名 1.5～6.5 岁儿童的研究提供了一些数据，说明了几个年龄阶段“轮廓歌”的发展特征。

（1）在音高和音程的掌握方面：12～18 个月儿童的歌，音高还模糊不清；19 个月开始出现分离的音高，主要是二度音程，也有小三度音程；17～23 个月仍有近半数的音程是二度，但音程的度数随年龄的增长而逐渐加大；到 2.5 岁左右，四度、五度音程开始出现，但大二度和小三度仍是主要的。所以，有学者认为，在所有不同的歌曲中，最普遍的音程是二度和小三度。在这一点上，幼儿的歌与成人的歌是一样的。

（2）在旋律结构和组织方面的发展要慢一些，2 岁以前的“轮廓歌”基本是无调性的，旋律线起伏不定，节奏显得散漫，而且没有明显的节拍。对于最后一点，道林（Dowling，1984）提出了异议，他说他记录的这一类“轮廓歌”样本有稳定的节拍，而且指出这些歌曲的节拍来源于讲话时词语的节奏。这个分歧有待进一步的实验来解决。

（3）2 岁以后，幼儿的歌开始向比较规则的模式发展。到 28 个月时，节奏的组织较完善。他们以比较标准的节奏唱出歌词。在此之后，正确的旋律轮廓和音程很快就会稳定下来。

（4）幼儿在自发地创作“本能歌”的同时，也在接受（听和模唱）那些与他们年龄相适应的标准的创作歌曲和民歌等。

标准的歌曲由于有规范的旋律和节奏模式、调的组织和曲式结构等，所以容易记住。幼儿在创作“本能歌”时，往往会不自觉地套用记忆中标准歌曲的某些部分。这种模仿近似绘画的临摹，但又只是下意识片段的临摹，它在一定程度上促进了“本能歌”创作的发展。

（5）3岁以后幼儿歌的“轮廓”已逐渐清晰，并开始走向内容的充实和完善。

2.“第一稿”歌曲的产生

5岁儿童的记忆中有一个广泛的“保留曲目”，这些曲目反映了儿童的文化背景。对于儿童来说，它们比那些不熟悉的歌曲能更好地胜任表达任务。那么，儿童是如何掌握这些歌曲的呢?

一些纵向研究认为，儿童掌握一首歌曲时有一个渐进的过程：先要学会歌词，接着是节奏，然后是旋律轮廓和音程。但塞拉菲尼（M. Serafine）等人于1984年提出了不同的理论假设，认为在儿童的音乐记忆中，旋律和歌词是一个整体，而不是分裂的两部分。他们的实验支持了这一假设。

5岁儿童已能较好地唱出一首歌曲，但仍达不到完整、准确的水准。

有一项长达一年多的实验观察，记录了一群4～5岁儿童掌握一首民谣（见谱例5）的过程。民谣被录音，在一年的音乐活动中，多次但不连续地放给孩子们听。研究结果将5岁儿童学习民谣的过程描述为四个阶段。

（1）拓扑性。掌握歌词，能理解与歌词结构关系密切的乐句、乐段结构。节拍感觉、基本的速度感觉已建立。

（2）掌握节奏。能用打击乐奏出歌曲的节奏，歌唱时基本做到节奏、句逗准确。但音高只是近似的，音程尚不准确，也无调性的稳定感。

（3）大致掌握音高轮廓。每一乐句的音高轮廓已能唱出，但乐句间、乐段重复之间仍缺乏调性的稳定感，每次转换都可能改变音程。

(4) 初具调性感。前面三个阶段的成绩得到巩固。虽然音程仍不甚准确，但已初具调性的稳定感。能从节奏中抽出节拍，已能理解并在一定程度上运用速度的变化表达不同的情绪，如悲伤的情绪用较缓慢的速度。

谱例 5

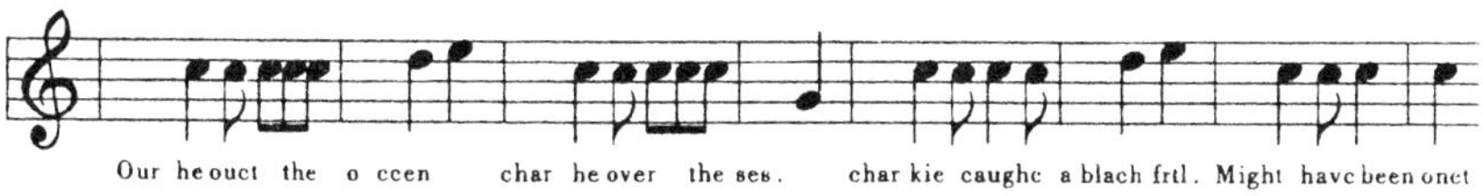

(转引自张奇编著：《儿童审美心理发展与教育》，北京师范大学出版社 2000 年版，第 95 页)

3. 认知结构与歌唱的发展

哈格里夫斯认为，如今音乐发展的研究已经进入与语言发展的研究、认知心理学研究相平衡的轨道，认知系统的理论成了研究音乐发展的基础。例如，在歌曲方面，儿童早期的歌曲并非无节奏的，也不是随机的，是后来歌曲的萌芽。音高从轮廓漂浮不定到准确再现；音程从窄到宽，从模糊不定到准确；节奏从单调、散漫到丰富和有组织。曲式结构、调性、和声感觉等都随年龄增长、环境变化及各种内部、外部的因素影响而逐渐朝成人阶段的合理化、规律化发展和完善。

(四) 儿童节奏能力的发展

节奏能力包括对节奏的感知和对节奏的表达技能两方面。有些学者认为，儿童早期音乐能力所显露和发展的，也许就是节奏才能。当然，其他学者对这种观点仍有异议。

西方已有的有关儿童音乐节奏感的发展研究大都采用下列方式进行：让儿童听着歌曲，根据节奏打拍子，或让儿童再现一些单纯的（无音高的）节奏模式，看他们是否合拍，模仿有无错误，以及用这些节奏的复杂程度来衡量他们的节奏技能，观察他们节奏方面的发展。

这些研究表明，儿童节奏感和节奏技能是随着年龄增长而提高的。

从 18 个月开始，儿童试图使身体动作与听到的歌曲合拍，4～5 岁儿童能成功地模仿打出 2～4 个音符组成的简单节奏模式。6～11 岁是稳定发展期，6 岁儿童大多能准确地模仿 3～4 个音符组成的节奏模式，8 岁儿童能准确地模仿 5 个音符组成的节奏模式，12 岁儿童能准确地模仿 7～8 个音符组成的节奏模式。

有些研究还发现，儿童在音乐方面所具有的节奏感、旋律感也表现在他们绘画的色彩搭配和构图等方面。

大多数 5 岁儿童（85%）能够准确地把握节奏，但只有半数儿童能准确地把握音高。一个 6～7 岁儿童在音乐方面已拥有许多基本技能。如果他们比较聪明的话，应能理解音乐中最基本的节拍、和声、终止式和各种配合。如果给他一点儿提示和引导，他还能将这些部分组合成一个音乐的单元，虽然不完全正确。随着年龄的增长，儿童的音乐技能还会继续发展，尤其是学龄儿童会接触到社会的各种音乐文化，会在学校接受音乐教育，这对儿童自身的音乐发展会产生重要的影响。

（五）儿童旋律感的发展

1. 音高辨别力的发展

在旋律感发展方面，音高辨别力是一个很重要的因素。

本特利（Bentley）1966 年的一项测试表明，大多数 7 岁儿童被试能分辨出一个 440 赫兹的音和一个与之相差 12 赫兹的音（四分之一音）的音高差别。12 岁儿童被试中大多能分辨出八分之一的音高差别。这说明在儿童早期，音高辨别力是随年龄增长而提高的。

2. 绝对音高感的发展

绝对音高感是一种特殊的音高辨别能力，即能对一个给定的音高准确地说出音名，而且不需任何参照，能唱出一个特定的音高。音乐家们普遍认为，这种能力是一个音乐家很有价值的天赋。它能使人轻易唱出、奏出准确的音高，而且具有内心听觉，即看到乐谱就像听到音乐一样。具有这种能力的人在专职音乐家中比在普通人中比例要高很多。

关于绝对音高感的研究引起研究者的兴趣已将近一个世纪。他们着重于以下两个方面的调查。

（1）绝对音高感和相对音高感的关系。大多数音乐家和具有音乐经验的人对相对音高都有不同程度的比较灵活的反应。他们在内心听觉上，形成了一种具有音阶式的比例关系的音高体系，熟悉构成这种体系的半音、全音——小二度、大二度以及其他自然音程。因此，只要有一个给定的音高，他们就可以依据其在音高水平上移动体系，以适应一定的调性，从而给出其他的音高。而具有绝对音高感的人与之的区别是，他们内心听觉上的音高有固定的、准确的位置，因此他们不需任何给定音高作为参照。

有一些人具有一种准绝对音高感，似乎是对某个个别音具有绝对音高感。例如一些弦乐手，由于在调弦时总是以 440 赫兹的 A 音为标准，因此，他们形成了对这个音的绝对音高感。而有了这个标准的音高，他们就可以得出其他的音高。由此可见，绝对音高和相对音高的分界并不明显。有人认为，绝对音高的判断常常是相对的，甚至那些有绝对音高感的人在某些方面也采用了这种相对的判断。

（2）绝对音高感是遗传的还是后天获得的。从发展的角度看，最有意思的问题是：绝对音高感能否在后天的训练中习得，能达到什么程度？对这个问题，专家们有不同的观点。第一种观点认为，绝对音高感是一种天赋，与早期训练无关。有人甚至认为大多数人天生就有绝对音高感，是后天的音乐经历阻碍了相当一部分人在这方面的发展。第二种观点是反对遗传或天赋的观点，认为绝对音高感完全是从相应的环境中得来的。第三种观点认为，在童年有一个绝对音高感发展的关键时期。

第三种观点得到了一些实验结果的支持。萨金特（Sergeant）1969 年给出了绝对音高感与开始学习音乐的年龄有关的证据。他和罗奇（Roche）1973 年又做了一个实验：教一些 3～6 岁儿童学唱三段 8～16 小节的曲调，分六个训练期，一共三周，最后一个训练期结束后的一周，要求这些儿童重新唱出这些曲调，并对他们的复唱在音高、旋律轮廓、音程及调性方面进行评分。结果是 5～6 岁儿童在后两个方面表现较好，而在音高方面的得分最高的是 3～4 岁儿童。这表明，学龄前儿童在习得绝对音高方面有一定的可培养性。3～4 岁儿童辨别音高的能力最强。随着年龄的增长，绝对音高的发生率下降。这种能力的发展被处理和储存曲调的整体轮廓、调性等能力的发展所取代。

3. 调性感的获得

一些研究表明，儿童记住那些熟悉的、有调性的旋律，比记住不熟悉的、无调性的旋律要容易得多。其解释是，对旋律的熟悉程度和调性感影响了处理旋律轮廓及音高、音程关系方面的广度。

对于这个问题，巴特利特和道林（Bartlett & Dowling，1980）做过一个实验，被试为包括儿童和成人在内的各种年龄的人。实验时先给被试听一个熟悉的旋律，即《小星星》中的第一句（见谱例 6 中 a）在 C 大调上奏出。接着让他们听对这个旋律（标准旋律）做了移调处理的旋律（其中轮廓、音程大小都保持不变）。其中有移到近关系调（两调之间共同音越多，关系越近，反之则越远）的，如 G 大调，也有移到远关系调的，如 B 大调（见谱例 6 中 b）。然后，再听对标准旋律做自由模仿的旋律（即大致轮廓不变，音程大小改变）。这种改变有两种：(1) 改变较小的——近关系（见谱例 6 中 c）；(2) 改变较大的——远关系（见谱例 6 中 d）。要求被试说出上述各种变化的旋律与标准旋律是相同的还是不同的。

实验结果显示，非音乐家成人组 90%的被试认为移调的旋律与标准旋律相同，少于 10%的被试对近关系的模仿旋律

谱例 6

（转引自张奇编著：《儿童审美心理发展与教育》，北京师范大学出版社 2000 年版）

也做出与标准旋律相同的反应，对远关系的模仿旋律做出与标准旋律相同反应的人更少。这表明，成年人能感觉出音程大小和调名的变化。5 岁组儿童不能分辨近关系的移调旋律及模仿旋律与标准旋律的区别，对远关系的两个旋律却能分辨，研究者称之为“调远离效应”。这表明，5 岁儿童已有与成人相近的判别调名变化的能力，但尚无判别音程大小的能力。然而，年龄再大一些的儿童在测试中就表现出与成人接近的水平。8 岁组儿童不仅能通过调的改变，也能通过音程的改变来比较两个旋律。

还有证据显示，调性感大约在 6 岁之后开始出现。英伯提（Imberty）1969 年对此进行了一系列实验。在对终止感的研究中，他给不同年龄的儿童听了巴赫的《圣咏》片段，要求被试在“完整”“不完整”“不知道”三个答案中选择一个。结果发现，多数 6 岁儿童不考虑音乐在哪里结束，把片段认为是完整的。这说明他们还不能理解终止式在调性结构中的位置。但在 8 岁儿童中，这种能力明显提高。他们能领悟一个没有终止式的旋律是不完整的，还能分辨音阶中主音和属音的区别，能理解“完全终止”的作用。到了 10 岁左右，儿童已能掌握“半终止”了。

在有关儿童对调式、调性转换的辨别的进一步研究中，英伯提给被试听一些他们熟悉的曲调，然后又让他们听这些曲调的变化的样式——或出现在不同的调上，或改变了调式等。结果发现，7 岁儿童能在熟悉的曲调中很确定地听出调的变化，8 岁儿童能觉察到从大调式向小调式的变化。

英伯提还发现，儿童对曲调的正确理解和调性有关。这个发现也被其他研究所证实。当曲调以主三和弦作为结束时，6 岁儿童较易觉察出这个终止；而没有主三和弦的终止时，他们则较难觉察。有研究者发现，当让 9 岁儿童在一个曲调中选出一个最适合的结束音时，他们能够选出主音来。其他学者也发现 8 岁儿童能够区分一段完整的旋律与一段结束没有出现稳定音（如主音）的不完整旋律。

詹娜蒂（Zenatti）在 1969 年关于儿童调性感获得的研究中强调文化和社会背景的作用。她指出：在有关旋律感知和记忆的测试中，如果作为刺激的音调具有儿童所熟悉的音乐意义，他们的表现会较好，反之则较差。她的一些测试表明，在刺激（旋律）是有调性的、较协和的，以及建立在调性上的旋律组织的项目中，儿童表现出最佳的处理能力，而且这种能力在 6～16 岁会不断提高。有趣的发现是，对较传统的音乐，男孩到了一定年龄会显得比女孩无把握。詹娜蒂认为，这可能是这个年龄的男孩开始对当代一些无调性音乐感兴趣的缘故。

上述这些证据都是在西方音乐的自然音调体系上获得的。至于其他非西方音乐文化的音调体系的掌握则还没有证据。不过，温纳（Winner，1982）指出，西方自然音阶并无特别之处，在其他社会长大的儿童也有可能以相似的方式去掌握他们自己的音阶。在这点上，调性感的获得与语言能力的获得是相似的。

（六）儿童和声技能的发展

对儿童和声技能的发展研究主要集中在两个方面：一是儿童对“复调对位式”的多声部音乐的感知；二是儿童对和声的协和与不协和概念的发展。

詹娜蒂于1969年对第一个方面的问题进行了一项实验研究。她给儿童弹奏以他们熟悉的旋律为主题的二部、三部和四部赋格曲，要求儿童在听的过程中发现音乐主题时就表示出来。这是一种在“乐音后面捉迷藏”的游戏。她发现，9～10岁儿童在这个游戏中表现得越来越好。当然，即使是12岁儿童，他们在这个游戏中的某些方面仍然还有困难。这个结果和一些有关和声的测试结果基本上是一致的。它表明，儿童在17岁以前这方面能力的发展处于一个持续上升的趋势。

信息栏4-1　　什么样的音听起来和谐？

在有关和声的研究上，有一个引起争论的重要问题，即在对协和的定义上一直存在着分歧，主要表现为两种不同的理论。一种理论称为“自然规律的理论”，认为两音频率之比例越简单就越协和，越复杂则越不协和。此说源于古希腊毕达哥拉斯的理论。还有观点认为，两音之间不含拍音，以及含拍音少于6个或多于120个叫作协和音程，含拍音在6～120个的叫作不协和音程。这是德国生理心理学家赫尔姆霍茨（Helmholtz）于1862年提出的理论。第二种理论是“文化理论”，认为协和与不协和的概念是听者在所处的音乐文化环境中产生的，受不同的遗传、传统、习惯和音乐修养程度等多种因素影响。哈格里夫斯认为这两种理论是互为补充，而不是互相矛盾的。前者着重于单纯感官上的和谐感，后者则更注意诸种客观因素的作用，指的是相对的和谐、音乐的和谐。在音乐能力发展方面，研究者更多是从后者的角度进行探讨的。

1974 年，詹娜蒂采用和弦、音乐片段为材料进行了实验研究。她对两组被试进行同一项测试（一组被试由 422 名 4～10 岁儿童组成，另一组被试由 201 名 6 岁或 6 岁以上的儿童组成）：让他们比较成对的和弦（每对之中一个是和谐的，另一个是不和谐的）和成对的音乐片段（每对的节奏、旋律都相似，但在和声上一个和谐，另一个不和谐）。结果发现两组被试对和谐与不和谐有很一致的判断，其中对和弦的正确判断大约在 5 岁可以做到，而对音乐片段的正确判断则在 7 岁左右。

此后在这方面出现了更多的实验研究，研究者们一个共同的发现是：在 5～11 岁，儿童对和谐的喜爱和对不和谐的不喜爱在程度上不断增长。

（七）儿童对音乐的形象性描绘

这是一种非常有价值的心理学研究。其研究方法是让儿童用绘画表现音乐，或用音乐表现图形。这类实验研究探讨了音乐和绘画两个象征系统之间的转换和相互影响。

在用音乐表现图形方面，施坦贝克（Stainbeck）1951 年的实验研究是很著名的。她画出了如下四组圆点：

• •； •　•； • •　• •； •　•　•　•　•

要求儿童被试据此打四组节奏。结果显示：懂得第二组中两拍间的时间间隔比第一组长的，6 岁组有 2%，8 岁组有 54%，12 岁组有 96%。虽然年龄较大的儿童明显能理解时间与空间间隔的对应关系，但他们对于表现更长、更复杂的一系列节奏仍有困难。

古德诺（Goodnow）于 1971 年卓有成效地做了相反的实验，即让儿童被试用图画表现听到的节奏。古德诺打节奏，让儿童用圈或点记录下来。结果发现，3～4 岁儿童根本不会用空间来代表时间间隔，他们笼统地画一堆圈或点来表示这些节奏。5 岁儿童能画出与组成节奏音符数量大致相等（有的仍不准确）的圈或点，但看不出节奏时间的长短和分组（见图4-1中的 a 和 b）。5～7 岁儿童开始用圈的大小或圈之间的间隔来表现节奏的

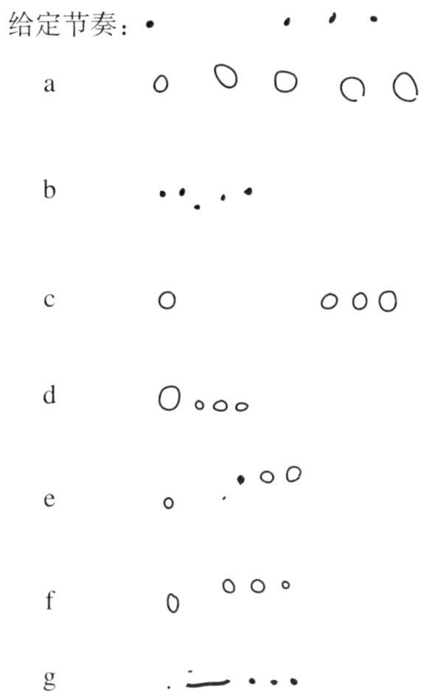

图4-1　儿童用圈或点再现节奏

（转引自张奇编著：《儿童审美心理发展与教育》，北京师范大学出版社 2000 年版）

时间间隔（见图4-1中的 c、d、e、f）。哈格里夫斯让自己 6 岁 4 个月的儿子也做了这个实验。开始的三次，孩子画出了与图4-1中的 a 和 b 相类似的点。后来，哈格里夫斯提示他应记得留出空来，于是，第四次孩子就发明了他自己的表现方式（见图4-1中的 g），即用横线而不是空格来表现间隔。此后几次实验他都用了这种表现方式。由此可见，孩子是很灵活的、很有创造性的，他们处理问题的策略很容易受一些微妙因素（如暗示或提示）的影响。这与社会性认知研究的一些基本发现是一致的。

班伯格（Bamberger）讨论了两种类型的音乐知识的划分：一种是“正式”的、传统的学校教育的内容；另一种是非正统的、人们对音乐的“天然”的反应。这种划分表现出班伯格的潜在观念：传统的学校教育偏向于一些固定的模式，而儿童的许多创造性的表现形式可能被抑制了。他认为被试所画的“音乐”可以分为“图画式”和“节拍式”两种不同的表现形式。前者画出的是一些不太规则的图形，表达了对音乐的一种主观的、整体的感觉。后者画出的是一个个独立的单位，注重表现组成节奏的每个音符的准确长度。班伯格认为，这两种方式不是对立的，而是相互补充的。

一般的观点认为，儿童对音乐的表现方式从图画式为主向节拍式为主的发展过程，伴随着从"轮廓歌"阶段向"第一稿"歌曲阶段的发展，也伴随着从大致的音调轮廓转向调性的音阶、音程的过程。节拍式的记录方法代表了一种较先进的音乐认知水平，而图画式的记录方法是不成熟的、错误的。班伯格认为这两者有内在的联系，它们对于人的音乐发展都是非常重要的。节拍式重视构成音乐的元素，较倾向对音乐的理性认识，也是传统学校教育所注重的。而图画式却有从整体上看待音乐的长处，更接近于对音乐的感性的、直觉的、"天然"的反应，是不应忽视的。班伯格还在研究中发现，儿童在接受正规音乐技巧训练的同时，也在一定程度上失去了对音乐的敏锐的直觉。有一种现象也许可以看作对班伯格观点的支持，那就是那些爵士乐的表演者大多受正规音乐教育的程度不高，但在演奏中，他们即兴做出了许多节拍、强弱、音高和音色方面的瞬间变化，正是这些微妙的变化形成了爵士乐的一大风格特征。然而，这些变化即使用正规的记谱法记下来，让一个没有爵士乐演奏经验但受过很高程度音乐教育的人去准确无误地奏出来，也会显得生硬、乏味，缺少爵士乐特有的韵律感。

班伯格的理论注意到儿童早期的创造性，值得重视。但他的解释主观性较强，能否被人们普遍接受，还有待以后的研究结果的证实。

二、学前儿童美术能力的发展

学前儿童的美术活动既是感性的认识活动，也是一种创造性活动，是他们用于表现自己内心感受、意愿和情感的视觉语言。当儿童反复感知和多次观察周围的事物，并在头脑中形成事物的表象之后，他们便想通过绘画等美术活动把事物表达出来。当学前儿童创作出的图画使他们认识到自己的创造性潜力时，成功感便会充溢他们的心中。

由于对学前儿童美术能力发展的研究大都集中于绘画活动，所以，下面也将重点置于绘画活动上。

（一）儿童画的心理价值

1. 儿童画是视觉语言的表达方式

信息交流是维系人类社会的重要手段。交流需要符号系统。除语言和体势外，图画也是人类社会常用的符号系统之一。这种交际功能不仅表现在画家的画展中，也表现在各类交通标志中。人类的绘画是一种象征性语言，它不如说写的语言严密并富有逻辑性，但图画语言含有大量的冗余信息。冗余信息越多，艺术感染力就越大。儿童在人类社会中生活，每天耳濡目染，亲身经历大量事件，必然有很多想法和感受需要表达。在他们还没有掌握文字之前，绘画便成了他们信息交流的重要手段。这就是各种文化中的儿童都有相同的绘画发展阶段的缘由。绘画的根源来自视觉经验，绘画的符号是可视的。它既可以由自己诠释，又可以任他人发挥。儿童画作为一种视觉语言的表达方式，蕴含儿童对所经历或想象的事物的记录。

2. 儿童画是创造力的表现

绘画是心灵的创造性活动，对于画家如此，对于儿童也是如此。第一次拿起笔涂鸦，儿童就发现自己的手臂动作能产生从未见过的线条，动作的重复会使线条重复，动作的改变会引起线条的改变。对婴儿来说，这不啻是一次伟大的发现。这一发现极大地激发了儿童的创造精神，儿童绘画变得欲罢不能。“绘画的活动其实也是身体的活动，画出的情景，就像自己的身体已经走进去一样，是一种创造，一种生存空间的膨胀，视觉的延展，思维意识图像化的浮现。”①一幅画就是一个世界，

① 胡宝林著：《绘画与视觉想象力》，远流出版社 1986 年版，第 104 页。

儿童在自己的绘画中创造着属于自己的世界——所憧憬的世界和所惧怕的世界。

（二）儿童绘画能力的发展

最早对婴幼儿绘画能力的发展进行阶段划分的学者是德国的克申施泰纳（D. Kerschensteiner），他花了7年的工夫，在分析了近6万名儿童的30万张图画之后，著有《儿童绘画能力的发展》一书，提出儿童绘画发展的阶段。以后又有众多学者将儿童绘画发展划分为不同的阶段。虽然说法不一，但历程是一致的。我们以我国老一辈儿童心理学家黄翼的划分为基础，综合表述如下。

1. 涂鸦期

涂鸦是儿童绘画的先兆。最初是无秩序的信手涂鸦，大致发生于1.5～2.5岁。此时，儿童以指掌式握笔，单纯由手腕动作产生反复的线条。手腕还不够灵活，手指动作缺乏，线的方向与长度视手臂挥动的幅度而定。有时儿童在涂鸦时甚至并不注视自己所画。随着手臂的运动和线条的出现，儿童感到很愉悦。发展到第二阶段为有控制的涂鸦，表现为儿童注视自己画出的线条。此时画法也多样化，如出现复杂的轮状和涡状线条。手腕动作变得更细致，画笔的握法类似于成人。格尔茨（Goertz，1966）曾对48名16～58个月的儿童做实验，给他们两种圆珠笔，一种笔有油，可以涂画，另一种笔没有油。她假设2岁以下的儿童不会在意笔是否有油。但实验结果出乎意料，每一个儿童，即使是年龄最小的儿童使用有油的笔涂画的时间较长。年龄较小的儿童看到笔里没油，画不出线条就不再画了，而3～4岁儿童嫌笔不能作画，纷纷要求调换。可见，儿童在涂鸦时是十分关注动作效果的。

2. 象征期

3.5～4岁儿童开始对自己画出的图画赋予名称，进入象征期——本质上是"命名的涂鸦期"。儿童常常画一些大圈圈、小圈圈，或模仿成人的文字书写动作，并懂得以一个单独的线条来命名一种物体。通常，儿童并不是先有主题再作画，而是画完后再赋予意义。这时的成人如欲理解儿童的解释，不经过一番想象是不行的。这时儿童对作品赋予的含义又是不确定的，经常会加以改变。有时，儿童也会先决定画个什么东西，然后一边画一边说，一副怡然自得的神态。儿童对自己的图画赋予含义对认知的发展具有十分重要的意义，因为这是儿童表征和思维的表现，对将来的抽象思维的形成具有不可低估的作用。

3. 定型期

这是儿童绘画的典型时期，又称图式期。4 岁以后的儿童开始努力将头脑中的表象用图画的方式表现出来。这一时期的儿童表达意愿、发泄情感的欲望增强，但又受语言尤其是文字符号的限制，不得不借助动作和表象来表达，图画便成了他们最有效的交流形式。儿童画不仅表示意中之物，也多少有点像所画的对象。10 岁以前的儿童尤喜欢画人物，现以人物画为例，分析儿童画定型期的特点。

（1）“蝌蚪人”。儿童最早画出的人是一个近似的圆形下面加上一两根线条，即成人形（见图4-2）。

（2）渐益完备的正面人。“蝌蚪人”面部画上几个小圆圈，代表五官，以后身体各部分增加，渐成完备的正面人（见图4-3）。把人和物都画成正面，是儿童画的普遍特点，房屋的门也是正朝着画的作者。

（3）侧面人。正面的身体加上侧面的头部，标志着侧面人的诞生（见图4-4）。

以后，儿童画的人物出现一些动作。5 岁儿童的绘画有了明显的不同，绝大多数画出的东西能依据一般的规则，如出现了表示天空或地面的基线。儿童年龄越大，这条基线也越明确。最大的变化是画人时出现了躯体，手从躯体长出，而不是从头部伸出，手指开始出现，虽然数目也许不准。大都能画出头发。儿童不断尝试着各种画法，最终形成自己的绘画模式。定型期是儿童自主绘画的黄金时期，他们可以自由表达，大胆创造和

“蝌蚪人”

有五官的“蝌蚪人”

有五官和四肢的“蝌蚪人”

图4-2　各种“蝌蚪人”

图4-3　渐益完备的正面人

图4-4　侧面人的出现

尝试，既不为技术的限制而踟蹰，也不因受到批评而自馁。

4. 写实期

10 岁左右的儿童经过训练，学会用写实的眼光观察事物，正确表现物体的远近和光线的明暗，注意对象之间的相互关系和画面的布局结构等。对于大多数未能得到良好训练的儿童来说，前期的那种天真烂漫的自信渐渐消失，画笔也离手而去，绘画水平固结在定型期。大多数未经良好美术训练的成人终生就停留在定型期或写实期的开头阶段，而达不到专业水平。

关于儿童绘画发展阶段的划分，黄翼告诫我们：“这是一种不得已的办法，不可过于拘泥。因为演化的历程，大都是赓续渐进，天衣无缝，没有截然的阶段的。儿童的绘画也不例外。所以有时一张图画，可以介于两个阶段之间，不易断定当归入何段，也可以同时具有不止一个时期的特色。”①

老一辈儿童心理学家陈鹤琴是我国儿童心理学的开拓者，也是我国儿童审美心理发展研究的开拓者。他的《儿童心理研究》是我国儿童心理学的一部开拓性和奠基性著作。

陈鹤琴的理论核心是把儿童的绘画看作表情达意、反映客观现实的有效工具。他指出，随着生活经验的累积，儿童的时空观念等逐渐发展起来，通过与周围环境的接触，他的语言也丰富起来了，他的思维能力包括一切的高级神经活动也相应地得到了发展。因此，绘画的发展也是紧随着这些能力的发展而发展的。

陈鹤琴根据对自己儿子的画所做的追踪研究，得出了以下的结论。

（1）儿童画的发展体现了由量变到质变的过程。陈鹤琴认为，儿童画的发展体现出一个由量变到质变的过程。量的积累表现为感知、绘画技术和生活经验的增加，质的变化表现为儿童绘画在不同时期所能表现的事物的特征。陈鹤琴认为，他对儿童画发展的四个时期的划分与外国研究者的划分方法大致是相同的。这说明世界各国儿童的心理发展过程是一致的，但是儿童绘画发展阶段的年龄划分是各有不同的。

（2）儿童先会画线，后会画圆，然后才会画点。陈鹤琴用物理学原理和绘画时儿童的坐姿、画姿来解释儿童为什么先会

① 黄翼著：《儿童绘画之心理》，商务印书馆 1938 年版，第 3—4 页。

画线，然后用弧线与圆的联系来解释为什么从画线发展到画圆，最后用儿童手臂的大肌肉的发展比手腕的小肌肉发展早，来解释儿童为什么不是先会画点，后会画线，而是先会画线，后会画点。

（3）儿童的感知认识先于绘画技能的增进。陈鹤琴指出，儿童的绘画技能在早期还是远远地落后于他的感知水平的，到后来，他的技术水平与认识水平逐渐接近，到最后二者间的距离更加缩短了。在涂鸦期，儿童的绘画技能和认识水平是相差很远的。到象征期，儿童的绘画表达能力有了进一步的发展。到了定型期，儿童的绘画技能逐渐接近他的认识发展水平。在这个时期，他常常画自己所知道的，而不画自己所看见的。这种现象到了写实期就基本上消失了。在写实期，儿童的技术和认识就更加接近，他渐渐地能画出自己实际看见的事物。

（4）儿童通过图画反映的是印象最深的客观现实。陈鹤琴认为，许多儿童选择的图画都是根据他们的主观印象来决定的。因此，某些东西在逻辑上有很大的意义，由于儿童认为不重要而被忽略了，一些不重要的小节和根本看不到的东西却占据重要的地位。这就是有时候从成人的眼光看来，儿童的图画十分奇特的原因之一。

（5）生活经验和教育实践是儿童绘画技能的基础。陈鹤琴根据自己儿子的经历，认为儿童与自然界接触的机会越多，生活经历越丰富，他的绘画技术就会提高更多。

（三）学前儿童绘画与其他心理活动的关系

儿童的绘画除了与创造性紧密相关之外，还与许多其他心理活动密切相关。这些相关的心理活动有情感、言语、信息加工、智力发展和概念形成等。

1. 绘画与情感

所有的美术活动都具有宣泄情感的功能。运用绘画发泄自己的情感，是儿童常用的方法。人们经常把儿童绘画看作一种游戏，事实上，儿童绘画除了游戏的功能外，最重要的是宣泄情感。例如，一个膝盖受伤的女孩在画一个人时，把腿画得长长的，在一条腿上涂上一个黑圈圈，并向询问的成人解释道："她膝盖上受伤了，结了一个大疤。"她卷起裤腿，露出受伤部位，"你看，跟我一样"。有研究发现，在家庭中受到关爱的儿童比那些缺少关爱的儿童更倾向于用图画来表现家庭。可见，每一件可能发生在儿童身边的情感事件，都会在儿童画中得到反映（见信息栏4-2）。

信息栏4-2　她是会哭的

下面是一位学前教育研究者对某幼儿园大班一节美术课的真实记录。

教师安顿全班幼儿坐好以后，在黑板上画了一个戴头饰的女孩的头像。她先用白色粉笔打好框架，然后再用彩色粉笔涂颜色。教师作画的时候，背对着幼儿不时说上几句："哪个有声音？等一下我找他！"每一次话音一落，教室里就安静一会儿。教师画完后，对全班幼儿说："今天我们的美工课要学一种新本领，画一个戴头饰的小姐姐。你们看，像老师这样先画出框架……"教师边讲述边板演画头像的步骤。在画到头像的嘴巴时，教师没有言语，只是在黑板的空白处画了一段向上弯的曲线，表示女孩的嘴角向上翘，在微笑。讲解完毕，教师依次发给每个孩子一张白纸、一盒水彩笔，让孩子们按照黑板上的示范学习画画，然后走出教室。孩子们边画边交谈，起初是嗡嗡的小声，不一会儿，音量逐渐加大。15分钟后教师回到教室，吆喝一声："怎么这么大声音！"教室里又重新安静下来。教师便挨桌看每个孩子的画。当他看到男孩GP的画的时候，皱了一下眉头说："你怎么搞的！你看看黑板上的小姐姐，嘴角是向上弯的，是高兴的。你怎么（把嘴角）画成向下弯的、哭泣的呢？"GP咬着手中的水彩笔，来回摇晃着自己的小椅子，没有答话。教师似乎并不期待GP对她的问话做出回答，迅速转过身去重新拿了一张白纸放在GP的面前，"看仔细了，认真些！重画！"顿了一顿又加上一句："这幅画是要给（你）爸爸妈妈看的。”说罢，教师又去检查其他孩子的画去了。GP没有说话，对邻座的JJ吐了一下舌头，趴在桌上按照教师的要求重新画女孩的头像。

课后，研究者与该教师有一段对话。

研究者：“您觉得GP这孩子做事不太认真？”

教师：“是的。我教了这么多年（十年），发现有一个特点，小班的孩子做事最认真，最听话，你教他做什么、怎么做，他就按你说的去做，（年龄）越大越不听话。”

研究者：“GP刚才画了一个哭脸。”

教师：“对，气人吧。你让他画个笑脸，他非和你对着干，真气得你胃疼！”

GP为什么要画一个哭泣的女孩的头像呢？研究者利用观察的间隙，在水槽旁找到正在洗杯子的GP。研究者走过去，一边洗手，一边和GP搭话：

“GP，我觉得你刚刚画的那个哭泣的小姐姐的头像画得很好。”

GP抬眼望了研究者一下，目光中流露出惊讶，继而又转成羞涩的神情，默不作声，继续洗他的杯子。

“那个小姐姐怎么会哭的呢？”研究者接着问道。

GP没有抬头，只是轻声说了一句：“她是会哭的。”随后，拿起洗好的杯子快步离开盥洗室。

——刘晶波著：《师幼互动行为研究——我在幼儿园里看到了什么》，南京师范大学出版社1999年版，第108—112页。

---

2. 绘画与言语发展

儿童的绘画活动与言语活动有以下几种联系方式：(1) 边画边说和边说边画，即儿童一边绘画，一边嘴里在说些什么；(2) 根据听到的故事来画画；(3) 给画好的图形命名，即当成人问儿童画的是什么东西时，他能说出所画图形的名称；(4) 根据所画出的图形讲故事。通过这些形式，儿童的绘画活动就与言语活动紧密地联系起来。在幼儿园里，儿童尤其是大班的儿童很热衷于用图画记录事件的经过，并对每一张图画所反映的故事能绘声绘色地讲出来。所以，儿童的绘画不仅有利于创造性的发挥，而且也促进了内部言语和外部言语活动。图形与命名的结合促进了儿童概念的形成，根据图画讲故事促进了儿童口头表达能力的发展，根据听到的故事画画促进了语言符号与图形的相互转化，边说边画有利于绘画活动的自我控制。

3. 绘画与信息加工

早期的儿童，言语能力比较低下，主要通过视觉获得形象信息。有研究结果表明，儿童在 2.5 岁以下并不能区别实物与图画之间的关系。2.5 岁的儿童能够按图画找玩具。至少到 4 岁时，能够全面理解图画的符号表征本质和双重身份（如一张图既画有花，又是一张纸）。据此可以推断，儿童的视觉加工和表象加工一定十分活跃。图画要反映内心的事物表象，所以，儿童的绘画活动也必定要促进他们的表象加工。这样，儿童对视觉的信息加工和对事物表象的认知加工，必然会促进他们形象记忆、再造想象和创造性想象活动的开展，从而促进形象记忆能力、表象概括能力、再造想象能力和创造性想象能力的发展。

4. 绘画与智力的发展

早在 1926 年，古迪纳夫（F. L. Goodenough）研究画人测验的测试结果和比奈—西蒙智力量表的测试结果之间的关系，发现相关甚高。有的研究还表明，在绘画中具有创造性才能的儿童在学校的功课方面成绩甚优。也有研究表明，低能儿童的绘画明显地劣于常态儿童的绘画。近期的研究（孔起英）表明，儿童绘画发展阶段的特征与皮亚杰的儿童智慧发展阶段论中的阶段特征有高度的一致性。

这些研究都充分地说明，儿童的图画可以反映他们的智力水平。这样，我们就可以用绘画来测查儿童的智力，也可以用绘画来鉴别超常儿童和低能儿童。这就为儿童心理的发展研究提供了另一种方法。由于儿童绘画的稳定性比一般的智力测验中的口头表达强，所以儿童绘画测验的可靠性可能比一般的智力测验中的口头测验项目更可靠。这就是儿童绘画作为心理学研究方法的意义所在。

5. 绘画与概念形成

绘画有助于儿童对于事物的概念的形成。儿童最初形成的概念是“形象概念”，即事物的表象。在形象概念的形成和发展过程中，儿童已经有了对形象信息的对比、抽象和概括。形象概念的发展早于抽象概念，形象概念是抽象概念的基础。另外，儿童的绘画活动伴随着言语活动，可以发挥大脑左、右两半球不同信息加工功能的相互协调，因此，绘画活动会促进儿童大脑的整体发展。

（四）如何读懂儿童画

儿童画是有意义的。读懂儿童画不仅有助于了解儿童，也有助于我们认识自己。下面结合俄罗斯学者巴尔坎（А. Баркан）的一项研究①，分析如何读懂儿童画。研究者要求学前儿童和学龄初期儿童以“我的家”和“我想要的家”为题作画，然后分析儿童作品的内涵，十分有趣。

1. 作画的顺序

研究者发现，通常，儿童听到绘画主题后立即画上家庭的所有成员，然后再补充细节。儿童所画的第一个人通常是最爱他的人，或在他看来是最重要、最权威的人。如果儿童认为自己最重要，他会把自己先画上去。图画中其他成员的先后次序反映了他们在儿童眼中的家庭地位。如果儿童感受到自己在家庭中被忽视、被遗弃，他就会最后画上自己。如果儿童忘记画上父母和自己，或者先画一些次要事物，然后再画人，或者把家庭某个成员最后才画上去，可能反映儿童对家庭感觉不舒服。

---

①［俄］巴尔坎著，王楠译：《如何读懂你的孩子》，黑龙江人民出版社2003年版，第273页。

2. 形象的大小

一个人在儿童画中越高大，就表明这个人在儿童心中越有威信、越重要。如果一个人在儿童心目中威望很低，他就被画得很小。认为自己是家庭中心的儿童，会把自己画得比父母还要大。自我感觉不良的儿童，往往把自己画得很小、很不起眼（见图4-5）。

一个家庭处境不良的女孩（6 岁）所画的“我的家”，反映她在这世界上很孤独。

一个家庭处境良好的女孩（7 岁）所画的“我的家”。她是家庭的中心。

图4-5 两个家庭处境不同的儿童所画的“我的家”

（［俄］巴尔坎著，王楠译：《如何读懂你的孩子》，黑龙江人民出版社 2003 年版，第 276 页）

3. 人物关系

儿童通常把自己画在自己依恋对象的旁边。如果他把自己画在父母的中间，或将自己画成家庭的主人，表明他感受到家庭需要他。家庭成员之间的距离，表明情感上的亲疏。如果情感亲密无间，儿童会把所有成员画得紧挨在一起。反之，儿童在自己与父母之间画上一些不相干的人或物体，表达自己的疏远感。如果儿童在画中没有画上自己，这可能是家庭冲突的信号。一个在生活中导致儿童不快甚至痛苦的人常常会在儿童画中消失，这是一种“报复”。如果你想了解为什么不画这个人，儿童会给出一个搪塞性回答，如“他干活去了”等。

华东师范大学学前教育学系的一项儿童画研究，值得我们认真品味。研究者以“我的家”为题，要求寄宿制幼儿园

（A）的全托幼儿与非寄宿制幼儿园（B）的日托幼儿作画。研究发现，日托幼儿在图画中反映的人物关系普遍比全托幼儿在图画中所表达的关系要复杂些。这种情况在中班幼儿中表现尤甚（见表4-1）。① 相当多（52%）的中班全托幼儿对“我的家”的理解仅仅局限于住房，类似于英文中 house 的概念，而缺乏 home 或 family 的概念（见图4-6的 A），而日托幼儿能描绘出家庭中每个成员在不同房间中的活动情况（见图4-6的 B）。研究数据和幼儿绘画作品表明日托幼儿对“我的家”的理解和表达比全托幼儿更丰富、更生动。

表4-1　全托幼儿与日托幼儿绘画中人物关系比较

		多个人	两个人	一个人	没有人物（仅是房子）
A	中班	8%	12%	28%	52%
	大班	21.21%	33.33%	39.39%	6.06%
B	中班	19.23%	26.92%	23.08%	3.86%
	大班	24.24%	30.30%	42.42%	3.03%

A

中班一幼儿画的“我的家”：房屋建筑结构完整，标明楼层，但没有表现人物关系。

B

大班一幼儿画的“我的家”：妈妈在厨房里做饭，爸爸在电脑前劳作，爷爷在看电视，奶奶在整理房间，我在做习题。一幅典型的世俗风情画。

图4-6　全托幼儿与日托幼儿对“我的家”的不同表现

① 孙磊：《从绘画中比较全托与日托幼儿情感表现的特点》，华东师范大学硕士学位论文，2004 年。指导教师：周念丽。

4. 细部处理

儿童为了表达自己的社交需要和渴望被理解的需要，会在自己的作品中加上一些其他人或小动物。儿童对人物形象的细部处理为我们理解儿童画提供了大量信息。如果儿童详尽地表达五官的细部，对脸部的兴趣明显大于身体其他部位，说明该人物对儿童来说非常重要。如果面部五官缺失，通常说明儿童对该人物有消极情绪。如果儿童把自己画得五官缺失，表明他与家庭的关系不和谐，与其他人交往不成功。如果儿童在五官中突出了嘴部，可能是儿童受到过多的说教和训斥而产生了恐惧感。手臂也包含大量信息。一个学习舞蹈的女孩把自己的手臂和手指画得又长又细。有时，儿童过于突出自己的手臂是为了表现一定程度的攻击性（见图4-7）。

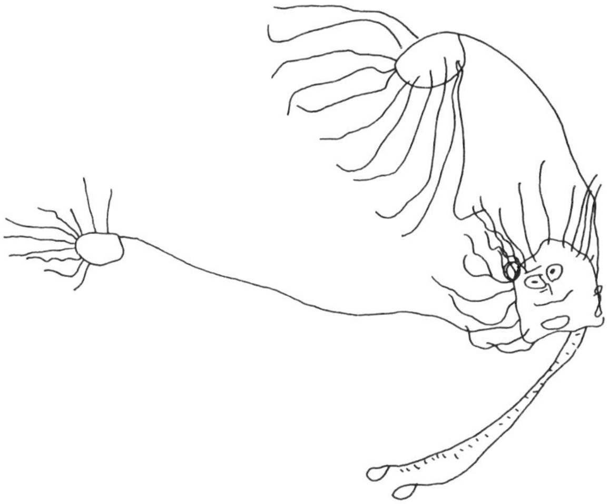

图4-7　我在跳舞（请注意伸长的手指和空间的有趣运用）

（[美] W. L. Brittain 著，陈武镇译：《幼儿创造力与美术》，世界文物出版社 1991 年版，第 49 页）

5. 图画的色彩

儿童画中的色彩是情感的温度计，最能反映作画过程中回忆亲人时体验的情感。孩子们对自己钟情的人物和事件都会涂上暖色调，用最鲜明的色彩点染自己心目中的亲人，会给他们穿上彩虹般的盛装。通常，孩子们会为妈妈设计出最富有幻想色彩的服饰。受爱戴的亲人都会穿上亮丽的服装，细节也都受到充分的注意。孩子们在画外出游玩的画面时总是有一个红红的太阳，即便那天实际上是阴天。冷色调，表明孩子与家人关系不和谐。尤其是黑色，表明孩子对此人在情感上难以接受。暗淡的色彩是暗淡心情的反映。有一天，一个小女孩在幼儿园画画时将爸爸的脸涂黑了，细心的教师很快就了解到头天晚上她挨了爸爸的打。

儿童画最集中地反映了儿童对生活的独特视角。读懂儿童画是我们理解儿童的重要途径，也是及时了解儿童需要、发现儿童情绪变化、及时调整亲子关系和师幼关系的关键。

综上所述，儿童画既是内在的表达，又是促进内在发展的途径，还是我们了解儿童内心世界的窗口。从儿童画中，我们可以了解儿童的兴趣、爱好、性格特征，分析儿童的情绪状态和需要，鉴别儿童智力高低等。总之，儿童画是一个丰富的心理学宝藏，值得我们认真品味（见信息栏4-3）。

信息栏4-3　各式各样的嘴巴

儿童眼里的嘴巴竟然有这么多的不同，你想到过吗？你是否认可“儿童画是一个丰富的心理学宝藏，值得我们认真品味”这种说法？

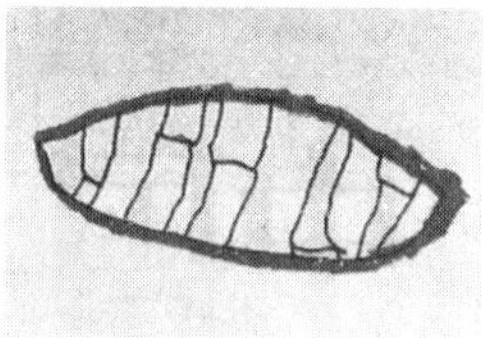
爸爸生气的嘴巴

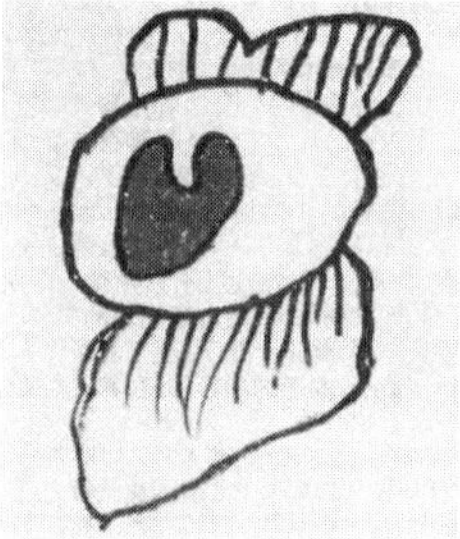
尖叫的嘴巴

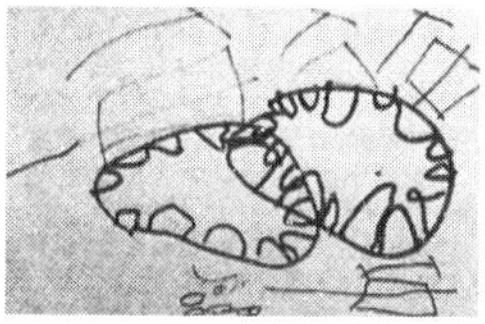
和妈妈说悄悄话的嘴巴

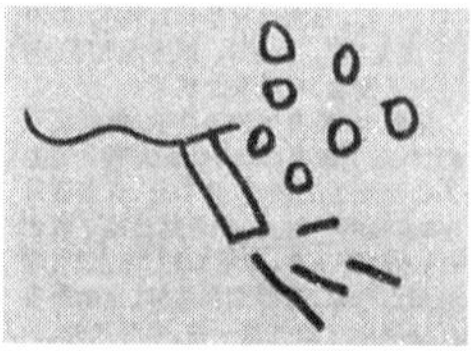
爸爸吸烟的嘴巴

爷爷的嘴巴藏起来了

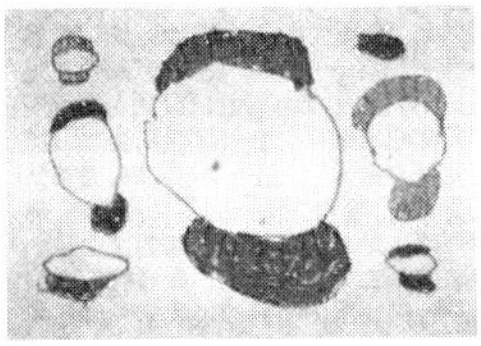

很多人说话的嘴巴

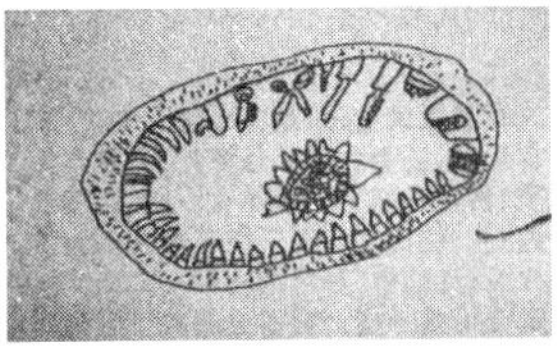

舌头是桌面，嘴巴里有许多好吃的

——郑惠萍主编：《奇迹，其实它很平凡》，百家出版社2001年版，第5页。

第二节　学前儿童审美心理的发展

一、儿童审美感知的发展

儿童对物理世界的认知发展较早地受到心理学家的重视。那么，儿童审美感知发展的历程是怎样的？美国心理学家加德纳（H. Gardner）主持“哈佛大学零点项目”（Harvard Project Zero），对此问题进行了长时间的深入探讨和研究，提出儿童艺术品知觉发展阶段论。这是目前国际上有影响的描述儿童对艺术品的审美知觉发展的理论。它包括儿童对所有艺术品形式的感知，并概括出儿童审美感知发展的一般阶段特征。

（一）审美的与非审美的感知

加德纳首先提出了一些学者关于儿童对艺术品感知特征的两种不同观点：一种观点认为，任何儿童都把他接触到的一件艺术品理解为一个客体种类中的一员。也就是说，儿童把艺术品看成是一般客体中的一个成员，而不是把它看成艺术品。第二种观点甚至反对艺术与非艺术的区别，建议任何审美愉悦的形式都可看成是艺术品。加德纳既不同意第一种观点，也不赞成第二种观点。他认为“哈佛大学零点项目”一个假定的指导思想是：“一定存在着一种技能或能力，这种能力可能不足以使儿童成为一个艺术鉴赏家，但是这种能力对于鉴赏能力来说是必须具备的。这样，评估一个儿童的什么感受性就变成一个确定不同年龄和不同理解程度的儿童达到这种确切的关键能力的程度的问题。”①

加德纳正是按照这种指导思想设计“哈佛大学零点项目”，通过实验，探讨儿童在几种艺术形式上的发展模式。他认为儿童审美感知的发展历程与皮亚杰的儿童认知发展历程存在共性。

（二）加德纳的儿童审美知觉发展阶段论

加德纳概括出儿童从出生到青年期（即20岁）审美感知发展的五个阶段的特征。

1. 儿童早期的感知（0～2岁）

加德纳指出：“在生命的最初两年里，儿童还不能直接卷入到艺术客体中。……如果用诗歌、表演和钢琴曲充填儿童的生活环境的话，将使他们的感觉器官与之有较小的贴近。然而，在这个时期里，这些对儿童的影响几乎是无效的。……艺术品呈现的最终结果是为儿童感知能力的发展提供了一个必要的基础。”②也就是说，儿童在出生后的头两年里，还不能把艺术品看成是审美对象，而只能把它们看成是生活中的一般客体。但是，给这个时期的儿童呈现各种艺术品有助于他们一般感知能力的发展。更确切地说，2岁以下的儿童的一般感知能力和审美感知能力还没有分化，艺术品的呈现是作为一般的刺激物，只起到促进儿童一般感知能力发展的作用。

加德纳还明确地指出，在生命的第一年里，儿童面临两项原则性的认知任务：一是逐渐认识他们周围的“物体世界”（the world of objects）；二是逐渐认识他们周围的“人的世界”（the world of persons）。“只有当儿童知道怎样解释或‘阅读’

①② Gardner，H. （1981）. Children’s perceptions of works of art：A developmental portrait. In D. O’Hare (Ed.)，*Psychology and the arts*. New Jersey：Humanities Press，p. 3，p. 7.

物体，他才能够察觉和欣赏包含在这些物体内的各种审美特征。”① 这即是说，婴儿头一年里对周围的人和物的认识是他们将来审美认知的基础，当然也是科学认识的基础。

加德纳认为：“儿童在出生以后很短的时间里就能够朝向光源和明暗对比的领域。这种早期（视觉）朝向如此强烈地被吸引到这些领域被认为是‘专性的’（obligatory）。”②加德纳的这种观点或解释，与我们对婴儿偏爱明亮色彩的光或颜色，以及偏爱轻柔的声音的解释是一致的，即都是由儿童的“本能性”感觉特征决定的。

加德纳还指出：“儿童一旦能够认识物体的种类和生活中的成员，便有了基本的看图搭积木的能力。实际上，已有的发展证据指出，婴儿恰好在一年左右就能够‘阅读’图画，并将它与他们读到的‘真实’世界联系起来。……这个时期可能是儿童搭积木和浮现过程的关键时期。”③

2. 符号认知（2～7岁）

婴儿期以后，儿童超越了物体和人的世界的“直接知识”时期，能够“阅读”涉及物体和人的一整套符号，即语言。到了这个时期末，大部分儿童都能够相当流利地运用口头语言，对于听到的成句的话，也能够明白其意义。图画、泥塑作品和雕刻作品等都能够被儿童理解为真实世界的代表。他们能够理解简单的故事，也能欣赏舞台艺术表演。

加德纳对这个时期儿童的描述是相当贴切的。这个时期是儿童口头语言（即听和说）发展的关键时期。语言的发展也是这个时期儿童心理发展的主要特征。这个时期正是儿童的幼儿期和学前期，按照皮亚杰认知发展阶段的划分，它属于儿童认知发展的第二个阶段，即前运算阶段。

---

①②③ Gardner，H. （1981）. Children's perceptions of works of art：A developmental portrait. In D. O'Hare（Ed.），*Psychology and the arts*. New Jersey：Humanities Press，p. 8，pp. 7-8，p. 8.

这个时期不仅是儿童认知发展及表象思维发展的重要时期、语言发展的敏感期，而且也是审美感知发展的最复杂、最有特点和最有研究价值的时期。

加德纳认为，正是由于儿童在词汇、图画、手势等方面理解的便利限制了审美感知方面的发展。加德纳列举了许多实验案例来说明这一点。例如，加德纳给儿童看图画，然后要求他们把同一种类型的图画放在一起。有时他明确地要求儿童把同一个艺术家创作的艺术品放在一起，有时他给儿童示范按照艺术风格把画放在一起，并鼓励儿童去这样做。可是结果都一样，这个年龄的儿童把图画看成是事物的照片，而画中的主题素材结构是他们给图画分组的唯一明显的根据。也就是说，儿童不是根据美术作品的风格，而是根据美术作品所展现的事物的种类来分类。这说明，这个时期的儿童形成了同类事物的表象（这是一般认知发展的特征），而没有形成艺术风格、艺术技法等概念的表象。这个实验结果与这个时期（定型期或图式期）儿童的图画缺乏分化的特征（如人物不分长幼和性别，动物分不清是猫、狗、驴还是马），儿童只偏爱画中的事物，而不考虑绘画的艺术形式和技法等特征是一致的。对于比较熟悉的同类事物，这个年龄阶段的儿童初步形成了一般表象，而不是每个具体事物的具体形象。这种表象或形象思维特征是这个年龄阶段的儿童的主要认知特征。至于美术作品的艺术风格和艺术形式，这对于处于幼儿期和学前期的儿童来说确实太深奥、太隐晦，以至于他们还不能像分辨事物的种类那样很容易地把它们分辨出来。

从儿童认知发展的连续性来看，这个阶段儿童认知的发展是前一个阶段（即皮亚杰的感知运动阶段和加德纳的婴儿感知阶段）的继续和内化。说它是继续，是因为在前一个阶段，儿童认知的主要任务是认识周围的事物和人，即加德纳所说的“物体世界”和“人的世界”，而到了符号认知阶段，儿童仍然要继续认识周围的事物和人。说它是内化，是因为在前一阶段，儿童对物和人的认知主要依靠直接的感知形象，而在此阶段，儿童可以形成一类事物的心理表象。表象是事物的外部形象内化的结果，表象也是形象思维的材料或内容。

从儿童认知发展的阶段性来看，虽然婴幼儿认知的对象都是周围的人或物，但是婴儿感知的是事物的直接形象，而幼儿则获得了事物的表象。这是两个阶段儿童认知发展上质的不同。

儿童在符号认知阶段对一些美术作品表现出明显的偏爱。加德纳认为，儿童的这些偏爱不完全是特质的（idiosyncratic）（指有特定的标准或倾向——主编注）。“儿童倾向于偏爱那些表面上最吸引人的美术作品：具有明亮色彩的美术作品，表现儿童喜欢的事物的美术作品，最像所表现的事物的美术作品。”① 加德纳所提到的这些偏爱特征，与我国学者张奇等人对中国幼儿所做的美术作品审美偏爱实验所得出的结论是完全一致的。这说明，中美两国儿童（幼儿）对美术作品的审美偏爱是非常相似或接近一致的。

“这个阶段的儿童还表现出对艺术世界的幼稚无知。他们表现出不多的评价标准的知识、艺术形式的历史知识。”② 这个结论与我国学者张奇等人对中国幼儿所做的对美术、唱歌和舞蹈审美评价实验所得出的结论也是基本一致的。由此可见，儿童审美感知的发展特征不受地域文化的影响，而有非常接近的一致性。这个阶段的儿童还不能分辨艺术品的质量，认为每个艺术家的作品都是相当好的。他们不关心艺术家的水平，也不关心哪一位艺术家的作品更好。对这些，他们一律持“放任的态度”（laissez-faire attitude）。加德纳的这个结论与张奇在幼儿对同伴和自己的绘画作品的评价特点的实验研究中获得的结论不一致。其主要原因在于，加德纳等人的实验采用的是美术

①② Gardner, H. (1981). Children's perceptions of works of art: A developmental portrait. In D. O'Hare (Ed.), *Psychology and the arts*. New Jersey: Humanities Press, p. 12.

家的作品，而张奇在实验中让幼儿评价的是他自己或他的同伴的作品。这个阶段的幼儿看不出美术家的作品的优劣，却能看出自己和同伴的作品的优劣。当然，他们对优劣的判断标准是非艺术的。加德纳还指出，这个年龄段的儿童对我们社会上所说的事物（包括艺术品）的审美特性（或风格）表现出很少的敏感性。这一点与张奇在幼儿对美术作品偏爱的实验研究中所得出的结论不一致。张奇的研究发现，儿童偏爱用夸张或拟人风格表现事物的美术作品。加德纳等人的研究可能没有涉及这类专为儿童创作的美术作品，所以，他们没有发现儿童欣赏美术作品的这个最突出的特征。

加德纳在研究中也注意到，这个时期可能会出现在音乐和美术上的天才儿童。“在幼儿早期有许多儿童创作出有趣的作品。也有特殊的儿童像神童莫扎特或奇才纳迪亚一样，他们创作的作品达到了成人的水平。显然，为了造就这些艺术品，儿童需要发展感性能力，需要认真地注意他人创作的艺术品的风格，能够用自己的双眼或双耳检查自己‘初出茅庐的作品’（fledgling works）的品质。”①

最后，加德纳对符号认知阶段的儿童的审美感知发展特征做了概括性的总结。“正是在婴儿期，儿童学习认识物体和人。现在，蹒跚的学步儿童开始学习解释符号（Gardner & Wolf，1979）。到了学前期末，他获得了怎样翻译符号的‘最初的草稿知识’（first draft knowledge）。然而，他距能够注意到艺术品中的特别重要的符号特性还很远。对于他来说，艺术符号的世界仍是一个巨大的‘未知世界’。”②

3. “写实主义”的高峰（7～9 岁）

“初入小学的儿童不久便超越单纯的偏爱，而开始欣赏意

①② Gardner，H. （1981）. Children's perceptions of works of art：A developmental portrait. In D. O'Hare（Ed.），*Psychology and the arts*. New Jersey：Humanities Press，p. 14.

义符号的表现特征和风格特征。这样一种欣赏能力的飞跃，可能是一定的社会或一定的环境背景的实情。确实，7～9岁初入学儿童在我们的社会中表现出一种拘泥于字面意义的高峰期。儿童不仅继续直接通过艺术品看它们表现什么，而且他们这种僵化的思维方式严格而全面地充满了所有的评价尺度。”①

加德纳具体描述了这个时期的儿童在审美感知方面的一些特点。

如果给这个时期的儿童呈现一幅表现现实世界的艺术品，那么，儿童将以“这件艺术品在多大程度上反映出感知到的现实世界”为评价标准，或将其评价为“逼真的”，或评价为“愚蠢的”，或评价为“没有水平的”。

这种“写实主义”的评价标准并不局限于对美术等形象艺术品的评价，而且还表现在对比喻性语言修辞的理解方面。例如，如果告诉这个年龄的孩子“监狱的看守是一块搬不掉的硬礁石”，那么，这个孩子真的会认为看守是一块礁石，他在一个磐石一般的监狱里工作，他的肌肉像岩石一样。

这个时期儿童的艺术偏爱也是十分僵化和呆板的。你不能改变所画物体的颜色，否则就是错的；一首诗必须要有韵律，否则就不是诗；音乐必须是和谐的，否则就是噪音；一幅画必须像宠物，否则就不是一幅好画。照片，在儿童眼里是最好的艺术品，因为它最像事物本身。这个年龄的儿童还难以理解“一个人可以描绘世界上不存在的东西”这种现象。对于儿童的这种“写实主义”审美感知（包括审美评价和审美偏爱）的特征，有的教师提出了不同的看法，认为儿童所表现出的这种拘泥于字面意义的特征主要是人工实验的副产品，而实际上小学生是能够异想天开或富于想象力的。加德纳认为，这个时期

---

① Gardner, H. (1981). Children's perceptions of works of art: A developmental portrait. In D. O'Hare (Ed.), *Psychology and the arts*. New Jersey: Humanities Press, p. 15.

儿童审美感知的“写实主义”特征和富于想象的潜质是同时存在的，这两方面的描述都接近于儿童审美感知的事实。他明确地指出：如果把儿童放在那些天才的教师所推崇的允许孩子异想天开的环境里，那么，拘泥于字面意义的“写实主义”审美倾向就可能像一块不想要的面纱一样被掀掉，而隐藏在儿童心底的创造力就会显示出来。

为此，加德纳等人已经做出了一些尝试，并收到较好的效果。加德纳等人曾利用几周的时间训练儿童按照绘画作品的艺术风格和语言修辞的隐喻风格进行分类。这样的训练对于学前儿童收效甚微，而对于小学高年级学生，常常能使一个“写实主义”的儿童转变成为一个在审美领域十分敏感的个体。一个只凭主观因素区分美术作品种类的 8 岁儿童，经过训练后能够学会注意美术作品审美方面的特征，如色彩的运用、描绘人物面部的方式、颜料涂到画布上的方式等等。加德纳有信心地指出，经过几周训练，小学阶段的儿童会在审美敏感性方面取得明显的进步。

加德纳进一步注意到儿童生活的社会审美文化环境对其审美心理发展的影响。他指出，在这个时期影响儿童审美心理发展的一个重要因素是儿童所处的文化环境对艺术所持的态度。他的调查表明，很大一部分儿童排斥艺术，把它视为别人的、女孩子的东西。这种态度尤其在一些男人中间盛行，这就自然地减少了儿童参与到艺术活动中的可能性，同时也阻碍了儿童审美的发展。

应该说，初入学的儿童除了具有“写实主义”的审美特征之外，还具有许多有利于审美心理发展的潜质。正如加德纳所指出的那样，在入学的头几年，儿童有时也能放松“写实主义”的审美标准，扩大审美欣赏的范围。有些儿童积极地投入到绘画、看小说和听音乐等审美活动之中。这时的儿童给审美客体的分类也十分流行，这会迅速增强儿童区分及归类能力的发展。这些有意义的活动有利于儿童审美心理的积极发展，为以后的审美欣赏和艺术成就打下坚实的基础。

因此，我们认为，对于这个时期的儿童，学校和社会必须给予正确的审美评价和艺术欣赏知识的指导，使儿童形成积极的审美评价标准和对待艺术的态度，并使其尽快超越“写实主义”的僵化标准，形成积极的审美态度，增加艺术欣赏的知识，扩大审美的范围，提高审美欣赏和艺术鉴赏的水平。

4. “写实主义”高峰的衰退和审美感受性的出现（9～13岁）

加德纳指出，那种在小学低年级儿童的审美感知方面所表现出的拘泥于字面意义的高峰期的“写实主义”的特征到了小学高年级开始自然地分解了。由于他们已经清楚地掌握了自己的语言规则和文化中的其他符号系统，所以，现在应该超越对字词、图片和歌曲的字面阅读，而代之以对这些符号意义的较多关注。这正是前青春期儿童所表现出的典型特征。

加德纳认为，与这个问题相关的主题研究是考察儿童对故事的理解。所以，他引证了大量儿童对故事理解水平的研究结果来说明前青春期儿童的这种审美感知的阶段性特征。

世界各地的儿童从很小的年龄（大约是婴儿期）就表现出被有趣的故事所吸引，并表现出对故事的“着魔”状态。显然，他们从中获得了广泛的乐趣和意义，或许对隐藏在其中的一些无意识信息具有敏感性。然而，实验和临床研究发现，早期儿童对故事仅有一个不完整的理解。

应该肯定的是，年幼儿童能够监控一个故事中的关键事件和事件的顺序。但是，大量的研究证据表明，儿童在进入学校之前，对故事的理解具有明显的局限性。儿童尤其易受人物表面特征的诱导，如故事中人物的穿戴和住处等，而对故事中缺少表面特征的内容相对地缺乏敏感性，如行为动机、性格特征等。例如，在一个经典的故事里，以两个相互冲突的部队为特征，其中只有一方能够最后获得胜利。米勒（L. Miller）指出，直到 10 岁，儿童还不能认识到故事里敌对的双方都不能为所欲为（即每一方的行动都受对方的牵制或制约）。相反，所有儿童都一致地误解了这个故事，所以，建议敌对的双方都可以为所欲为。

加德纳指出，上述所有这些从早期儿童发展而来的认知特征，到了小学高年级（即加德纳所说的前青春期）便逐渐丧失了其支配地位。儿童开始建立自己对故事的基本概括模式：他们知道了角色类型的种类，以及在童话故事、神话故事或西部故事片中一个角色将要遭遇到的事件；他们理解了情节的概念、动机驱动行为的事实，以及两股相互敌对的势力；他们明白了现实与虚幻的界限，并且逐步理解了现实多重性的存在。

加德纳进一步指出，儿童理解能力的发展对他们理解故事有很大的帮助。11 岁或 12 岁的儿童能够准确地记忆故事，并有能力理解它，能合理地推测个体角色或将要发生的情节。儿童不再仅仅局限于故事里“什么是”或“什么将发生”的叙述。由于掌握了一般规则，他们可以不必再仔细了解情节，而是对词与词的组织方式、文章风格、表达的思想和结构予以关注。这个年龄的儿童已经有了自己喜欢的作者，既关注作者写了什么，更关注作者的写作方式。这个年龄的儿童能够理解故事，甚至还创作一些幼稚的模仿作品。儿童对一类故事的习惯性组织有了充分的认识，能够理解与权威的写作方式有所变异的作品。当然，这种理解艺术手法的能力的出现可以作为审美敏感性萌芽的主要例证。

儿童的这种审美理解能力的发展也表现在加德纳等人调查研究的其他艺术领域。在文学、音乐和绘画艺术领域，儿童表现出对艺术风格要素的明显感受性。另外，在音乐和文学这两种艺术形式上，前青春期儿童对艺术特征的敏感性明显地提高。对比喻性语言的研究也表明，儿童对非常用语言的敏感性也有平行的增长。儿童能比较成功地解释口语中的比喻，而且还喜欢自己使用比喻。

对美术作品艺术特征的敏感性研究同样表明，这个时期的儿童表现出新的审美能力。小学六年级学生表现出能够根据线条质量所表达的内容来区分美术作品。更进一步地说，他们开始理解自身作品的美学特征。他们开始关注作品的绘画方式，线条怎样产生，颜色如何调配，怎样描绘阴影、明暗对比等。儿童这时渴望知道如何生成这些效果，并热衷于这些课程。加德纳指出，儿童在此阶段所表现出的对美术的这种多方面的兴趣，正是我们对儿童进行美术知识传授和美术技法训练的最佳时期。加德纳也同样注意到，该时期的儿童表现出对美术没有兴趣和对美术训练没有好感的消极倾向。这种倾向是我们在儿童绘画发展研究中所注意到的。

加德纳认为，前青春期这几年是儿童审美感知发展的转变时期，他们从严格的字面意义的束缚中解脱出来。儿童开始对标准化的美的事物敞开心扉，而且实际上，他们对艺术训练课程表现出极大的开放度和感受性。这是实施艺术训练的最佳时期，胜过之前和之后的任何一个时期。他们开始在衣着、说话的方式和在他们中间流行的艺术品的欣赏等方面表现出自己的独特方式。同样的标志是，儿童开始形成对特定的艺术家和艺术品的偏爱倾向，而且完全不用局限于“字面意义的”可接受的作品。这种倾向还从文字方面延伸到其他相应的变式中，其中包括抽象的作品和幼稚的模仿。

5. 审美专注的危机期（13～20 岁）

加德纳明确指出，由于情感、态度出现较大的变化，加上青春期出现的批判能力，许多青少年从各种艺术形式中退缩出来，他们停止创作艺术品，并对其他人的艺术成果漠不关心。

加德纳论述了青少年自身对审美感知发展有利的认知因素。他说：“如果说这是一个巨大的危险时期的话，那么，这也是一个表现出特殊机遇的时期。青春期的青年具有了更广泛的知识和技能，这一切会对艺术才能产生积极的影响。或许正是在这个时期，他们开始关心伴随艺术品而出现的历史和哲学问题。他们也被那些使年幼儿童感到困惑的艺术的本质等这类问题所吸引。他们表现出对在早期生活中基本上忽视的正式问题的兴趣。年幼儿童表现出团体偏爱和自我偏爱的混淆，并且不能区分能力和表达技术。而青春期的青少年则能够注意到这些差别。这种提高了的分辨能力对年轻人在考虑艺术范畴的问题时更加有利。”①

青春期的青年人在审美欣赏方面与年幼儿童的最显著的差别在于审美评价标准的相对性。加德纳说：如果说 8 岁儿童的审美危机是他们对优秀艺术品的评价仅有唯一标准的话，那么，对于 15 岁的少年而言，则存在着不严格的相对主义标准。应该说，在某种程度上，这种观点表明了青年人审美心理的进步，因为它标志着在青春期的青年人思想上有了相对性的评价标准。这种特征相对于前四个阶段的年幼儿童来说是一个质的飞跃。然而，在加德纳看来，这种相对主义的审美标准并不是理想的，真正理想的应该是相对稳定的、有价值的。因此，对青年人的审美心理发展来说，下一步就是放弃相对主义的审美评价标准，进而发展为有艺术价值、相对稳定的审美准则。

加德纳注意到，儿童审美评价的发展特征与其道德判断发展的阶段特征有惊人的相似。如果在一个更大的范围内考察审美判断、道德判断与思维发展的相似性特征，可以发现这个时期青年学生在道德判断和审美评价上的相对主义特征正是他们辩证思维的反映。这种三者一致的现象表明，儿童认知（思维）的发展、社会道德判断的发展和审美评价的发展是相互联系和制约的。

加德纳在《儿童的艺术品知觉》一文的结论部分对自己提出的理论做了中肯的分析和评价。他说：“我们提出了一个儿童艺术知觉发展的模式。这个模式假设的形成是鉴于此领域研

---

① Gardner, H. (1981). Children's perceptions of works of art: A developmental portrait. In D. O'Hare (Ed.), *Psychology and the arts*. New Jersey: Humanities Press, p. 24.

究的贫乏。但是这个模式至少与我们和其他研究小组的工作是一致的。我们已经看到儿童审美感知发展的粗线条轨迹与认知、道德和社会性等方面的发展状况是拟合的。”①

加德纳充分注意到不同个体在审美感知发展方面的个体差异。他说：“我们的结果提出了审美感知发展的两个方面：第一是个体间存在着巨大的差异；第二是所有个体至少拥有达到类似能力的潜力。我的看法是个体间的最大差异就在于对待特定的艺术形式的复杂性做出高水平的分辨能力。一些个体在仅仅听过几次音乐片段的情况下就能全面地了解这首音乐作品，而其他具有同样背景和智力的个体，不加夸张地说或许要听上12次还不能掌握这首音乐作品的基本形式。”②

加德纳把这种个体差异归结为遗传或认知加工能力的差异。他说：“我假设个体在遗传上有差异，或者是在加工能力、同化艺术形式和媒体结构上有差异。一个人在审美理解能力和感知能力上的成就会受到他的感知敏感性和对信息的特定记忆的限制，这些方面也可以通过良好的训练而得到加强。这就是最终所表现出的差异事实的限制因素。这些因素对艺术成就方面的影响或许对言语或空间知觉方面的影响更大。”③

加德纳对遗传、认知加工和同化艺术形式等限制性因素的作用做了恰当的分析。他认为尽管个体审美感知的发展受上述遗传因素的制约，但在现实的社会环境中，这些限制性因素并不能影响个体形成正常的审美感知能力。正如人们在物理和数学上表现出巨大的差异，然而，他们都能够最终拥有形式上相同的思维操作一样。按照加德纳的观点来看，具有正常智商的个体应该能够体验上面列出的审美感知的发展阶段，只是在速度上有差异而已。正常的个体只要有适当的兴趣，产生适当的

①②③ Gardner，H.（1981）. Children's perceptions of works of art：A developmental portrait. In D. O'Hare（Ed.），*Psychology and the arts*. New Jersey：Humanities Press，p. 27，p. 28，p. 28.

动机，就可以对各种艺术形式的风格、表现力和结构具有敏感性，理解艺术创作涉及的过程，做出主动的、批评性的区分和判断。在某种特定的艺术形式中，个体对其判断的准确性程度可能正好受到他的感知能力和记忆力的限制，但是，这个个体作为合格的审美感知者的整体不应受到非难。换句话说，加德纳所面对的是一个真正的、普遍的儿童审美感知发展的模式。

二、儿童审美心理结构的发展

儿童审美心理结构的发展究竟以什么为标志？衡量儿童（或个体）审美心理发展有两个标志，即审美态度的发展、审美趣味的发展和变化，一句话，就是儿童审美心理结构的协调发展。

（一）对儿童审美心理（或审美心理结构）发展的综合描述

1．婴幼儿早期（0～3岁）

初生婴儿还没有审美心理结构，但具备形成审美心理结构的生物学潜质。在一般的社会审美文化和教育的影响下，凡属正常儿童都有形成审美心理结构的心理潜能。

本书第二章以大量篇幅介绍的当代发展心理学对婴儿认知研究的新成果表明，音乐表达欲望和形象表达欲望在2岁以下的儿童身上都有比较明显的表现。加德纳认为，对于2岁以下的儿童来说，一般感知能力和审美感知能力还没有分化，艺术品的呈现是作为一般的刺激物，只起到促进一般感知能力发展的作用。但这是审美偏爱和审美感知敏感性的基础。

2岁以下的儿童还没有审美态度。我国学者张奇的研究发现，3周岁前后的儿童表现为能初步识别优美的物体，如光滑且有花纹的卵石和贝壳、漂亮的童装、红色的皮鞋，并且有了较强的优美感的体验。这就是审美态度的萌芽。这时，儿童虽然还不知道优美的含义，但能接纳有优美感形态特征的物体。穆格还指出，3～4岁儿童在边唱边做合乎歌曲内容的表情及简单动作方面有所发展。3岁左右是审美心理的发生期，其标志是：有了接纳优美形态的审美态度，表现出对优美物体的偏爱，产生了最初的美感体验。这时的儿童有了审美心理结构的雏形。

2. 幼儿期（3～6岁）

幼儿期的儿童一般都能接受优美形态的艺术品，如有色彩的动物图画、优美的音乐、欢快的舞蹈等。在幼儿中、晚期，大部分儿童都能区分什么是美的，什么是丑的。大部分女童认为，穿上漂亮的服装、涂上口红和胭脂的女人是美的、漂亮的。这时的儿童（除个别好动儿童以外）绝大部分都愿意参加学唱歌、说歌谣、跳舞、绘画、看木偶戏、看动画片、参加文艺晚会，以及模仿电影、电视剧和喜剧小品中人物的语言和动作等活动，并在这些活动中感受愉悦和快乐。

幼儿中、晚期的儿童能够接纳喜剧形态的艺术品，并有了嘲笑、理智的笑、同情的笑（反讽）和戏谑的笑（诙谐感），但很少表现出轻松的笑（幽默感）。幼儿一般不能接纳抽象的、荒诞的、非现实主义的艺术品。

幼儿最喜欢听故事，尤其是轻松愉快的故事。如果是敌对双方进行竞争或对抗题材的故事，他们愿意听到好人战胜坏人的结局。幼儿一般不愿意接受悲剧性结局，这表明他们还没有悲剧感。

幼儿有了明显的审美偏爱。对于美术作品，他们一般偏爱采用夸张和拟人表现风格所画的动物题材的美术作品。他们对有色彩的图画的偏爱明显地超过无色彩的图画（张奇，1993）。幼儿主要从审美的角度选择自己的服装，而不考虑童装的面料质量和经济价值。他们明显地偏爱有饰物、色彩艳丽、款式新颖的童装（张奇，1993）。女孩一般偏爱优美的舞蹈和音乐，并乐于参与表演活动。男孩一般更偏爱游戏、绘画、泥塑和摆积木等。

年龄较大的幼儿开始有了一般的审美标准，年龄较小的幼儿还没有一般的审美标准。整个幼儿期的儿童正处在审美标准和非审美标准的分化阶段。

年龄较大的幼儿表现出审美理想的萌芽，具体的表现是对漂亮童装的追求，对表演活动的追求，对舞蹈和乐器的追求等。

3. 学龄期（6～12 岁）

小学生已形成了比较稳定的美和丑的标准，已经能够独立地区别美和丑的事物，以及美和丑的事物的特征。小学生有时模仿老年人的言行，模仿电影、电视中反面人物的言行，甚至模仿残疾人的动作。这表明小学生开始有了丑感，并开始接纳丑的审美形态。小学高年级学生在看电影时能够表现出对剧中悲剧角色的同情，有时被感动得流泪。这表明小学高年级学生已经有了悲剧感，并开始接纳悲剧的审美形态。小学高年级的个别学生开始出现朦胧的崇高感和幽默感，这是崇高和幽默审美态度的萌芽。

绝大多数小学低年级学生和一些高年级学生仍然喜欢看电视节目中的动画片，关注动画片的故事情节。小学高年级学生一般都比较喜欢哼唱流行歌曲和流行音乐，表现出对流行歌曲的偏爱。小学生普遍喜欢看连环画和插图较多的儿童读物，表明他们偏爱形象化的书籍。一般来说，男生比女生更偏爱美术，女生比男生更偏爱唱歌和跳舞。男生的审美兴趣似乎被体育方面的兴趣所占据。

小学高年级学生已经掌握了少量的艺术性的审美标准。例如，小学低年级学生在评价唱歌优劣时，以音量的大小、歌词的准确程度、能否完整把歌唱下来为标准。而到了高年级，则以音乐的优美程度、是否跑调、旋律是否明确、有没有感情为评价标准。这表明小学高年级学生开始采用艺术性的审美标准来评价艺术形式。再如，小学低年级学生在评价朗读课文优劣时，常以声音是否洪亮、吐字是否清楚、朗读是否连贯为标准。而到了小学高年级，学生们开始以朗读是否抑扬顿挫、是否表达了作者的感情为评价标准。这也表明，小学高年级学生开始采用文学艺术的标准。

个别小学高年级学生已经表现出一定的审美创作欲望，具体表现为设计墙报、黑板报，布置联欢会的会场，创作小型文艺节目等。个别高年级小学生还有了审美理想的萌芽，表现为想成为美术家或歌唱家等。

上述情况表明，小学高年级学生中已有一部分学生开始从一般的审美心理水平向艺术性的审美水平过渡。

（二）儿童审美心理发展的定性分析

经过对儿童审美心理发展过程的综合性描述，我们可以初步了解儿童审美心理发展的大致轮廓。根据上面的综合描述，做出下列定性分析。

概括地说，儿童审美心理的发展大致要经历紧密联系的四个阶段：（1）前审美阶段（0～3 岁）；（2）审美心理萌发阶段（3～6 岁）；（3）前艺术审美阶段（6～12 岁）；（4）艺术性审美发展阶段（12～20 岁）。

（1）初生婴儿没有审美心理，只有审美赖以形成和发展的生物学潜质和心理潜能。

（2）0～3 岁幼儿的审美心理潜能有较快的发展，但必须在正常的文化环境氛围内。音乐、色彩和图形刺激有利于幼儿审美心理潜能的发挥和发展。0～3 岁幼儿还没有形成审美心理结构，所以，0～3 岁称为前审美阶段。

（3）3 岁左右的幼儿很可能发生最初的审美心理活动，这个年龄是审美心理发生的敏感期。其标志是对优美的事物特征发生审美感兴，产生美感体验，并有初步的审美偏爱和选择事物的审美标准。这就是幼儿最初的审美心理结构的雏形。

（4）整个幼儿期，幼儿的审美能力在迅速地发展，有了初步的审美偏爱和审美评价活动，也有了模糊的审美标准，审美标准和非审美标准处在分化之中。但幼儿的审美能力和审美趣味都局限在优美的审美形态之内，幼儿还没有优美感以外的审美情感，也不能接纳优美形态以外的其他审美形态。此阶段称为审美心理萌发阶段。

（5）小学时期的学龄儿童接纳审美形态的范围开始扩大。到了高年级，儿童已经能够接纳优美形态、丑的形态、悲剧形态、喜剧形态，但除了优美形态外，对其他审美形态的领悟（或理解）还非常肤浅。相应地，小学儿童已经有了优美感、喜剧感、悲剧感和丑感的美感体验，其中以优美感和喜剧感的体验较为深刻。小学儿童有了相当稳定的审美偏爱，偏爱优美的歌曲、音乐和舞蹈，喜欢看喜剧，喜欢看有色彩的图画，喜欢听有情节的故事，喜欢看故事片。小学高年级儿童已经有了比较具体的优美与丑陋的审美评价标准，他们能鉴别美与丑的事物和美与丑的事物特征。小学儿童的审美感知能力还在持续地发展，审美感知的敏感性在提高，主要表现在鉴赏音乐、歌曲和美术作品方面，但他们对抽象的、浪漫的、荒诞的、幽默的和崇高的艺术品还缺乏敏感性或鉴赏能力，所以，处于加德纳描述的“写实主义”的高峰期。由于这个时期的儿童有明显的接纳和理解艺术形态和艺术风格的困难，而且在审美评价活动中正处在主要采用非艺术审美标准时期，故此阶段称为前艺术审美阶段或非艺术审美阶段。这与加德纳的看法基本一致，即儿童还不能用艺术的眼光接纳和理解艺术品。

（6）进入中学的少年，由于其认知能力的提高、兴趣的广泛、情感的丰富，他们对许多艺术形式、艺术风格和审美形态发生浓厚的兴趣，表现为宽泛的审美偏爱，萌发过各种审美理想，并有试图从艺术家的角度审视艺术品的愿望和尝试艺术创作的欲望。如果我们的教育允许中学生选择所学的专业，并不受将来就业和发展的制约，以及不受功利的影响，那么，相信会有许多中学生选择钻研艺术的专业或课程。无奈，中学生课程的增多，升学和就业的现实压力，使他们不得不去学习和钻探科学知识和社会知识。另外，科学知识和社会知识对中学生也有吸引力。这样就使得他们不得不放弃对艺术问题的钻研和思考，而把主要精力放在学习科学文化知识上。这在很大程度上影响了学生审美心理，特别是艺术性审美心理的持续发展。所以，加德纳将这个时期称为“危机期”是不无道理的。到了中学以后，只有少数被认定有艺术天赋的学生选定艺术学习方向，接受严格的艺术技能的训练。然而，这些专业性的艺术训练常常是十分艰难和痛苦的，同样需要耐心和毅力。加上训练的功利性过强，他们被限定在狭窄的专业艺术领域之内，且主要注重艺术技巧的训练。所以，那种轻松、自由的审美心理也没有得到正常的发展，反而形成了专业的、功利的、僵化的审美个性。那些比较聪明、在学习科学文化知识之余尚有精力的中学生，在学习之余，可能会花少量的时间或精力来审视艺术问题，因而，这些学生的审美心理可能得到持续的发展。事实上，感性和理性是人脑共存的两个相辅相成的机能，是个体认知发展的两条不弃不离的轨道。科学和艺术是人类认识世界的左右眼。俄国作家契诃夫说过，艺术家的一个感觉，有时可以等于科学家的几个大脑。一个具有健全审美感的人表现为对艺术的追求和热爱、对审美活动的投入。这样的人最有可能心理健康，快乐达观，拥有高质量的生命。

第三节　学前儿童游戏心理的发展

皮亚杰曾言，任何形式的心理活动最初总是在游戏中进行。大量的研究表明：一方面，游戏构成了学前儿童心理发展的适宜生态，儿童在游戏中生活、学习与成长，游戏构成了学前儿童的主导活动和主要的文化生活方式；另一方面，学前儿童在游戏情境中表现出一系列特有的心理活动并且呈现出一定的规律性。于是，游戏不仅成为科学家揭示学前儿童心理奥秘的一把“钥匙”，并且成为教育家制订儿童发展计划的常用“法宝”。

一、儿童游戏心理概述

人们很容易发现，游戏是哺乳动物普遍存在的行为。而人类儿童的游戏除了生物学意义外，更有丰富的人类学的、心理学的、文化学的、社会学的意义。因此，儿童游戏受到众多学科的关注。在心理学领域，可以说，有多少学派就有多少游戏理论。

（一）儿童游戏心理的含义

尽管有关游戏的论述很多，但是，由于对游戏本质特征的理解存在明显分歧，人们仍然没有形成一个被广泛接受的定义。在我国学术界，游戏通常是指“儿童运用一定的知识和语言，借助各种物品，通过身体运动和心智活动，反映并探索周围世界的娱乐活动”①。也有学者认为，本质上，游戏是儿童能动地驾驭活动对象的主体性活动，它现实直观地表现为儿童的主动性、独立性和创造性活动。②

心理学家侧重研究儿童游戏的心理过程，倾向用心理学概念描述游戏特征。诺伊曼（Neumann，1971）首次把不同的游戏现象的描述规则化为心理学概念，把游戏描述为具有各种方式和各种行为的过程。游戏方式包括感觉运动、表达感情、口头和认知的方式，游戏运动包括探索、重复、复制和变换。从心理学视角分析，游戏是多种心理成分参与并且以某种行为方式表现出来的复合性心理活动。

信息栏4-4　两种主要游戏本质观

游戏的生物性本质观：游戏是儿童的本能活动。

西方早期游戏理论主要受达尔文生物进化论思想的直接影响，从本能论理解游戏的本质。德国教育家福禄培尔（F. W. A.

① 《中国大百科全书》第27册，中国大百科全书出版社2009年版，第125页。

② 刘焱著：《幼儿园游戏教学论》，中国社会出版社1999年版，第93页。

Froebel）认为，游戏是儿童内部存在的自我活动的表现，是一种本能性的活动。英国心理学家斯宾塞（H. Spencer）认为游戏的动力源于剩余精力的发泄或运用，并从中获得满足。美国心理学家霍尔（G. S. Hall）则从复演论的观点出发，将游戏视为种族进化过程在个体发展历程中的延续与再现。

游戏的社会性本质观：游戏是儿童的社会性活动。

苏联心理学家和教育家从社会文化历史观理解游戏的本质。心理学家维果茨基认为游戏是在真实的实践之外，在行动上再造某种生活现象，在这种活动中儿童凭借语言，以角色为中介，了解、学习和掌握基本的人与人的社会关系。长期以来，受苏联学前教育的影响，我国学者多数坚持游戏的社会性本质观。

（二）游戏中学前儿童认知发展特点

皮亚杰的游戏认知发展理论认为，游戏的认知功能主要是儿童以同化作用改变现实，满足自我的情感需要。儿童游戏与认知发展构成了一种双向互动的协调关系。在儿童游戏过程中，认知技能得到练习和巩固，认知结构不断完善；通过顺应而形成的新的认知结构又进一步提高了儿童的游戏水平。其后，受皮亚杰的影响，心理学家日益关注儿童游戏中认知发展的特殊性及其在儿童智力发展过程中的独特价值。

1. 游戏中学前儿童语言发展的特点

儿童游戏的主要表现形态是同伴之间的语言交往过程。游戏过程中，学前的语言发展表现出两个明显的特点。

（1）语言功能协调发展。语言具有概括、调节和交流三种基本功能。游戏，特别是角色游戏的展开，必须同步发挥语言的三种基本功能。儿童在同时使用游戏语言和角色语言的过程中，一方面以伙伴的语言作为参照来组织自己的语言（内部语言和外部语言），另一方面根据对角色的理解来组织语言，并且通过角色语言来完成角色扮演。于是，游戏的两种语言形态为学前儿童语言功能的协调发展提供了适宜的语言环境。

（2）语用技能快速发展。学前儿童的语用技能主要是说话和听话两种技能。儿童游戏中的语言很少涉及语法规则的探讨，几乎不关注语言表达的规范性，更富于口语化，具有更大的灵活性。于是，儿童说话和听话获得了一个轻松、自由的语言情境。在“做中学”的过程中，学前儿童迅速掌握了口语的基本方式和技巧。

2. 游戏中学前儿童创造力发展的特点

自由想象最早在游戏中的出现，标志着儿童的创造力开始萌芽。游戏中创造力发展特点充分表现在建构游戏和表演游戏之中。

图4-8 “这是长城!”——在创造性结构造型活动中，幼儿具有强烈的创造意识

（王振宇提供）

在建构游戏中，形成儿童创造力的主要认知技能得到全面的激活和综合运用。由于建构游戏的对象结构不明确，建构方法不确定，儿童必须借助记忆表象和想象表象自由构思、反复操作，于是，直觉思维和空间思维获得良好的发展机会。有研究发现，在创造性结构造型活动中，儿童具有强烈的创造意识，作品表现出较高的独创性和复杂性。

表演游戏为幼儿的创造性思维的发展创设了一种艺术氛围。在表演游戏中，儿童根据作品提供的基本线索自编、自导、自演，表演的戏剧性和游戏的娱乐性有机结合。尽管作品为儿童游戏提供了基本素材，但是在游戏过程中，儿童必须借助形象思维将作品中人物性格及故事情节创造性地转化为活生生的艺术形象或艺术情境，并且运用语言、动作表现出来。艺术的本质在于创造。表演游戏构成了学前儿童艺术思维发展和创造意识形成的一种特殊活动。

3. 游戏中学前儿童智力发展的特点

任何游戏在不同程度上都包含着智力因素。关于游戏中智力发展的研究，主要是通过考察象征性游戏来进行的。皮亚杰认为，儿童在游戏中的以物代物是象征性思维出现的主要标志。在维果茨基看来，儿童在游戏中以物代物是具体思维向抽象思维发展的过渡环节。象征性游戏中智力发展主要取决于儿童以物代物的能力。

以物代物之所以能够提高儿童的智力，是因为它本身就是表征，是一种心理结构，是思维、想象、记忆等多种心理活动参与的复杂的心理过程的产物。以物代物是一个特殊的智力操作过程，它包含模式或潜在关系的知觉、原有信息的重组与改造、意义的转换操作等因素。而这些正是智力的主要构成要素。这种因素上的相同性正是促进发展儿童智力的内在心理机制。

（三）游戏中学前儿童社会化发展特点

1. 游戏中的角色社会化

角色社会化是儿童学习社会角色规范并且形成相应的行为

模式的过程。可以说，游戏是儿童角色社会化的天然“人生实验室”。游戏中学前儿童角色社会化主要体现为初步形成一定的社会角色。

信息栏4-5　　打打闹闹好不好？

许多家长都不喜欢孩子打打闹闹，幼儿园教师更是明令禁止儿童打打闹闹，甚至某些教育工作者公然提出培养绅士、淑女要“从娃娃抓起”。

有研究者认为，儿童之间打打闹闹的游戏是有价值的。因为这种行为是社会沟通的一种方式，至少给儿童带来了身体的接触。有学者认为，这类游戏可以帮助儿童学会处理自己的情绪，使儿童学会通过正向情感过滤负向情感，并学会控制自己的冲动。即使有人不善于控制自己的冲动，快要动气时，同伴团体的压力会及时抑制打架的冲动，使儿童学会自我调控。通常，儿童之间的打打闹闹不同于真正的攻击行为。在一般情况下，只要没有危险因素，用不着一看到儿童之间打闹就进行干预。许多教师怕儿童闯祸，实际上是怕连累自己。

苏联心理学家艾利康宁重点研究角色游戏中学前儿童形成角色的过程及机制。在他看来，角色游戏具有以物代物和以人代人两种象征机能，以物代物被包含在以人代人的象征结构之中，而儿童角色的形成孕育于实物活动之中。实物活动是操作物体的活动，其内部结构是双向的，一方面联系着实物，另一方面联系着人的动作。儿童在实物活动中，最初只注意到实物的社会使用方法，以后，随着对物品的使用方法的掌握、动作的概括化形成，儿童开始注意到作为主体的人，模仿成人的活动。于是，儿童的角色开始萌芽。

2. 游戏中的情感社会化

儿童情感社会化包括情感本身的社会化和人际情感的发

展。在游戏过程中，一方面，儿童更多地获得积极情感，有助于保持良好的心境；另一方面，在游戏中形成的同伴关系及交往活动有助于儿童解除情绪体验的封闭性，转向一种开放式社会情感状态，使儿童形成宽容的性格，萌发友谊感和集体荣誉感。

游戏中学前儿童情感社会化主要通过两条途径实现：一是游戏的社会性使儿童的社会性情感增强，儿童必须根据游戏的社会要求调控自己的情绪，掌握情绪识别与表达的社会技能；二是从亲子游戏向同伴游戏扩展，儿童的人际情感不断复杂化，儿童获得多种情感寄托。

3. 游戏中的道德社会化

道德社会化是一个潜移默化的社会学习过程。相对而言，游戏中的道德社会化是一个自觉接受社会道德规范对个体行为约束的过程。可以说，游戏规则是一种特殊形态的道德规范。游戏活动中的规则表现出隐性和显性两种形态。隐性规则以隐蔽的方式约束儿童的游戏行为，而显性规则以公开的方式制约儿童的游戏行为。与其他道德学习方式一样，学前儿童内化游戏规则实质上也是一个从他律发展到自律的过程。游戏中儿童道德社会化的特点主要表现在游戏规则的内化与发展之中。

游戏的隐性规则存在于游戏主题以及游戏过程中各种人际关系的处理之中，直接来源于现实社会生活。特别是在集体性游戏中，隐性规则就是现实社会道德规范的一种变式。在一定意义上，集体游戏就是儿童在一种轻松愉悦的过程中内化现实道德规范的练习过程。这种道德行为练习不仅成效快，而且可以避免儿童的逆反心理。由于活动情境的相似性，游戏中形成的规则意识和亲社会行为可以直接迁移到现实社会生活之中。

（四）游戏中学前儿童自我意识发展特点

自我意识萌芽于婴儿末期。自我意识一旦形成，游戏就成为儿童认识自我、表现自我、监控自我的主要方式。

美国心理学家埃里克森对游戏与儿童自我意识发展进行了

系统研究。在他看来，主动性与内疚是幼儿期（2～5岁）的主要心理社会危机，而游戏构成了幼儿化解心理社会危机的基本途径和主要手段。因为游戏过程由儿童自我控制，达到了高度的自治，儿童不用惧怕惩罚或内疚，可以充分展示自我并且逐步学会控制自我。在游戏中，儿童开始学会信任外部环境的永恒性和持续性，也学会了信任内部环境（对冲动的意识、记忆和行为预见能力等）。

相关研究表明，游戏是学前儿童自我意识形成与发展的重要途径。游戏中学前儿童自我意识的发展主要表现在下列方面。

（1）儿童在游戏中不断获得并且检验自我力量，形成积极的自我形象。美国心理学家萨顿-史密斯（B. Sutton-Smith）认为检验游戏（testing play）是贯穿于整个儿童期的一种游戏类型。他非常强调游戏对儿童好奇心和灵活性的重要性。游戏让儿童在安全的范围内探索思想与行为的新结合，使儿童学会打破事物现成意义的窠臼，使个体产生一系列新联想、新策略和新行为，有利于将来用在正规的社会生活中。游戏还能提高儿童的适应能力。游戏培养的创新能力可以为儿童建立一个原型和联想的仓库。2岁以后，儿童开始偏爱集体性的运动游戏，从中，儿童在学习并检验运动和社会技能的同时提高自我意识，学会控制冲动和调节记忆，从而逐步形成自我力量。游戏不仅为儿童提供机会，发展角色的灵活性，还促进发展自主感。

（2）儿童在游戏中逐步掌握应对挫折和宣泄压力的正确方法，自信心和自尊心不断增强。弗洛伊德是最早提出通过游戏释放心理能量（他称之为力比多）以减缓焦虑的人。后来，精神分析学派的学者们进一步发挥了弗洛伊德的思想，强调游戏最重要的价值就是宣泄被压抑的攻击性，降低焦虑。人具有一种本能的攻击性内驱力，需要不断地寻求表现。这种内驱力在哪儿被否定，就会在哪儿出现病症。游戏是社会容许的释放这种内驱力的合法形式，也是发泄的有效途径。儿童通过攻击性游戏可以降低攻击力，从而得到内心的平衡，增强了自信和自尊。

（3）儿童在游戏中获得基本的社会技能，学会协调并且整合自我情感与社会现实之间的关系，掌握合理的自我评价方法和标准。任何社会性游戏都需要儿童具备一定的社会技能，其中语言交往和视角转换是最基本的技能。在同伴协作过程中，儿童学会了理解他人的思想、情感，站在他人的角度看问题，这有助于儿童从自我中心的状态中解脱出来，形成良好的同伴关系。

二、学前儿童游戏心理的发展趋势

游戏心理发展作为心理发展整体的一个方面，遵循心理发展的一般规律，同时也表现出一定的特殊性。

（一）学前儿童游戏心理的发展阶段

皮亚杰着力从认知发展的侧面考察儿童游戏心理的发展阶段。在他看来，游戏的发展决定于认知的发展，并且游戏的发展过程与认知的发展过程相对应。据此，皮亚杰把儿童游戏的发展划分为练习性（机能性）游戏、象征性游戏、规则性游戏三个基本阶段。

1. 练习性游戏阶段（0～2 岁）

这是个体游戏发展的最初阶段，相对于认知发展的感知运动阶段。儿童的游戏以动作为主，实质上是感知动作的自我训练。其作用是使已获得的技能巩固化，并将已经掌握的动作重新组织。儿童经过动作的反复练习，从控制自己动作和体验动作与结果之间的因果关系中得到快乐和满足。

2. 象征性游戏阶段（2～7 岁）

儿童的认知处于前运算阶段，语言已经获得并有很大发展，形象思维占主导地位。思维中的形象是对外界事物的表征，表明儿童已经获得符号功能，能以假想的情境和行为反映客观事物或主观愿望。于是，儿童具有了象征性游戏的能力。最常见的象征性游戏如儿童跨在棍子上“骑马”、坐在椅子上“开车”、哄布娃娃睡觉等。

3. 规则性游戏阶段（7～11 岁）

规则性游戏主要是有组织的集体游戏，有时，这种游戏带有公开的竞争性，需要个体间协同活动。规则性游戏出现在儿童的认知进入具体运算阶段以后，因为对规则的理解和把握，需要儿童具有一定的逻辑运算能力和社会交往的协调能力。

皮亚杰对以上三个阶段做了进一步的说明。

（1）当儿童有了更多的社会经验以后，前两类游戏会进一步融进规则游戏之中；游戏的内容和形式不变，但新增的规则使原有的游戏方式和过程变得更复杂，思维的组织和操作的水平更高。

（2）在游戏发展过程中，实际上还有第四类游戏，即建构性游戏。它存在于前三类游戏之中，处于游戏和智力操作之间，或处于游戏和模仿之间，通常在儿童到两岁半左右便开始出现，在整个游戏发展过程中平行发展着。

综合考察表明，学前儿童游戏的发展往往通过游戏类型的变化表现出来。游戏类型的数量在发展过程中的不同年龄阶段上呈现出倒 U 形趋势，并且儿童在每个阶段都有某种偏爱的游戏类型。我国心理学家杨丽珠等人与美国学者合作对学前儿童在游戏中的社交与认知类型发展进行的跨文化比较研究发现，尽管在一些游戏类型上存在一定文化差异，但中美儿童的游戏社交水平和认知水平在整体上均随年龄增长而不断提高。①

（二）婴儿游戏心理的发展趋势

刚出生的婴儿不会游戏。两三个月左右，婴儿开始对周围

① 杨丽珠等：《学前儿童在游戏中社交类型和认知类型发展的研究》，《心理学报》1995 年第 1 期。

环境中的某些物体或玩具产生好奇心并且做出积极的反应。例如，颜色鲜艳、能够运动、发出声音的玩具不仅能够吸引婴儿的注意，而且使他们产生愉快的情绪体验。于是，婴儿开始主动操纵这些玩具以获得一种心理满足，这时，游戏发生了。在整个婴儿期，游戏心理发展呈现三个明显的趋势。

信息栏4-6　　婴儿的游戏

明明是一个3个月大的男孩。夏天的一个上午，他躺在婴儿床上环顾左右。突然，一阵微风将蚊帐上连接着风铃的带子吹到他的手边。他无意中拉动带子，蚊帐上的风铃摆动并发出悦耳的声音。他被这种现象吸引住了，全身兴奋，四肢运动，使连着带子的风铃不断发出声音。如此循环，他更加兴奋，张开双臂，嘴里发出“啊啊”的欢呼声。这一过程大约持续了一分钟。

1. 游戏的类型以练习性游戏为主，并且主要表现为感觉—动作游戏

最初，婴儿往往用同样的动作对待所有的物品。随着年龄的增长，婴儿逐渐对物体本身的外形特征和功能发生了兴趣。于是，婴儿的游戏动作开始分化，形成了初步的游戏动作技能。

2. 游戏的认知结构不断分化

2岁左右的儿童由于动作的重复练习，以及语言和形象思维的发展，在物体的摆弄、操作的基础上，出现了象征性游戏的萌芽，即开始出现一种物体替代另一种物体的游戏活动。这种代替活动的出现表明儿童的游戏已初步具有象征性的功能。

3. 游戏的社会成分不断增加

婴儿的练习性动作最初是针对自己的身体，如不断吮吸手指、抚弄脚趾等，然后才指向环境。在此过程中，假装动作产生并逐步发展起来。起初，婴儿假装的动作都和自己相关，以

自己为中心。婴儿晚期，儿童开始出现对他人的假装动作，模仿动作也复杂起来。

（三）幼儿游戏心理的发展趋势

随着社会活动范围的不断扩大，幼儿的运动技能、认知水平、语言能力日益提高，游戏的形式和内容开始发生显著的变化，呈现一些明显的发展趋势。

1. 游戏的象征功能不断丰富、完善

幼儿初期，儿童在游戏中的象征性活动主要采用与实物相似的替代物，选择与实物在外形、功用上十分相似的替代品，并且游戏缺乏目的性，主题和内容极不稳定，随外界刺激或情境变化而经常变化。进入幼儿中期后，幼儿开始逐渐脱离专用替代物，进而按照自己的理解和需要来选择合适的替代物。儿童的独自游戏、平行游戏或联合游戏都会构成一系列具有不同复杂程度的游戏模式，既可能引发简单的感觉运动行为（功能性游戏，如连续的拍球），也可能引发搭积木（建构游戏）、绘画、扮演（角色游戏）。研究发现，学前儿童的独自感觉运动游戏越来越少，独自构建（或探索行为）游戏保持相对稳定，而体现社会交往活动的角色游戏和有规则游戏行为出现的频率则越来越高。在游戏中，幼儿不仅能够以物代物，而且能够以物代人、以人代人。于是，幼儿游戏的象征性功能明显增强。同时，游戏的目的性和预测性也随之增强。

2. 游戏的社会性成分日益多样化

角色游戏是学前儿童交往活动中最为复杂的形式。凡是能从事角色游戏的儿童，说明他已经具备了分享、跨情境协调和替代性活动的意愿和技能。通常，3 岁儿童就可以通过扮演来分享象征的意义。在游戏过程中，幼儿从主要反映人类的实物活动发展到要求自己的行动尽量符合所扮演的角色的身份，履行角色应有的职责，并以扮演的角色自居，出现了角色意识。角色意识出现之后，相继产生了相关的角色关系。如有了“孩子”，就会出现“妈妈”，有了“病人”，就会出现“医生”。小班幼儿往往各自扮演自己的角色，全然不会顾及其他角色，因而，游戏过程中常常出现脱节甚至相互争吵的现象。进入中班后，幼儿开始学会合作，并且能够反映角色之间的关系。他们用语言共同协商，确定游戏的主题、内容、规则。大班幼儿的角色游戏中常常出现一个主要角色，该角色和几个有关的社会性角色建立联系。例如，医生不仅和生病的孩子有联系，而且要和孩子的爸爸、妈妈有联系。游戏的情节也从简单的动作发展到表现不同角色的特点和职责、相应的行为规则以及角色之间的关系，开始表现具有人类活动的社会意义的游戏。角色游戏具有三个基本的发展功能：（1）为幼儿创造一个理解交流意义的情境；（2）为幼儿提供学习协调、控制和妥协的机会；（3）为幼儿营造一个安全的环境。因此，有学者认为："理解（角色）扮演并与其他儿童分享这种理解代表了儿童社交生活的一个重要里程碑。"①

思考与练习

1. 根据舒特-戴森的观点，学前儿童音乐能力发展的一般年龄特征是什么？

2. 绘画对儿童心理发展有什么重要意义？

3. 加德纳的儿童艺术品知觉发展阶段论与儿童认知发展之间有什么关系？

4. 学前儿童审美心理发展包括哪些方面？

5. 什么是游戏？婴幼儿游戏心理发展的趋势对幼儿教育提供了哪些启示？

6. 举例说明儿童的游戏和创造力发展的关系。

① ［美］W. 戴蒙、R. M. 勒纳总主编，林崇德、李其维、董奇主译：《儿童心理学手册》第3卷，华东师范大学出版社2009年版，第640页。

[第五章]

学前儿童的朴素理论

本章提要

儿童的朴素理论是当代心理学研究的最新领域之一，研究儿童在接受科学知识之前对世界的直觉的理解。显然，这个研究领域必将进一步把我们引入学前儿童心理的深处，去认识学前儿童在接受科学教育之前已经具备的认知能力。本章介绍学前儿童的朴素心理理论（即朴素心理学）、朴素物理学和朴素生物学三个方面的最新成果。学完本章后，大家一定会体会到，幼儿是带着满脑子自己的认识来到幼儿园接受你的教育的。他们能用自己的朴素理论有效地解释和预测自己面临的各种现象。因此，教育儿童，就要尊重他们的朴素理论，从实际出发，不断寻求从朴素理论向科学理论靠拢的平衡化过程。

学前儿童能理解他人的信念（如“认为……”）、愿望（如“想……”）、意图（如“打算……”“准备……”）及其与行为之间的关系吗？到什么年龄才能区别物质与物体、外部与内部、表象与实质？他们能客观地描述物体是如何运动（如下落）的吗？对于物体的运动，他们是否有自己的解释（如为什么有的快、有的慢）？他们对长高、生病、吃饭这样一些在日常生活中经常接触但又非常复杂的生物现象是否有自己的认识？……对于这些问题，不同的研究者可能有不同的回答。有的研究者认为，学前儿童知识经验欠缺，他们对这些问题几乎没有认识，即使有，也是一些错误概念，或者是一些零散的、碎片式的知识。有的研究者认为，学前儿童对这些问题有着他们自己的认识，这些认识不是零散的、不能超越知觉相似性的知识点，而是相互联系、具有一定内在一致性的理论体系。这些研究者认为，学前儿童拥有自己的朴素理论。

朴素理论（naive theory）是与科学理论、成熟的理论、正规的理论相对而言的。naive 来自法语，有天真的、质朴的、幼稚的、自然的、没有经验的等意思，所以也有人将 naive theory 译作天真理论等。与朴素理论相近的术语还有似理论（theory-like，atheory）、直觉理论（intuitive theory）、前理论（pretheory）等。

我们可以从两个角度去理解朴素理论。一是从理论的角度，我们可以看到朴素理论也具有理论的特性。比如，朴素理论具有内聚性（指统合作用和相互关系——主编注），具有一套因果解释机制，具有解释和预测功能等。二是从朴素的角度，即朴素理论尽管具有理论的这些特征，却是朴素的，是“日常的”，与科学理论有着相当的距离。

朴素理论的最初意思，是指在并未接受相关的教育（广义上的教育，包括图书、传媒的影响等）前，人们对某一领域的直觉认识，相当于库恩《科学革命的结构》中的前科学阶段。从这个意义上讲，朴素理论意味着直觉理论。根据这样的理解，朴素理论更多地存在于年幼儿童的头脑里，因为随着儿童进入正规的教育机构，特别是进入小学、中学后，他们会接触大量的科学教育。但是需要指出的是，接受了科学教育，并不意味着朴素理论就完全转变成了科学理论，正如后面要指出的，某些朴素理论是相当不容易改变的。比如，不少学过力学的青少年、成人，在日常生活中仍然坚信“运动需要力”这样的朴素理论。

此外，当主体在接受某一科学理论的教育（影响）之后，其朴素理论发生了变化，但并没有向着科学理论的方向变化，或并没有完全转变成科学理论。对于认识中的这些"中间"阶段、过程是不是朴素理论，还有些争议。有研究者更喜欢用迷思概念①（misconception）、另类概念（alternative conception）等术语，而不倾向于使用朴素理论这一术语。

事实上，不同领域的研究者都在使用朴素理论这一术语，但其意义并不完全相同，关注的焦点也不完全相同。有研究者认为至少有如下三类人在使用朴素理论这一术语②：

一是发展心理学家。研究者关注的是儿童如何理解周围的世界，这些理解是如何发生、发展的。早期的研究如卡米洛夫-史密斯（A. Karmiloff-Smith）和英海尔德（B. Inhelder）发表于《认知》杂志上的"如果你想前进，就获得一个理论"的观点以及凯瑞（S. Carey）关于儿童对周围的自然界（主要是生物）的理解等。最近，发展心理学家的研究兴趣更多地集中在心理理论和朴素生物学上。

二是科学教育工作者，特别是中学、大学的科学教育工作者。这些研究者关注的是儿童在学习科学知识过程中存在的一些固有的问题，比如力学问题。他们发现，学生会带着一些自己关于周围世界的理论来到教室，问题是学生的这些理论通常跟科学理论很不一样，对学生的科学学习有相当大的影响。这些研究者倾向于把儿童的这些理论称作另类框架、迷思概念等。

三是认知科学家。这些研究者的研究兴趣在于极力想弄清楚人们是如何表征种种知识的。他们更倾向于使用心理模型（metal model）这样的术语。

---

① 迷思概念，不少人喜欢称作错误概念。错误概念更强调儿童认识与科学认识的距离，更强调结果；迷思概念更强调儿童是如何在认识过程中暂时迷失了思考的方向，但在努力寻找出路的过程。

② Brewer，W.（1999）. Scientific theories and naive theories as forms of mental representation：Psychologism revived. *Science & Education*，8，489-505.

在本章，我们首先讨论学前儿童对信念、愿望、意图的认识，他们是如何根据信念、愿望和意图来解释和预测行为的，以及学前儿童对其他一些心理状态（如知识、想象、思维等）的认识。接下来介绍为什么学前儿童有这些认识，我们应该如何解释学前儿童的这些认识。最后，我们还将介绍学前儿童对一些物理现象和生物现象的认识。我们期望通过本章的学习和讨论，大家能体会到学前儿童并不是一块“白板”，也不是被动地反映各种刺激的一面“镜子”。相反，他们对周围世界有着丰富的认识，而且这些认识并不是零散的堆积物，而是相互联系着的、能自圆其说的理论。我们更期望大家通过学习和实践探索，去欣赏、理解、发现学前儿童的各种理论。要注意的是，学前儿童的理论，可能与我们的理论很不一样。因此，当我们面对学前儿童时，需要我们放弃一些我们自己习惯了的思考问题的方式和想法，用儿童的方式去看待儿童。

信息栏5-1　不同研究者心目中的朴素理论

朴素理论是指人们对某一组信息、事物、现象等的日常的理解。比如，一般的人对天文现象所持有的观念就是一种朴素理论（朴素天文学）。

直觉（朴素）理论是指相互关联的概念体系，且该体系能对某一特定领域的经验产生预测和解释。

从原则上讲，任何科学领域都可以作为因果理解的特殊领域，所以儿童可以有朴素医学、朴素经济学、朴素气象学、朴素地理学、朴素天文学、朴素生态学等理论。

一个理论包含一系列关于某一领域实体及这些实体间关系的信念。理论不同于其他类型的心理表征，理论是解释性的，能够回答“为什么”的问题，并有别于皮亚杰主义的概念结构，它针对某个特定知识领域，如生物理论、物理理论或心理理论。

朴素物理学指人们拥有的关于周围世界运行方式的常识信念（commonsense belief），尤其是对经典力学的常识信念。

朴素（民俗）心理学有两个方面的含义：(1) 用信念、愿望、意图、期望、喜欢、希望、害怕等解释人类行为的常识心理学；(2) 将上述日常解释作为民俗理论的一部分。后者是对前者的哲学描述。

朴素生物学是人们如何对生物世界进行分类和推理的认知研究。

——Wilson, R. & Keil, F. (1999). *The MIT encyclopedia of cognitive science*. Cambridge, MA: MIT Press, pp. 319-320.

第一节　学前儿童对心理现象的认识

关于心理理论的研究，其对象并不仅仅限于学前儿童，也并不完全限于人类。

最早提出心理理论的是普雷麦克（D. Premack）和伍德鲁夫（G. Woodruff）。他们在 1978 年的《黑猩猩有心理理论吗?》一书中首次明确提出这一概念。普雷麦克和伍德鲁夫思考的问题是：黑猩猩是否具有同人一样的推知心理状态的能力？比如，黑猩猩是否认识到人、别的猩猩在想什么，意图是什么？它们能否意识到，一个“演员”（装扮者）在笼子里（外面有香蕉）将手伸向笼子外面时在想什么？当“演员”伸手够不着香蕉转而拿起一根竹竿时，“演员”心里又在想什么？黑猩猩能学会“演员”的行为吗？如果这些问题的答案是肯定的，就表明黑猩猩知道人或其他猩猩的心理状态，能够根据具体的情景推知对方的心理活动。由于对方的心理是不能直接观察到的，而且通过对对方心理的了解可以预测对方的行为，所以普雷麦克和伍德鲁夫称这是“理论”。

自普雷麦克和伍德鲁夫提出心理理论以来，心理理论得到了极其广泛的研究，并迅速成为心理学，特别是发展心理学、认知发展心理学的研究热点。

一、学前儿童对信念的认识

（一）信念和错误信念

信念（belief），特别是错误信念（false belief）是心理理论研究的一个非常重要而基本的领域，是儿童是否具备心理理论的“石蕊试纸”。提及儿童的心理理论，就不能不涉及儿童对信念，特别是对错误信念的认识。正是因为如此，本节首先介绍学前儿童对信念的认识。要指出的是，信念并不是学前儿童最早认识的心理现象。

信念是一个人对外部世界的一种表征（见信息栏5-2）。一个人的信念既可能与外部世界、客观事实是相符合的（因而是正确的），也可能与外部世界、客观事实不符（因而是错误的）。比如，一个学生在下午 3 点离开阅览室时遇到了她的心理学教师，3 点 10 分她突然想起她有一个问题要问教师。这时，她向阅览室跑去。显然，这个学生相信心理学教师还在阅览室。但她的“相信”可能正确（教师还在），也可能不正确（比如 3 点 5 分教师离开了阅览室）。错误信念正是指与外部世界、客观事实不相符合的信念。

信息栏5-2　　信　念

心理学指人对自己和对外界的主观认识。信念是通过如下三种方式产生的：(1) 直接经验，例如自信来自成功的体验，相信糖是甜的来自对糖的品尝；(2) 间接经验，即来自第二手材料的经验，如书本、报刊、广播、电视、他人的谈话等；(3) 推论，即以直接经验和间接经验为依据做出的各种推论，比如，与某人的一次接触，对他产生了良好印象，可以在多方面都信任他。

另外，信念具有强度（有的信念易变，有的不易变）、可错性（信念可能是正确的，也可能是错误的）和对行为的指导性（根据信念做出相应的行为）等特性。

（二）有关错误信念的经典研究

人的行为往往受到自己信念的驱使。因此，当一个人拥有错误的信念时，其行为通常不能达到相应的目的。但是，行动者本人并不知道自己的信念是错误的，他仍会根据自己的信念行动。作为旁观者，我们知道事件的“真相”，但当事人不知道，当事人会怎么认为呢？他又会怎么行动呢？他会根据“真相”行动还是根据自己的想法行动？作为旁观者的学前儿童，是否能够认识到另一当事人的信念的可错性（即与学前儿童本人所知道的不一样）？

向 3～5 岁儿童讲述这样的故事：“一个叫小明的小男孩把巧克力放到抽屉 A 里，然后他到外面玩去了。在小明不在的时候，他妈妈从抽屉 A 里拿出巧克力做蛋糕，然后把剩下的巧克力放到抽屉 B 里。小明回来后，想吃巧克力。小明会到哪里去找巧克力，是在抽屉 A 里找还是在抽屉 B 里找呢？”或者，向儿童出示一个上面有糖果图案的盒子，并问他们盒子里是什么。儿童一般做出“糖果”的回答。接着实验者打开盒子，儿童发现盒子里实际上装的是蜡笔，而不是糖果。然后实验者问儿童：尚未看过该盒子里东西的另一个儿童将会认为盒子里是什么？是糖果还是蜡笔？

3 岁儿童会回答说，小明回来后，会在抽屉 B 里找巧克力。在 3 岁儿童看来，小明不会在抽屉 A 里找巧克力，因为巧克力确实是在抽屉 B 里。他们对妈妈移动巧克力时小明不在现场这样的信息似乎视而不见。同样，他们也会认为，另一不曾见过糖果盒里有什么东西的儿童会认为糖果盒子里装的是蜡笔。有的儿童还宣称，从一开始他们就认为盒子里有蜡笔，甚至从一开始他们就说里面有蜡笔。然而，5 岁儿童并不存在这样的情况。他们说小明回来后会在抽屉 A 里寻找巧克力，没看过盒子里东西的儿童会认为里边装的是糖果。通常，他们还会觉得这样的问题很好玩、很有趣。

上面提到的，就是研究儿童对错误信念认识的两种基本模式。第一种模式大致为：主人公看到某物在 A 处，但当他不在时，该物被移到了 B 处。所问问题是：主人公回来后，他会在哪里（A 处还是 B 处）寻找该物？他认为（信念）该物在何处（A 处还是 B 处）？第二种模式也叫作“外表—事实区分”，大致为：主人公看到一个像某物的物品，结果不是。所问问题是：如果是别人，会认为这个东西是什么（是像某物的物品还是真实的）？

信息栏5-3　　错误信念研究

主试和被试隔着桌子面对面而坐，主试用玩偶向被试演示整个故事情节。“这是小红，她有一只小兔子。现在她想睡觉，所以把小兔子藏在这个盒子里，然后去睡觉。现在小红睡着了，她看得到这边吗？听得到这边说话吗？这是妹妹，她打开盒子，把小兔子拿出来玩，然后把小兔子放在这个袋子里面，到外面去玩了。小兔子现在藏在不同的地方。小红知道妹妹玩过兔子吗？现在小红醒了，想玩她的小兔子。”向被试提问：“小红把小兔子藏在哪里？小兔子实际在哪里？小红以为小兔子在哪里？她首先会到哪里找小兔子？”

主试和被试隔着桌子面对面而坐，让被试看用海绵染色制成的仿石头块（其外表极像石头，实际上是海绵），让他们判断是什么。在他们判断是石头之后，把海绵和石头一同拿给被试，让他们用眼看、用手摸，并帮助他们知道石头和海绵的名称，以及它们之间的区别。主试进而指着仿石头块提问：“你现在用眼睛看，它看起来像什么？这个东西实际是什么？”

关于错误信念的研究说明了什么？显然，3 岁儿童并不明白，一个人是基于自己认为正确的信念而行动。但是，自己认为正确的信念，并不一定就是正确的。问题的关键在于，3 岁儿童没有认识到一个人是否获得信息决定了他的知识和信念。在移动巧克力时，小明并不在场，所以他不知道巧克力的新位置。他们没有认识到，小明的信念（巧克力在抽屉 A 里）将决定他在抽屉 A（而不是抽屉 B）里寻找巧克力。然而 5 岁儿童通常能够理解错误信念。他们知道一个信念可能是错误的，并且知道是一个人的信念而不是实际情况引导着这个人的行动。因此，他们能毫不犹豫地对错误信念问题做出正确的回答。

有研究者进一步简化实验条件，比如尽可能少地涉及物品、情景等，所得到的结果仍然是：3 岁儿童在理解错误信念上存在困难。有的研究者甚至直接告诉 3 岁儿童别人头脑中的信念是什么，然而，当他人头脑中的信念是错误信念时，这样的直接告诉对儿童也起不了什么作用（见信息栏5-4）。

信息栏5-4　　简化了的错误信念研究设计

主试与 3 岁儿童一起玩耍。主试出示一个杯子（不是白色的），问儿童杯子是不是白色的。在儿童做出明确的回答“不是”后，另一成人 B 进入活动室。B 根本看不到杯子，主试这时问 B：“我们有一个杯子。我们把它藏起来了。你认为它是什么颜色的？”B 回答说：“嗯，是……哎呀，我看不到你们的杯子。但我认为你们的杯子是白色的。对，就是白色的。”然后主试问儿童：“你认为我们的杯子是白色的吗？B 呢？B 看不到杯子，他会认为我们有一个白色的杯子吗？”在参加测验的 20 名 3 岁儿童中，19 名回答说他们有一个不是白色的杯子。但是在这 19 名儿童中，只有 5 名儿童回答，B 认为有一个白色的杯子，其余 14 名儿童回答，B 认为有一个不是白色的杯子。奇怪的是，明明在刚才，B 亲口说过，他认为杯子是白色的。

（三）学前儿童对不同类型信念的认识

信念存在着多种类型。我们上面所提到的，属于事实信念，即信念是关于一个客观事实的。此外，还存在着四种类型的信念，分别是价值信念（如“我认为这条毛巾很好看”）、道德信念（如“我认为可以把别人书包里的玩具拿出来玩”）、社会习俗信念（如“我认为可以穿睡衣上幼儿园”）、拥有者信念（如“我认为这些积木是我的”）。3 岁儿童仅仅是在事实信念上存在困难还是在其他类型的信念上也存在困难呢？弗拉维尔（J. H. Flavell）等人的研究①发现，学前儿童对信念的理解与信念的类型关系不大。3 岁儿童对五种类型的错误信念普遍存在理解困难，而 4～5 岁的儿童则明显地表现出对五种类型的错误信念的理解。在五类信念的理解上，儿童的表现存在极大的相关。也就是说，能够理解一种类型错误信念的，往往能够理解其他类型的错误信念，而不能理解某种类型错误信念的，往往也存在理解其他类型错误信念困难的情况。弗拉维尔由此推论说，儿童显然使用了同一种心理能力来理解不同类型的错误信念。

（四）结论和争论

主试问：“小明此时是怎么想的？”3 岁儿童倾向于根据自己所知道的实际情况做出回答，而 4～5 岁儿童则根据线索较为准确地推知小明的信念。主试问：“小明接下来会怎么行动？”3 岁儿童倾向于用小明的愿望进行推论，而 4～5 岁的儿童则能根据小明的信念（甚至是错误信念）进行预测。3 岁儿童不能理解信念的可错性，而 4～5 岁儿童对信念的可错性有较好的理解。大量的实证研究支持这一结论。我们可以推断说，在 3～4 岁儿童的头脑中，一定经历着某种巨大的变化。正是这种变化，使他们能够理解，不是真实的情况而是一个人

---

① Flavell, J. H., et al. (1992). Young children's understanding of different types of beliefs. *Child Development*, 63, 960-977.

的信念影响着一个人的行为。正是这种变化，使他们能更好、更全面、更深入地理解他人的内心世界。

关于错误信念研究的一个争议是，儿童究竟是在什么年龄理解信念的可错性。有的说 4 岁，有的说 5 岁，也有的说 3 岁，还有如 3.5 岁、4.5 岁的说法。由于文化、历史、社会、所受教育、经历不同，以及研究设计、实施存在一些具体差异，所以理解信念的可错性的具体年龄可能也存在一些差异。大致的结论是：3 岁儿童不能通过错误信念测试，5 岁儿童能通过。

关于错误信念研究的另一个争议是，3 岁儿童没有通过错误信念测试，可能与他们的某种能力有关，而不是他们对错误信念缺乏认识。比如，3 岁儿童的抑制能力有限，所以当他们听到问题时，可能就情不自禁地将答案指向真实的情况，而不是他人的信念。

二、学前儿童对愿望的认识

（一）愿望

愿望（desire）是一种欲求、欲望，或者说一种心理需要。一个人的愿望对他的行为有着很重要的影响。学前儿童对愿望的认识与理解要先于信念、意图。

（二）年幼儿童对愿望的认识

婴儿通过发出声音、指向玩具或上下跃动，试图让成人将玩具给他。这是婴儿在表达自己的愿望。12 个月的婴儿不仅可以表达自己的愿望，还能够意识到某个人将伸手去拿他注视着的某个物品，而不是去拿某个不被注意的物品。显然，12 个月的婴儿开始意识到注意与愿望之间的关系。18 个月的儿童知道把引起成人积极反应的某种食物拿给成人，而不是把引起成人消极反应的食物拿给成人。这表明，18 个月的儿童意识到人们的行为与愿望之间的某种关系。19～20 个月时，儿童认识到，父亲说“熊猫”时，父亲所指的是父亲所注视的，而不是自己所注视的。这表明，儿童能够理解是父亲的注意决定父亲的愿望，而不是自己的注意决定父亲的愿望。

（三）学前儿童的“愿望心理学”

2 岁左右，儿童逐渐形成了一种“愿望心理学”。在这种“心理学理论”中，包含愿望、知觉、情绪、行为和结果之间简单的因果关系。这时的儿童认识到：如果一个人想要东西 A（如玩具奥特曼），在该愿望得到满足时他将会感到高兴、开心；如果他没有得到东西 A 或得到 B 时，将会感到不高兴。拥有“愿望心理学”的儿童知道：如果人们找到了他们一直在寻找的、想要的东西，他们将停止寻找；如果没有找到（愿望没有得到满足），他们可能继续寻找。他们还认识到，不同的人对同一事物可能具有不同的愿望和态度，比如他自己不喜欢吃猪肝，但别人可能喜欢吃。总之，这时的儿童倾向于用愿望来解释一切行为和心理状态。愿望是他们“心理学理论”中的核心概念。

（四）学前儿童对愿望类型的理解

3 岁左右的儿童已经开始初步理解愿望的类型及其产生。摩西（L. J. Moses）等人认为①，愿望有着不同的类型。有的愿望是知觉—激发型的，如看某一个具体的物体，由此而产生相应的愿望（或信念）。有的愿望是态度—激发型的，如参与活动的积极体验，能产生再一次参与该活动的愿望。有的愿望是生理—激发型的，如很久没有吃东西了，产生想吃东西的愿望。摩西等人的研究发现，3 岁和 5 岁儿童对知觉—激发型和态度—激发型的理解要优于对生理—激发型的理解。而对生理—激发型愿望，4 岁和 5 岁儿童能更好地理解经验的数量对愿望的影响（如吃得多和吃得少），对经验的时间（如刚才吃过和很久以前吃过）则相对缺乏理解（见信息栏5-5）。

① Moses, L. J., et al. (2000). Young children's understanding of desire formation. *Development Psychology*, 36 (1), 77-90.

信息栏5-5　年幼儿童对愿望形成的理解

主试向儿童呈现一幅画，内容是一个盒子里藏着一只玩具熊。主试呈现另一幅画，画里有一个儿童打开了那个盒子，往盒子里看。主试这时说："他打开了盒子，因为他有钥匙。"主试呈现第三幅画，画里的儿童摸着那个关着的盒子，眼睛直愣愣地看着。主试这时说："他没有打开盒子，因为他没有钥匙。"主试问："谁（哪一个儿童）认为熊在盒子里？另一个儿童也这样认为吗？谁看到熊在盒子里？"

主试向儿童呈现一幅画，上面有条狗。主试呈现另一幅画，上面有一个男孩，眼睛向前看，腿在流血，画的背景处有一条狗。主试说："他跟狗一起玩，结果狗在他的腿上狠狠地咬了一口。"主试呈现第三幅画，画中的男孩向前看，背景处有一条狗。主试说："他跟狗一起玩。他玩得可开心啦，高兴极了！"主试问："谁想和狗玩？另一个男孩想吗？谁最喜欢狗？"

主试向儿童呈现一幅画，画中一只盘子里有着各种各样的食物。主试呈现一幅有一个女孩的画，女孩站在桌旁，盘子里只剩一些食物残渣。主试说："这个女孩很喜欢吃东西。她已经吃了很多很多，美美地吃了一顿。"主试呈现另一幅画，画中的女孩站在桌子旁。桌子上，盘子里的食品未被移动。主试说："这个女孩也很喜欢吃东西。吃了早饭以后，她一点儿东西都没有吃，一直都在玩秋千。"主试问："这时谁想吃东西？另外一个女孩也想吃吗？哪一个小孩最饿？"

以下是各年龄儿童的正确率（百分比）：

年龄	心理状态的形成			
	知觉（第一段）	态度（第二段）	生理（第三段）	合计
3 岁	75	75	48	66
4 岁	75	79	69	75
5 岁	81	83	81	82

——Moses, L. J., et al. (2000). Young children's understanding of desire formation. *Development Psychology*, 36 (1), 77-90.

三、学前儿童对意图的认识

（一）意图

意图（intention）与愿望有着较为复杂的关系。前面已经提到，信念有正确、错误之分，但意图和愿望没有正误之分。我们通常用“是否满足”来描述意图和愿望。意图和愿望都是推动人们行动的原因。也正因为如此，许多人常常不区分意图和愿望。事实上，意图和愿望是有所不同的。一个愿望可以通过多种方式得到满足，而一个意图则必须通过实施才能得到满足。意图的重要组成部分是计划，是一种具体的打算，它通常比愿望更具体，更有可实施性。意图是信念、愿望与行为之间的调节、中介（见图5-1）。

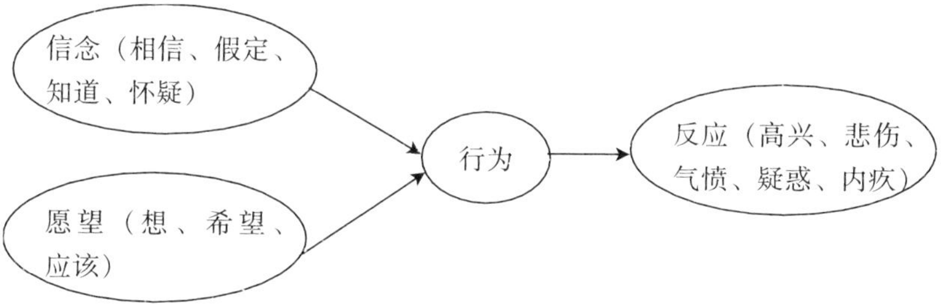

a. 未理解意图的儿童的“心理学体系”

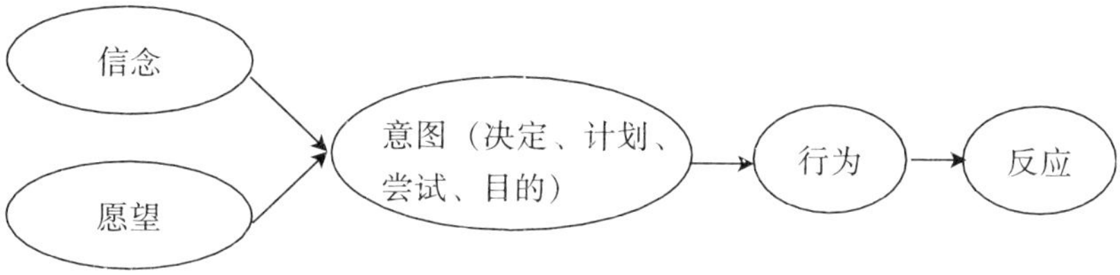

b. 理解意图的儿童的“心理学体系”

图5-1　意图与愿望、信念、行为之间的关系

（二）学前儿童能否区分意图和愿望

一般来说，学前儿童能认识到行为的有意性和无意性。比如，他们知道，在说绕口令时出错并不是故意的。他们在与小伙伴交往的过程中，也能初步区分他人的行为是有意的还是无意的。他们甚至能根据行为的有意性还是无意性，对某一行为

做出是否应该批评的道德判断。

然而，如果儿童仅仅是根据愿望，而并未对意图有所认识，通常也能对行为做出解释和预测（见图5-1中的 a）。比如，小明想玩足球（愿望），如果妈妈允许，他去玩了（行为），他很开心（情绪）；如果妈妈不允许，他待在屋子里，很不开心。这时，儿童可能通过愿望、行为、情绪之间的关系，对这一现象进行解释。如果意图和愿望之间不一致，情况又会如何呢？比如，妈妈说，不准玩足球，只能玩遥控汽车。于是小明准备好遥控汽车的所有材料，下楼去了。儿童是否能够意识到，小明这时的愿望（玩足球）和意图（玩遥控汽车）是有区别的。

研究表明，4～5 岁的儿童即能区分意图和愿望。他们知道，喜欢的是什么，想要的是什么，打算要做的又是什么，而且知道想要的和打算要做的之间是有所区别的。比如，给儿童看图片（见图5-2）并陈述这样的故事①：“这是小明，他想到山上去，因为那里有积雪，他可喜欢玩雪啦。他一点儿都不喜欢玩足球，但是他的妈妈说：‘小明呀，今天不能去玩雪，只

图5-2　区分愿望和意图的研究所用图片

① Feinfeld, K. A., et al. (1999). Young children's understanding of intention. *Cognitive Development*, 14, 463-486.

能去踢足球。我希望你能好好地踢足球。’小明想了好久，最后决定去踢足球。于是，他换上了足球运动服，穿上足球运动鞋，坐上了开往足球场的汽车。但是，司机迷路了，不知道路该怎么走。车停了下来。小明下车一看，呀，这儿正是他想去的那座雪山!”在儿童听完故事后，问如下三个问题：小明准备到哪里去（是雪山还是足球场）？他在车上时，认为自己是去哪里（雪山还是足球场）？他喜欢到哪个地方去（雪山还是足球场）？结果表明，4 岁儿童非常清楚小明准备去的地方是足球场，喜欢去的是雪山。而 3 岁儿童却存在一些理解困难。这表明，4 岁儿童已经开始理解意图（准备、打算）和愿望（想、喜欢）之间的区别。

四、学前儿童心理理论的发展

学前儿童正是根据对信念、愿望和意图的认识，来理解他人的心理状态，解释和预测他人的行为的。在整个学前阶段，儿童对心理状态的认识处在不断变化之中。学前儿童的心理理论，经历着从“愿望心理学”到“信念—愿望心理学”的转变。

（一）学前儿童的“愿望心理学”

如前所述，在 2 岁左右，儿童形成了一种“愿望心理学”，即一个人的行为是行为主体的愿望直接驱动的。拥有“愿望心理学”的儿童认为，A 去打开冰箱（行为），是因为他想吃冰淇淋（愿望）。如果 A 打开冰箱，拿到了冰淇淋（愿望实现），他将会很高兴（情绪），并停止寻找；如果 A 打开冰箱，没有找到冰淇淋（愿望未实现），他会继续寻找，如果还是找不到，他会不高兴（情绪）。因此，解释和预测行为的最重要因素是愿望（见图5-3）。

（二）学前儿童的“愿望—信念心理学”

到 3 岁左右，儿童形成了一种由“愿望心理学”向“信念—愿望心理学”的过渡形式，即“愿望—信念心理学”。这

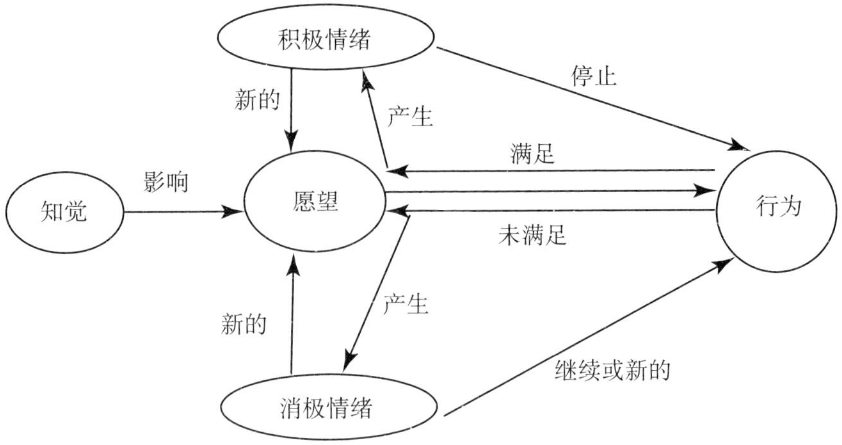

图5-3　2 岁儿童的“愿望心理学”体系

时的儿童开始考虑到人的行为并不完全依赖愿望，而与人的信念（认为、相信）有关。处于这个阶段的儿童有时会提到信念。比如，他们可能会说：“这是一辆公共汽车——哦，我觉得好像是一辆出租车。”不过，这时的儿童尽管对信念有一定的认识，但并不用信念来解释和预测人的行为。

（三）学前儿童的“信念—愿望心理学”

到四五岁，儿童开始形成一种更有解释力的“信念—愿望心理学”。拥有“信念—愿望心理学”的儿童认识到，信念在解释为什么这样行动而不那样行动中具有重要的地位。他们认为，A 去打开冰箱（行为），是因为他想吃冰淇淋（愿望），而且他认为在冰箱里可以拿到冰淇淋（信念）。如果 A 认为冰箱里没有冰淇淋，即使他想吃，他也不会去开冰箱。随着年龄的增长，儿童的“信念—愿望心理学”体系可能达到极大的丰富与精致化，并形成一个相互联系的、具有内聚性的系统（见图5-4）。

心理理论从“愿望心理学”向“信念—愿望心理学”的发展，是儿童不断调整自己原有认识的过程。在日常生活中，当不能解释的现象越来越多时，儿童不得不逐渐调整、修正自己的“愿望心理学”。用皮亚杰的术语来讲，这一过程是一个顺

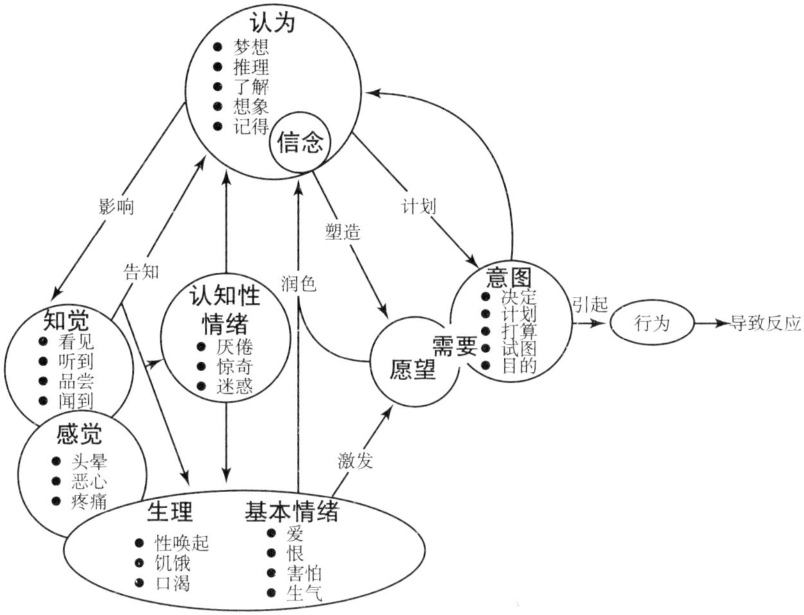

图5-4　心理的信念—愿望理论

［Wellman H. M. (1992). *The child's theory of mind*. Cambridge, MA: MIT Press, p. 109］

化的过程。有意思的是，儿童对原有认识的修正，并不是一步到位的，而要经历某种形式的过渡。

五、学前儿童对其他心理状态的认识

（一）学前儿童对知识的认识

年幼儿童大致持有一种“看到导致知道，没有看到导致不知道”的关于知识的理论。或者说，年幼儿童更多地是将知觉，特别是视知觉与知识混在一起。比如，2 岁儿童可能将某物藏起来不让别人看到，或者以某种方式向别人展示某物以让别人看到。这样的事例说明 2 岁儿童至少明白“知道”与“看到”之间的关系。3 岁儿童能更清楚意识到知觉对知识的影响。

学前儿童对知识的认识存在如下特点：

（1）对于知识究竟是如何获得的，学前儿童缺乏“反省”，他们甚至不知道自己的知识是怎么获得的、何时获得的。比如，4岁和5岁儿童毫不难为情地宣称，他们一直知道自己在几分钟之前才了解信息（见信息栏5-6）。

信息栏5-6　我们早就知道了

故事1（猫，熟悉）：有只小猫，它的名字叫凯西。凯西小时候，会像所有的猫一样去捉老鼠。有一天，它的主人拉里发现凯西不再捉老鼠了。第二天，一只老鼠来到凯西身旁，但它并没有去捉老鼠。相反，它躺在地板上，一动不动。幸运的是，拉里发现凯西生病了，于是给它吃了一些药。凯西逐渐地好多了，它又开始捉老鼠了。

故事2（猫，不熟悉）：有只小猫，它的名字叫凯西。像其他所有的猫一样，它出生时就有胡子。有一天，它的主人拉里用剪刀把它的胡子给剪掉了。第二天，凯西看到一根管子，它觉得很好玩，于是想到管子里去玩。由于没有胡子，凯西就不知道管子太小，不适合它进去玩。因此，它被卡在管子里，出不来了。幸运的是，主人拉里发现了它，并把它救了出来。后来，它的胡子又长了出来，因此它能感受到洞口有多大，再也不会被卡住了。

在向儿童所提供的故事中，一个是儿童熟悉的（如第一个），另一个是儿童所不熟悉的（如第二个）。除了关于猫的故事，还有关于其他动物（如老虎）的故事。向儿童提供一个“熟悉的猫”和“不熟悉的老虎”的故事。在提供每个故事之后向儿童提问，如：“猫用它的胡子来干什么?”4～5岁儿童都能正确回答。然后主试说：“很好！我想知道你们知道××（儿童的原话）有多久了。你们是知道很久了还是今天才知道的?”其结果如下：

被试年龄	熟悉的事实		不熟悉的事实	
	“今天”	“很久以前”	“今天”	“很久以前”
4岁（$n=14$）	2	12	2	12
5岁（$n=14$）	2	12	6	8

——Taylor, M., et al. (1994). Children's understanding of knowledge acquisition: The tendency for children to report that they have always known what they have just learned. *Child Development*, 65, 1581-1604.

---

(2) 年幼儿童知道信息源自外部世界，但他们并不了解这一过程的复杂性。四五岁或者更大年龄的儿童逐渐开始明白：不同种类的信息导致不同种类的表征；不应该将“知道”和“猜想”混为一谈；获得知识的途径有多种，比如看、触摸等；为了使获得的知识准确，应该充分了解事物；等等。

(3) 学前儿童对知识的建构性缺乏认识。他们未能认识到，一个人已有的知识经验、态度、情感等将影响他对信息的选择、组织、转换，从而歪曲、修正或丰富事实。相对而言，学前儿童的知识理论更倾向于是“心理复制理论”，即认为一个人的心理就是对周围世界直接、原封不动的反映，与个体的已有知识经验无关。6岁以上的儿童则可能认识到知识的建构性（见信息栏5-7）。

信息栏5-7　　已有经验对知识获得的影响

向某个儿童出示一张长颈鹿的图片，然后在图片上面放一张有一个小孔的卡片，并让另一个人看这一图片，后者透过小孔能看到的长颈鹿只是十分小的一部分，根本不能辨别图片上是何物。4～5岁儿童认为这个人能够看出这是一只长颈鹿，但6岁儿童开始认识到，事先是否知道这是一只长颈鹿将影响着是否将它看成长颈鹿。

告诉儿童这样一个事实，迈克不喜欢汤姆，因为迈克认为汤姆脾气不好，爱打架，惹了许多麻烦。一天，在学校的教室里，汤姆撞到迈克的桌子，将迈克制作的一架飞机撞到地上，摔得粉碎。二年级的学生认识到，因为迈克对汤姆持否定的信念，所以迈克将把这个可以有多种解释的事件解释为汤姆是故意撞坏飞机的。

可以看出，学前儿童在理解知识的性质、来源时，已经具有一定的认识，但还显得比较粗糙。这一从粗糙到精细的过程，正是儿童认识不断发展的过程。儿童的认识从被动吸收信息的洛克式（Lockian）心理发展到主动建构和解释的皮亚杰式心理，从某种心理的实体观发展到过程观。

（二）学前儿童对想象的认识

学前儿童对想象是有认识的。他们知道想象的东西与真实的东西是不一样的（比如想象的玩具无法摸到）。他们甚至还解释说“别人看不到我的想象”，“你怎么能够伸入到脑袋里呢？此外，它（想象的事物）也不在那里”。然而其中最具趣味的，可能要算儿童对幻想的认识了。

3 岁左右的儿童就知道，他们可以幻想实际上并不存在的事物，因此，儿童知道心理能够翱翔，能够超越现实，能够进行梦幻之旅。如果儿童知道那些在夜间出现的怪物和类似的东西是不真实的，这是否意味着他们真的就不怕它们了呢？

一个儿童为吓唬其他小孩子而假装是一个妖怪，结果当他的假装太真实时，他自己吓得哭起来。在另一个实验中，4 岁和 6 岁儿童断言一个想象中的妖怪是不真实的。即使想象着这个妖怪正在后面追赶他们，儿童也坚持认为并不真的存在这个妖怪。但他们的表现说明，他们并不完全确信一个想象的怪物永远不会跨越幻想与现实之间的界限。当他们假装在一只空箱子里藏有一个妖怪时，尽管他们说这妖怪不是真实的，但他们仍避开这只箱子，而喜欢一只想象为装有玩偶的箱子，更喜欢将手指伸入想象为装有玩偶的箱子，而用一根小棍子戳装有妖怪的箱子。当实验者说他需要离开房间去拿些东西时，有几个 4 岁儿童甚至在检查了箱子（先前假装里面有妖怪）是空的情况下，还是要求实验者不要离开。似乎是，令人害怕的某些东西可能不是真实的，但在某种意义上说，又是十分真实的。

（三）学前儿童对思维的认识

学前儿童对思维的认识还存在许多困难，这些困难反映出他们的认知特点。学前儿童对思维的认识常常表现出走极端的倾向，即对人类的思维做出低估或高估。

（1）学前儿童对思维的低估。他们看到一个人只是静静地坐着，会认为这个人并没有进行心理活动。甚至当这个人在阅读或谈话时的时候，他们也并不认为这个人的心理在“做某事”。在一项研究中，半数的5岁儿童认为，如果一个人十分努力的话，他可能连续几天不进行思维。学前儿童对正在思维的人在想些什么也通常是毫无所知的。另外，学前儿童对自己什么时候思考、思考什么也通常缺乏认识。实验者要求儿童回忆自己的牙刷放在家里的什么地方，然后立即问儿童刚才脑袋里有没有进行思考、在思考什么，5岁儿童常常否认自己刚刚进行过思考。

（2）学前儿童对思维的高估。他们认为某个无意识的人（比如在沉睡中并且没有做梦的人）是能够进行感知、做出决定的。

然而，随着年龄的增长，儿童对思维的认识也丰富、精细了许多。他们对人在何时思考、思考什么有了不少的认识与看法。他们还认为，对清醒的人来说，不思考是很困难的，甚至是不可能的。当要求他们坐在一张标有“不要思考”的椅子上，闭上双眼，并且努力使他们的脑子处于空白时，大多数5岁儿童报告说，当他们坐在椅子上时，真的没有思维。但大多数8岁儿童说他们仍然有思维（见信息栏5-8）。

信息栏5-8　坐在“不要思考”的椅子上，我都想了些什么？（8岁儿童的报告）

那么，有一会儿我想到黑色，它有多黑，然后我想到，噢，一个好看的巨大紫红色斑点，然后我想，“噢，是不可能不去想的”（咯咯地笑），然后我想，“噢，一个可爱的橘子”，然后我看到一个用泥土制作的脸谱，是那种看起来像我以前看到的脸谱，只是它没有耳朵，然后我想我看到稍稍有点儿黑，然后你要我张开眼睛。

此外，学前儿童对视知觉、注意和情绪也是有所认识的。对于知觉，2～3 岁儿童能认识到，一个人只有在眼睛睁开、面向客体并且眼睛与客体之间没有障碍物挡住其视线时，才看得到该物体。4～5 岁儿童对人们看到的物体具体是什么样的有所认识。对于注意，学前儿童能逐渐认识到，人们不会注意自己周边的任何东西。如果一个人极力地注意某一事物，他就不会太注意另一事物。如果另一事物非常吸引人的注意，人们也可能会注意它。然而此时，人们又会不太注意前一事物了。学前末期的儿童已经开始意识到影响注意的因素。比如，儿童能够认识到：如果环境比较嘈杂，往往很难听到别人所说的；如果环境不嘈杂，就能够听到甚至理解别人所说的话。对于情绪，1 岁多的儿童能够认识他人的内在体验，并可能会安慰苦恼中的人。他们可能用一些方法，比如拥抱、轻抚、亲吻等，试图使不高兴的人高兴起来。但学前儿童不太能够认识到，真实的情绪和表现出来的情绪之间可能不一致。某个人看起来很高兴，但实际上不开心；而另一个人看起来没什么表情，内心却非常喜悦。另外，学前儿童一般也认识不到，一个人可能同时体验着两种相互冲突的情绪，比如既高兴又不高兴。他们认为，一个人不可能在同一时间里既感到高兴又感到悲伤（不高兴）。他们解释说，“你不可能在同一时间里既张嘴又闭嘴”，“你没有两个脑袋——你脑子不够”。

第二节　关于儿童心理理论的理论

在上一节里，我们了解了关于儿童心理理论方面的一些基本研究，知道了学前儿童对自己和他人的心理状态有一定的认识。学前儿童为什么会有这些认识？这些认识的性质、特点是什么？本节将对儿童心理理论的理论进行简要的介绍。

一、理论论

（一）含义

理论论（theory theory）认为，儿童关于心理的知识逐渐形成一个像理论一样的知识体系，并根据这个理论解释和预测人的行为。当然，儿童的这种理论并不是一个真正的科学理论，而仅仅是在某种程度上具有理论的性质、功能，是非正式的理论。因此，我们通常把儿童的这种对心理的非正式理论称为朴素心理学（naive psychology），是一种朴素理论，与科学理论是有区别的（见信息栏5-9）。

信息栏5-9　　心理理论、理论论、朴素理论

初次接触心理理论的人，常常容易将心理理论、理论论、朴素理论等混在一起，无法区分。心理理论是指人们对心理的理论，其英文是 theory of mind。人们除了有关于心理的理论外，还有关于物理的理论、关于生物的理论、关于经济的理论等。而理论论则是对心理理论进行解释、说明的理论中的一种。从严格意义上讲，理论论应该叫作关于心理理论（或物理理论、生物理论）的理论。朴素理论主要强调的是儿童的理论和科学的理论之间的区别，其英文是 naive theory。

（二）成为理论的条件

理论论者认为，要形成一个理论，必须具备一定的条件。也就是说，我们不能将儿童的任何一句话（比如觉得这句话很有意思）都说成是儿童的一个理论。成为一个理论，应符合如下三个条件。

第一，要能指出一些实体或过程，只出现在某一领域，而不出现在其他领域。有人说主体要能做出本体论意义上的区分。只有当主体意识到某些实体、某些过程仅仅出现于某一领域时，该主体才可能具有这个领域的理论。未能意识到这种区分的人们，可能犯种类错误，而不是对错式的错误。比如，如果我说“那块砖比这本书轻”，我所讲的可能并不正确，因为事实上可能是砖比书重，这句话没有反映真实的情况。然而，如果我说“思想比空气轻”，那就不能简单地说我错了，我实际上犯了一个种类错误。思想不是用轻、重来描述的事物（当然，类比、比喻除外）。具体地说，当儿童认识到某些实体或过程，如愿望、信念、意图、思考等，只出现于心理领域时，他们就可能拥有了关于心理的理论。如果儿童认识到某些实体、过程，如力和运动等，只出现于物理领域时，他们就可能拥有了朴素物理学（理论）。如果儿童认识到某些实体、过程，如生长、遗传、疾病、死亡等，只出现于生物领域时，儿童就可能拥有了朴素生物学（理论）。

第二，有相应的因果解释机制，而且这套因果解释机制是相对比较独特、唯一的。比如，儿童如何解释人的行为（如一个小朋友为什么会打另一小朋友），如何解释物体的运动现象（如向上抛一个物体，这个物体为什么会落下来），如何解释生长现象（如树为什么会长高）。这些因果机制常常表现在儿童对现象所提供的解释上。

第三，儿童在这个领域的知识，由一系列相关联系的概念、信念组成，而不是一些无关信息、内容的简单汇集。

理论论者认为，成人以及学前末期儿童对心理的知识符合上述三个条件，具体表现在以下三个方面：

第一，我们知道诸如信念、愿望、思维等实体和过程只出现在心理领域，而不出现在物理领域。

第二，心理的因果机制（如一个人不断地寻找某物，是因为他想要该物，而且认为能够找到该物）也仅仅出现在心理领域，这些心理状态并不会引起物理客体的运动。

第三，我们对心理的这些知识、概念是相互联系在一起的，而不是毫不相关的。比如，我们能够认识到：我们所知觉到的（如看到的）影响我们的思考和信念；我们的信念可能误导我们的知觉；不同的心理状态导致愿望的产生；信念和愿望可能会导致行动的意图，意图导致目标导向的行为；行动的成功或失败会引起情绪反应，而这些情绪反应又可能进一步引发心理活动和行为。第一节里所提到的学前儿童从“愿望心理学”到“愿望—信念心理学”，再到“信念—愿望心理学”的转变，也是一个很好的例子。

（三）理论的功能

一个科学的理论具有解释功能和预测功能。拥有某一理论的人，将会用此理论解释各种现象，并预测可能会发生什么。而在某一领域里没有理论的人，其行为往往具有很大的随机性。

理论论者认为，儿童的心理理论尽管是直觉的、朴素的，但同样也具有科学理论的解释功能和预测功能。正如前面所介绍的，在未形成“信念—愿望心理学”时，儿童拥有的是“愿望心理学”或“愿望—信念心理学”，所以他们在错误信念测试中，表现出的就是根据主体的愿望预测故事中的人物将到哪里去找巧克力，去解释为什么故事中的人物要去打开冰箱。

儿童为了使自己的理论与自己的预测或解释相一致，甚至可能创造或否认可观察到的特性。比如：3～4 岁儿童建立起了一种“动物有脚”的理论，当看见一张动物照片时，虽然照片上没有脚，儿童说“我能看见它的脚”；对于一张显然有脚的塑像的照片，儿童说“它不能活动，它没有脚”。[1] 又如，8 岁左右的儿童建立起了一种“当你把一样东西放到另一样东西上面时，上面的东西会给下面的东西施加压力，而且你会观察到结果”的理论。如果将一个重的物体放到海绵上，海绵会凹进去。此时，坚持这一理论是容易的。但当将一根铁条放到坚硬的木头上时，对儿童的理论将是一个巨大的威胁。此时的儿

① 参见［英］卡米洛夫-史密斯著，缪小春译：《超越模块性——认知科学的发展观》，华东师范大学出版社 2001 年版，第 75 页。

童往往会声称他们看见“凹进去一点点，很快就平了”，以解释他们的预测。

（四）理论的发展

理论论者认为，儿童心理理论的发展过程与科学理论的变化过程相似。他们认为，儿童在生活中逐渐体验、意识到某些不能用当前心理理论解释的信息，这些信息最终使儿童修正和改进自己已有的心理理论。比如，儿童形成了“愿望心理学”，反复地看到人们的行为不仅要用愿望来解释，还应该用信念来解释，这时，儿童对“愿望心理学”进行修正、改进。应该注意的是，很多时候原有的理论不可能一下被完全取代。比如，儿童意识到自己的“愿望心理学”存在问题，但并不倾向立即形成“信念—愿望心理学”，而是经历了一个过渡的理论，即“愿望—信念心理学”。

二、模块论

模块论（modularity theory）认为，指引心理理论发展的是神经成熟，而不是来自理论的修正（理论论的观点）。模块论者认为，经验只不过在身体成熟期间，对几个心理理论起着某种触发作用。在婴儿身上，在生物上预先设置好了能够加工大量源自他们生活世界的关于社会客体的信息。模块论者把这些生物性的、预先的装置称为模块。

至于学前儿童究竟有哪些模块，每一模块又在何时开始发挥作用，则有着多种观点。比如，莱斯利（A. M. Leslie）认为一共有三个模块。第一个模块叫身体理论机制（theory of body mechanism），大约在儿童出生后第一年的早期（如 3～4 个月）开始形成。这一模块加工物质客体（非动因性客体）的行为信息，并对一系列物质客体的机械特性进行表征。它使婴儿逐渐认识到动因性客体有内在的能源使自己运动，非动因性客体是不能自己发起运动的。另外两个模块叫心理理论机制（theory of mind mechanism），主要负责处理与动因性客体有关的信息。心理理论机制的第一模块，简称 ToMM1，大约在儿童出生后第一年的后期（10 个月左右）出现。它使得婴儿能够解释人和其他动因性客体对环境的知觉和对目标的追求。心理理论机制的第二模块，简称 ToMM2，在儿童 1 岁多时开始发展。这一模块使得儿童能够处理动因性主体（如人）的假装、信念、想象、愿望等。有了 ToMM2，儿童就能够理解：小芳正在假装那个空杯子里装满了茶水，小红认为这个盒子里装的是糖。

显然，在模块论者看来，学前儿童心理理论的发展就是这些模块不断发育成熟的过程。

三、模拟论

模拟论（simulation theory）认为，儿童利用关于自己的心理状态的认识，去模拟或推测其他人的心理状态。以错误信念任务为例，当要求儿童 A 回答不知情的儿童 B 以为糖果盒里有什么时，儿童 A 想象，如果自己是尚未看过盒子里面东西的那个人的话，自己会以为里面有什么。

在模拟论者看来，不管是理论论者还是模块论者，都把问题复杂化了。实际上，由于个体很容易利用自己的心理资源，比如，他可以设想自己在那种情况下是如何想的，因此，当推测他人的心理状态时，儿童需要做的一切仅仅是想象。通过想象、假装，就能体验到他人所具有的心理状态。模拟论者认为，在心理理论的发展过程中，儿童是否有大量的角色扮演的机会和经历非常重要。儿童正是通过角色扮演，增强了模拟的能力。

模拟论者认为，儿童推测他人心理状态的过程大致为：“我把假想的信息输入我自己的决策系统中，然后让我的决策系统‘离线运行’，即做出决定，却不产生任何行为。然后我接着说出那个作为‘离线运行’之输出的决定，而这就是我对他人行为的预测。”①

四、其他观点

其他观点指出了另外一些影响心理理论发展的因素。

一种观点认为，可能是儿童的某些一般能力限制了他们对心理理论的表现（表达）能力。比如，儿童的计划能力、反应抑制能力、自我调节能力、认知的灵活性等会影响他们对心理理论的表达。某个3岁儿童可能已经对错误信念有所认识，但是他可能抑制不住自己，不假思索地说出在知觉上突出的巧克力的当前位置，而不是某个不知情的儿童所选择的位置。

另外一种观点，即社会文化结构论，则强调社会文化经验在心理理论中的作用，认为儿童是在自己的文化环境中学习解释人类行为的。

需要指出的是，把对心理理论的解释分成不同的派别，仅仅是相对的，更多是为了学习和叙述的方便。事实上某一具体的心理学家可能同时持有两种或多种认识。

如上的每一种理论，都有其深层次的理论假设和哲学基础，也有实证性研究的支持。在此，我们无须急于做出对错、好坏的评价。我们应该看到，这些理论都从某些角度对儿童的心理理论的产生与发展做出了解释，但它们似乎都并不能完全解释儿童的心理理论，或者存在一些疑问。比如，儿童关于心理的认识，的确包含某种非正式的理论，但是这种理论在多大程度上像科学的理论，仍然存在着较大的争议。

有研究者指出，把这几个理论结合起来的折中理论是一种比较全面的观点。理论论强调关于心理知识的系统性、关联性和一贯性，模拟论说明了最初是如何获得对他人心理的理解

---

① 熊哲宏、李其维：《模拟论、模块论与理论论——儿童“心理理论”发展的三大解释理论》，《华东师范大学学报（教育科学版）》2001年第6期。

的，社会文化结构论强调心理理解力的获得和发展背景，模块论强调心理理论的生理基础。

第三节　学前儿童的朴素物理学

朴素物理学是指人们对物理实体、物理过程、物理现象的直觉的认识。这些认识不是简单地罗列物理方面的事实、信息，而是内聚地、连贯地、有内在逻辑地联系在一起，构成人们解释和预测日常生活中的各种物理现象的理论。学前儿童具有朴素物理学。正是他们关于物理的朴素理论，承担着解释和预测周围物理世界，降低外部世界不确定性，以及进一步同化和顺应外部刺激的艰巨任务。

信息栏5-10　　儿时的困惑

孩提时代，每当父亲从商店回来并大声宣布从国外来了一封信，我和兄弟们都会很兴奋，我们有些亲戚在俄国，还有少数几个在美国。每当父亲说“我今天收到一封信”，我们之中就会有人问：“谁来的?”另一个会问：“信花了多长时间才到?”父亲看完日期之后会回答我们。又有人问：“信是怎么寄来的?”父亲会再次看看信封，然后说是由水路、航空或陆上寄来的。他第一次回答“自水路来的”时，我拿过信看了一下：竟然是干的！我打开信封，仔细地看看笔迹——也没有在水中泡过的迹象！

作为五兄弟中的最长者，虽然当时还小，可我常常为家里发信。离家最近的邮箱挂在一家书店的墙上，很小。我曾经想象在邮箱中有一个大洞，可通到地下的河里，最终由河通向大洋。丢信进入的时候，我将耳朵贴上去，想听信击水面的声音。有时我真的认为自己确实听到了信击水面的声音，就明白信开始上路了——落到河水中，我就想象着信被送到了大洋，在那里有些特殊的风在工作。如果信是发往俄国的，从特定方向吹来的风会将信送到俄国；如果信是发往美国的，就会有其他的风负责将信送往目的地。我想象过婶子或祖母正在大洋彼岸等待看信，日复一日。最后，她看到信正浮在水面上，被波浪涌着送过来。她兴奋地尖叫起来，冲进水里，抓起信，然后排队把信弄干。我想象着有个人开了家干燥信件的公司，向人收取一定数额的钱，然后把信丢进一个带许多空洞的大圆桶中，摇动曲柄把信弄干。这就是我给自己所解释的为什么信没有湿。

若父亲告诉我信是航空来的，我就费更多的周折去设想信件如何能战胜来自不同方向的大风，历尽艰难险阻，最终到达目的地。

当我已是一个少年的时候，一天我正走向一家书店，它外墙上也有一个小邮箱，忽然我看见一个背着大布袋、穿着制服的人走过去，掏出一串钥匙打开邮箱，取出一大堆信放在袋子里。我真的有点儿失望，箱子后面没有洞，不过我看到的情形部分解释了信是怎样从一地送到另一地的。

——王磊等编译：《科学学习心理学》，海南出版社 2000 年版，第 84—85 页。

信息栏5-10 所提到的，不再是儿童对他人心理状态的认识，而是对诸如信件传输、风、波浪（水的流动）、机器等物理现象的认识。相同的是，不管是对心理状态还是物理世界，儿童都有着丰富的认识，有着他们的理论。在本节里，我们将向大家介绍当前关于学前儿童朴素物理学的研究进展。

一、学前儿童对力和运动的认识

力和运动是物理学的基本内容，也是日常生活中常见的现象。学前儿童对这一现象是有接触和认识的。然而，这些认识是否与科学的认识一致？这些认识随着儿童年龄的增长，会有什么样的发展、变化？当面临科学的解释（如教师的讲述、父母的解释、书上的说明等）时，儿童的已有认识与这些科学解释之间到底发生了什么，对儿童又意味着什么呢？

（一）皮亚杰等人的开创性研究

皮亚杰通过研究指出，儿童对力的认识存在六种类型（见信息栏5-11）。第一种类型，力就是运动，运动的就是力（有力）。没有运动的物体是没有力的。第二种类型，自己能够动的物体才有力，自己不能动的物体是没有力的。第三种类型，力通常是一种活动，特别是有用的、有意义的、有价值的活动。第四种类型，力是搬运某物的动作、活动。第五种类型，力就是持久，能够一直支撑就有力。第六种类型，力与质量有关。①

此外，皮亚杰还研究了儿童对与风、云、水、沉浮、影子、自行车、蒸汽机、火车、汽车、飞机有关的运动的认识，并归纳出对这些认识所要经历的阶段。皮亚杰在大量实证研究的基础上，向我们展示了儿童的认知特点，指出儿童的认识不同于成人。

信息栏5-11　什么是力？——皮亚杰与儿童的对话

与第一类儿童：

“水有力吗？”

“有，它在流。”

“汽油有力吗？”

“没有，它没有动。”

“自行车有力吗？”

“有，人骑着它走。”

与第二类儿童：

“风自己能动，因为它自己强大有力。”

“你能讲一讲还有哪些东西也强大有力吗？”

“水，当水在流的时候。”

---

① Piaget, J. (1930). *The child's conception of physical causality*. London: Routledge & Kegan Paul, pp. 120-132.

“云是强大有力的吗?”

“不是，是风把云弄动的。”

“自行车是强大有力的吗?”

“不是，因为你必须踩脚踏板，它才能动。”

与第三类儿童：

“太阳有力吗?”

“有，因为它发光。”

“火呢?”

“有，因为它燃烧。”

“柱子呢?”

“有，因为它能把房子撑起来。”

“玻璃呢?”

“有，因为可以切。”

“树呢?”

“有，因为它们使果实长大。”

“勺子呢?”

“有，因为可以用来做很多事情。”

与第四类儿童：

“月亮有力吗?”

“有，它把老月亮抱在怀里。”

“风呢?”

“有，它把太阳送到天空中去了。”

“水呢?”

“有，它可以把我们冲走。”

“汽油有力吗?”

“有，它可以把脏的洗干净。”

“窗玻璃有力吗?”

“没有，它不能搬东西。”

“鸟呢?”

"没有力，它们太小了，它们也没有手（胳膊）。"

与第五类儿童：

"房子有力吗?"

"有，它可以自己站在那里。"

"云呢?"

"没有力，因为它从雨里掉了下来（指没有聚在一起）。"

"火呢?"

"有力，因为很难扑灭。"

船有力，"因为它停在水上"；思想有力，"因为当你不想说某一件事情时，你可以不说"；词语没有力，"因为（说了）马上就不见了"；树有力，"因为你不容易把它们弄坏"；月亮有力，"因为如果没有力的话，它们不可能停在上面"；鱼"没有什么力，因为当它不在水里时，就不会活"。

与第六类儿童：

"风有力吗?"

"没有……有，它有，因为它是重的。"

"自行车有力吗?"

"有，因为它是重的。"

"船呢?"

"有力，因为它是重的。"

"一条小船呢?"

"也有，它还是重的。"

"石头有力吗?"

"没有，它太轻了，你可以用锤子把它敲烂。"

"一块大石头呢?"

"有，它可以把脚压扁。"

——Piaget, J. (1930). *The child's conception of physical Causality*. London: Routledge & Kegan Paul, pp. 120-132.

与皮亚杰有关的一些研究者采用基本相同的研究方法，对力和运动的相关问题进行了研究，以期通过有关儿童对这些现象的认知的研究，进一步探索儿童的认知发展问题。其中卡米洛夫-史密斯和英海尔德的“如果你想前进，就获得一个理论”研究很有影响，也很令人深思（见信息栏5-12）。这一研究的结论是，形成理论的儿童在某一阶段（形成理论初期），可能比没有形成理论的儿童更不容易在行为上取得成功。也就是说，认知发展水平较高的儿童，在行为上比认知发展水平低的儿童更倾向于失败。在信息栏5-12的研究中，6～7岁儿童在行为上表现得比4～5岁儿童更“笨”，因为6～7岁儿童只能平衡重心在几何中心的积木。

有些科学教育工作者注意到这一有趣现象，并尝试在科学教育实践加以运用，取得了不错的效果。比如，有研究者认为，应根据儿童的不同认知发展水平进行教育。对“能成功但没有理论”的儿童，比如信息栏5-12中的4～5岁儿童，应该提供机会让他们思考、尝试、归纳、总结，最终形成理论，而不仅仅是在那里像小白鼠走迷宫一样试误、简单重复。对“有理论但行为上不能取得成功”的儿童，应让他们描述、解释自己的理论，这样有利于他们反省自己的理论。研究者同时还指出，仅仅是让儿童观看教师的示范，听教师解释示范，其效果并不一定好。相反，如果我们能让儿童对示范进行解释，则有利于儿童的学习。这些基于认知研究的教育实践，充分展示了了解、把握、尊重儿童特点的重要性。

信息栏5-12　如果你想前进，就获得一个理论

要求被试在金属棒上使这些积木平衡，不让它们掉下来。一共有七类积木（见下图）。A类的质量平均分布。B类由两块黏合组成，每块的质量都是平均分布的。A类和B类的重心都在其几何中心。C类和D类都是在外面粘上一个正方形的积木，其不同的是原有积木的厚度不同。E 类和 F 类则是在一端有一个洞，可以填入不同质量的物体。G 类则是不可能平衡的，除非使用辅助物。

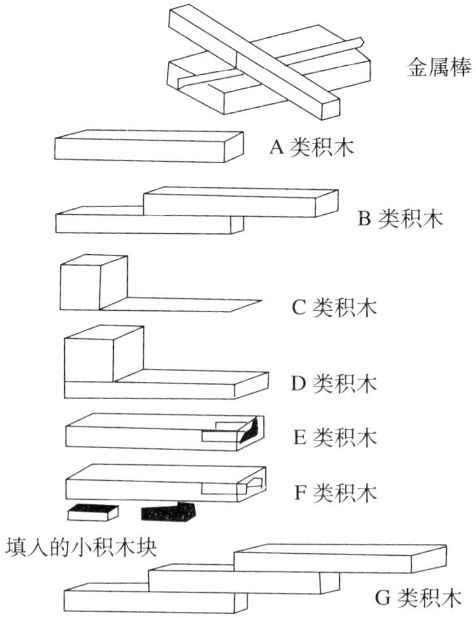

卡米洛夫-史密斯和英海尔德平衡任务中的七类积木

其中一个比较有趣的发现是：4～5 岁儿童很容易完成这个任务。他们只是捡起各个积木，沿着支持物移动积木直至他们感到哪个方向不平衡，通过有关下落方向的本体感受反馈纠正积木的位置，直至积木平衡。相反，6～7 岁儿童把每块积木放在几何中心，除质量均匀分布的积木外，似乎不能平衡任何物体。8～9 岁儿童在平衡所有种类的积木中都取得成功。

从上述材料中可以清楚地看到，6～7 岁儿童仅能够平衡那些重心在几何中心的积木，因为他们拥有的“几何中心平衡理论”导致他们“将积木的中间放到支持物上，积木就会平衡”的预测。这种理论在一定范围内是适用的。但在实验中，反例出现了。儿童并没有因为有反例就立即改变自己的“几何中心平衡理论”，相反，他们毫不怀疑自己的理论，而是在理论以外去寻找反例的原因。比如，他们在自己的行动中去寻找原因，在支持物上寻找原因，但就是不在理论上寻找原因。当仍然找不到原因时，他们就把这些积木当作异常的而不予理睬。

（二）儿童对力和运动有些什么迷思概念

20世纪70年代末80年代初，一大批研究者纷纷对一般人（非物理学工作者）和学习物理学、力学的学生在非课堂情景下是如何理解力和运动的进行了研究。杜伊特（R. Duit）曾对以“学生关于力的错误概念”为研究主题的研究文献进行了统计分析，发现1979—1987年就有将近两千篇公开发表的研究论文。这些研究的结论可用麦克罗斯基（M. McCloskey）在《朴素物理学》中的第一句话来概括：“尽管牛顿三大运动定律尽人皆知，研究结果表明许多人认为运动物体是以其他不同于牛顿定律的方式运行的。研究中的被试们倾向于拥有牛顿时代三个世纪前的人们所普遍拥有的关于力和运动的理论。”①尽管这些研究主要涉及学龄儿童，甚至成年人，但这些认识在学前儿童中也不同程度地存在着，所以我们也予以简要介绍。

研究者对人们是如何看待做抛体运动的物体的受力情况进行了研究。研究发现，人们倾向于认为做抛体运动的物体除了受重力外，还受一个抛力的作用。而且，人们倾向于用这个抛力的大小或抛力与重力之间的大小对比来解释物体的运动方向、速度等。克莱蒙特（J. Clement）要求学物理的大学一年级学生画出当一个硬币抛到空中，在其上升时、下落时的受力情况（忽略空气阻力，见图5-5）。研究结果是，仅有12%左右的人给出了正确答案：只受到一个重力。在那些给出错误答案的学生当中，他们大多认为硬币受到两个力：上升时重力小于向上的力，下落时重力大于向上的力。被试是如何解释这个向上

① McCloskey, M. (1983). Intuitive physics. *Scientific American*, 248, 122-130.

的力的呢？他们认为，这是“我（指抛者）给它的力”，“抛力”。学习过力学课程的学生，正确回答率也只有28%～30%。①

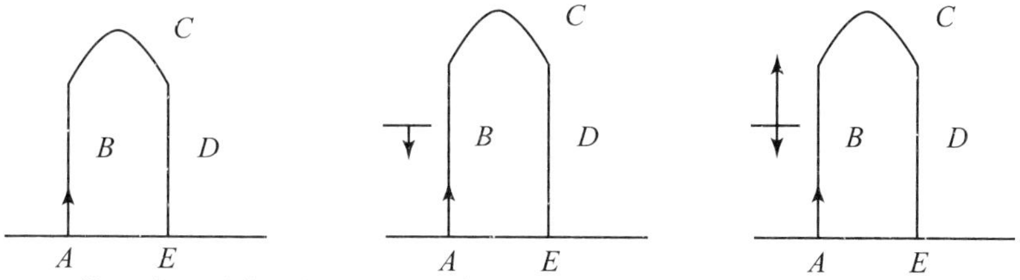

从A向上垂直上抛一硬币，在E处接住，请将B处硬币的受力情况标明，用较长的线表示较大的力。

正确的答案，即只受重力（在忽略空气影响的情况下）。

比较典型的错误，即认为向上的抛力大于向下的重力。

图5-5　对抛物受力情况的分析

在另一项与上一研究相类似的研究中，问7～19岁的被试一个被打飞在空中的高尔夫球是否受到了力。一半以上的被试认为，高尔夫球受到了力。但他们报告的不是受到重力，而是有一个内部的力，这个力与高尔夫球的飞行方向一致。与上一研究中的抛力相似，被试认为高尔夫球上的力来自击打者或者球杆。

研究者们还对人们对力的性质的认识进行了研究。研究结果如下：（1）学生们通常认为，力就像一个具体的物体或物质一样，可以由第一个传给第二个，由第二个传给第三个。也就是说，力本身是第一个物体所具有的某种属性。学生并不将力看作物体之间的相互作用，而是一种属性。（2）许多学生都认为，运动的物体都有一个内在的力，这个力会随着时间的推移慢慢地消失，这也就是物体在运动中会逐渐地减慢速度，最终停下来的原因。（3）有许多研究者对力与静止物体之间的关系问题进行了研究。许多学生认为，如果一个物体没有动，它就

① Clement, J. (1982). Students' preconceptions in introductory physics. *American Journal of Physics*, 50, 66-71.

没有受到任何力。比如在一个研究中，向学生呈现一幅画，画中一个人正在推一辆车。研究者告诉学生说，这辆车坏了，这个人正在推这辆车，但没有推动。然后问学生，这辆车受到了什么力吗？一些学生说，车没有受到力。这些学生通常会这样解释："车没有受到力。这个人推了它，但没有推动。可能是车太重了。"

20 世纪 80 年代所开展的有关朴素物理学的研究，其研究对象更倾向于是青少年和成人，较少涉及年龄小于 10 岁的儿童。在这些研究对象中，以正在学习物理学、力学的学生居多。研究者期望通过研究揭示出，人们在力和运动方面要真正形成与牛顿运动定律相一致的科学认识，并不是一件容易的事情。在人们心目中，有一些根深蒂固的认识是难于改变的。

（三）学前儿童对力和运动的理论认识及其教育意义

进入 20 世纪 90 年代后，研究的对象逐渐向低龄化方向发展，而且研究的目的和方法也更加多元化。在目的上，既想更充分地揭示儿童对力和运动的认识是什么（描述性理论），也想弄清楚儿童为什么会这样（解释性理论）；既想看到随着年龄增长，儿童的认识是否有变化，有什么样的变化，还想看到这些研究成果在科学教育上、在儿童教育上有些什么样的意义，如何进一步运用等。在方法上，既采用实验的方法，也采用临床、访谈、观察的方法；既有量的方法，也有质的方法。

有研究者对年幼儿童对力的认识进行研究，得出了相应的心理模型，并进一步探讨根据儿童的这些心理模型如何进行教育。第一种模型叫内部力模型（internal force model）。拥有这种模型的儿童认为，力是很重的物体的性质，很重的物体才有力，轻的物体没有力。第二种模型叫获得力模型（acquired force model）。拥有这种模型的儿童认为，力是物体获得的一种属性、性质。这种模型很可能长时间存在于学生的思想观念之中，是较难改变的。有些成年人，甚至学过物理学的成年人也可能拥有这样的心理模型。因此，根据儿童的这些认识特点，教师应该给儿童提供可操作的环境，教师适当引导，引发儿童的认知冲突，而不是直接告诉答案，要求儿童记住答案。

国内有研究者对幼儿园大班的儿童在日常环境中对抛体运动的认识进行了研究。[①] 结果发现，大多数的大班儿童认为，物体向上运动是因为人给了物体一个抛力，后来掉下来是因为物体的力用完了。大班儿童的这种解释支持获得力模型。将一个物体往地上一抛，然后问儿童这个东西为什么会停下来，大班儿童倾向于回答“你抛给它的力用完了”。他们甚至还会详细解释抛者是如何将力抛给物体的：就是抛的那一下给的，像给自行车打气一样给它的。另外，中、大班儿童对具有一定初速度的物体下落也有类似的认知（见信息栏5-13）。

信息栏5-13　　汽车掉到哪里了？

给幼儿纸和笔。纸上画有一“Z”字形，代表悬崖（如图中的实线部分）。指导语为：“有一个司机喝醉了酒。他开着他的汽车。他开得很快，开到了这里。这里是一个很高很高的陡坡。司机喝醉了酒，没有看见，结果就掉下去了。他的车子会掉到哪个地方呢？你把它是怎么掉下去的、掉到了哪里画出来。”幼儿的“作品”表现出如下四种类型。仔细分析，你就会发现儿童的获得力模型。特别是第二种“作品”，幼儿说：“它向前，因为它速度很快，很有力的。后来没有力了，就掉下去了。”

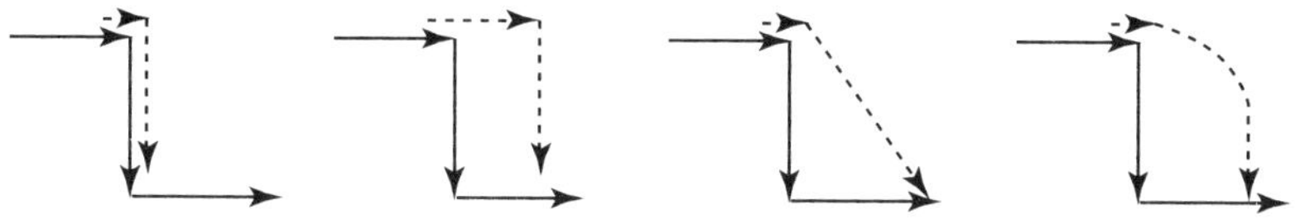

有的研究者则从其他的角度进行了研究。比如，年幼儿童拥有对周围世界的朴素认识（理论），当这些朴素认识与教师

① 鄢超云、郑梅：《基于儿童朴素物理理论的半日活动》，《学前教育研究》2003 年第 11 期。

所开展的科学教育相遇时，在儿童的头脑里究竟会发生什么呢？研究结果发现，直接教授的效果并不好，完全让儿童自己在那里动手摆弄也并非灵丹妙药。研究者认为，在学习一个有难度的新内容，特别是这个内容与儿童以前的认识有所冲突时，让儿童解释自己原来的认识和想法，解释自己的行为，对儿童的进一步学习是非常有帮助的。此外，如果儿童有机会观察别人在同一问题上的行为和认识，以及别的儿童的解释（为什么这样做，为什么不那样做），对儿童进一步学习也是很有意义的。

二、学前儿童对天文现象的认识

（一）对地球的认识

在涉及天体、宇宙、天文等领域中，研究最多的是儿童对地球的认识。一方面，儿童知道我们生活在地球上，他们对地球有着直观的认识。另一方面，成人会告诉儿童地球是一个“球”，在儿童的认识之中，“球”很可能就是皮球、足球。当然，他们也可能看到过地球仪，看到过电视里正在旋转的“地球”，知道那样的也叫地球。儿童这两个方面的认识与经验可能存在一定的冲突。因此，研究者的研究往往集中于：儿童认为地球究竟是怎么样的（是平的还是球的）？儿童能说出地球是球形的，是否意味着他们真的明白、理解？儿童对地球的认识要经过一些什么样的阶段，存在一些什么样的类型？

在理解和揭示学前儿童的朴素物理理论上，采用什么样的方法是非常重要的。下面的研究方法，很有借鉴意义。

第一，对低幼儿童，如何向他们提问是非常关键的，而且将直接影响到所收集信息、资料的有效性。关于此问题，沃斯尼亚多（S. Vosniadou）认为，存在两种提问的方式。第一种叫事实性问题，将问题集中在一些日常生活中可能提到的事实、词汇上。比如，地球的形状是什么？地球动不动？这样的问题常常给人考试的感觉。第二种叫产生性问题，将问题集中在一些平时并不谈论，但儿童完全可以理解、有一定推理性的认识上。比如，如果你沿着一条直线走很多天，你将走到什么地方？你是否到过地球的边缘？儿童觉得这样的问题很好玩，甚至并不认为这是问题。通过事实性问题所得到的材料（如儿童说地球是圆的），并不一定意味着儿童真的理解了地球的形状。产生性问题更具有揭示儿童潜在的概念结构、认知的可能性。

第二，运用绘画、手工等多种方法研究儿童对地球的认识。由于儿童的语言表达能力有限，如果仅仅通过口头报告来分析他们对地球的认识和理解，就很有可能低估他们的能力。同时，由于儿童经常听到各种各样的社会认同的信息，他们记住了这些信息，当成人问及相关问题时，他们会把自己记忆中的告诉成人，而这些信息未必是儿童真正理解了的。因此，过分依赖口头报告也可能高估儿童的能力。在对儿童进行访谈时，应要求儿童将所想的画出来或做出来。比如，要求儿童用橡皮泥做一个地球，画出人在地球上的什么地方，画出是怎么下雨的等。

研究结果发现，儿童对地球的认识经历了一个漫长的过程（见图5-6中的 b）。儿童最初的认识是，地球是平的。这与他们的日常经验相符。而且，地球是平的可以支持“一个东西如果下面没有支撑物，就会掉下去”的朴素理论。但是，儿童经常听到的是“地球是一个球”这样一种科学的、正确的说法。这时，他们的头脑中经历着什么样的变化呢？他们并不是一下子就完全懂得了“地球是一个球”的真正的科学含义，这其间要经历人工模型阶段。在这一阶段的儿童，一方面开始接受“球”，另一方面却又固执地坚守着他们“地球是平的，否则人就站不住”的认识。因此，就人为地造出一些“地球”，比如双地球（真正人站的地球是平的，平时人们讲“地球是一个球”的那个是在天上的球）、中空地球（人是站在地球里面的一个水平面上）、压扁地球（站人的地方是平的，而且最初上面是压扁的、平的）。在经历这些不断的调整、修正后，儿童的认识逐渐地接近科学的解释。

当要求儿童画出人在地球上，或画出下雨的情景时，也得到类似的结果（见图5-6中的 a）。从所画的人的位置、站立的情况，以及下雨的情况来看，儿童对地球的认识并不是一件容易的事情，确实经历了一个漫长的过程。

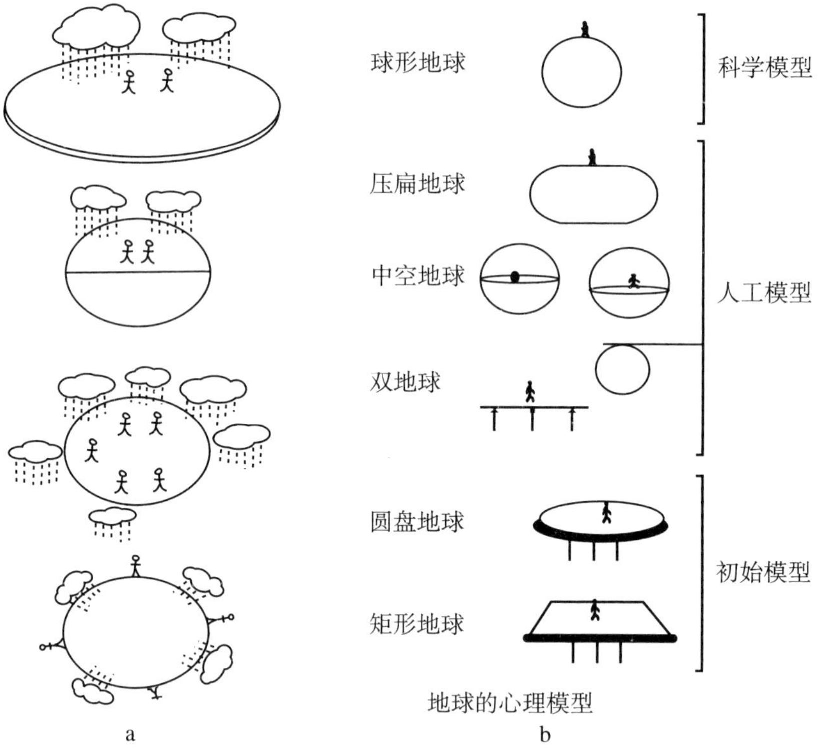

图5-6　儿童对地球的认识

（二）其他研究

有研究者指出，儿童对昼夜交替的认识要经历如下几个阶段：白天是太阳在上面，黑夜就是太阳到山的下面去了；黑夜就是云把太阳遮住了；黑夜是月亮把太阳遮住了；太阳围着地球转，转到我们这边的时候就是白天，没有在我们这边就是黑夜；地球围着太阳转，转一圈就是一天，有时是白天，有时是黑夜；黑夜和白天与地球的自转有关，地球自转一圈就是一天。①

① Baxter，J.(1989). Children's understanding of familiar astronomical events. *International Journal of Science Education*，11，502-513.

儿童对四季变换的认识可能经历如下几个阶段：有一些很冷的东西（如星星、云等）把来自太阳的热量吸走了；冬天的云很厚很厚，它们把来自太阳的热量挡住了；夏天时太阳离我们近，冬天时太阳离我们远；太阳移到地球的另一边去了，这时那一边就成了夏天；行星的变化导致季节变换；地球转动的轴与太阳转动的轴之间有一个夹角，这一夹角导致四季变换。

儿童对月亮（月相）变化的认识经历如下几个阶段：云把月亮遮住了，当云很少或者没有云时，我们就会看到整个月亮；有些星星或其他什么挡住了，在月亮上有一个影子；地球在月亮上的影子。

关于云和星星的运动，这方面的研究主要是皮亚杰进行的。皮亚杰指出，儿童对云的运动的认识要经历如下五个阶段：我们走使得云也跟着我们走，云在远处跟着我们走（约5岁）；是上帝或人们使云动的（约6岁）；它们自己动的，或者是太阳、月亮等要它们动（约7岁）；风把云弄动的（8岁）；正确的解释（约9岁）。其他如星星、太阳、月亮等的移动也大致经历这样的阶段。①

关于太阳和月亮的起源，这方面的研究也仅见于皮亚杰。皮亚杰指出，儿童对太阳、月亮等的起源的认识主要经历三个阶段：起源与人类有关，即是人根据自己的需要造出来的；半自然半人工，比如，认为是由云压缩而成的，而云又是由人们产生的烟所组成的；与人类活动无关，是一种自然起源（如由云或空气压缩而成等）。②

此外，儿童对其他的许多天文现象可能也是有所认识的。比如，星星为什么晚上出来？太阳、月亮、星星是由什么组成的，上面有什么？飞机为什么不掉下来？

---

① Piaget, J. (1930). *The child's conception of physical causality*. London: Routledge & Kegan Paul, pp. 61-62.

② Piaget, J. (1929). *The child's conception of the world*. London: Routledge & Kegan Paul, p. 258.

三、学前儿童对天气现象的认识

学前儿童对风、云、雷、电、雨、雪、虹等与天气有关的物理现象也是有所认识的。虽然对这些方面的研究有着一个不短的历史（至少可以追溯到皮亚杰），但学前儿童的认识是什么，有些什么样的特点，却不是非常清楚。下面介绍一些研究的基本结论，这些结论在多大程度上反映了学前儿童的认识特点，在多大程度上符合中国学前儿童的认识特点，还有待进一步研究。

信息栏5-14　儿童对风的认识——皮亚杰的研究

实验 1：在幼儿前拍手，让幼儿感到有空气（风）。问幼儿：这些空气（风）是从哪里来的？

实验 2：将充了气的气球对着幼儿的脸，放气。等气全部放完，让幼儿感受到里边已经没有气了。然后又充气，再一次重复实验。问幼儿：球里的气是从哪里来的？球里的气又到哪里去了？

实验 3：对着幼儿的手吹气。问幼儿：（吹到手上的气）是从哪里来的？嘴里的气又是从哪里来的？

实验 4：空气是从哪里来的？是如何开始的？

以下是皮亚杰所发现的儿童认识风的三个阶段。

1. 风是风人或神引起的，或是由呼吸或机器引起的。

2. 风是由某些物体或这些物体的运动引起的。对成人来讲，人们通常认为这些现象是由风引起的。如儿童认为是云、树、波浪、灰尘等产生了风。

3. 拒绝对这一问题做出回答。

有研究者指出，儿童对风、云、雨、雪等与天气有关的物理现象的认识存在如下几种类型。①

① 王磊等编译：《科学学习心理学》，海南出版社 2000 年版，第 88—93 页。

第一，参与感。儿童认为自己有参与自然界的行为，伴随这种情感，儿童有时会相信魔法的存在。

访谈者：是什么让云动的？

儿童：因为你在走动。

第二，泛灵论。儿童将生命与意识赋予无生命的物体。

访谈者：雨是什么？

儿童：云觉得天气太热，有一天它就开始出汗。我猜云一出汗，然后汗水就落到我们身上。

第三，人造万物论。儿童认为万事万物的发生都是为了人类及其他生物的利益。

访谈者：天为什么要下雨？

儿童：给我们点儿湿气，同时让我们的庄稼长得更好。

第四，决定论。儿童认为凡事都有可解释的原因。其中又包括两个小类，即宗教决定论和非宗教决定论。宗教决定论举例如下。

访谈者：雷是什么？

儿童：打雷是上帝对所有天使发怒了。

访谈者：闪电是什么？

儿童：闪电是上帝对天使大喊大叫后，天使哭了，发出声音，就像妈妈对待我时那样。

访谈者：雨是什么？

儿童：雨是上帝与天使和好后一起哭出的眼泪。

非宗教决定论举例如下。

访谈者：雪是什么？

儿童：有些白色的山，那里生活着一些白熊，白熊砍雪莲，雪莲就飞得到处都是。

第五，因果论。儿童对物理现象给出还算准确的解释。

访谈者：天为什么会下雨？

儿童：因为水分蒸发到空中形成云，云变得太重就再也载不了里面的水了。

可以看出，学前儿童对天气现象确实有所认识，尽管这些认识与科学的认识还存在着相当的距离。然而，作为未来教师的我们，如果不了解儿童的想法，我们怎么有针对性地开展教育活动呢?

在这一节里，我们介绍了学前儿童对一些物理现象的认识。学前儿童的这些认识，虽然大多数都并不正确，却具有理论的性质。学前儿童正是带着这些朴素的物理理论来到教室的，正是带着这些认识参与各种教育活动的。一方面，我们应该了解学前儿童的这些理论，另一方面，我们还可以根据学前儿童的这些认识特点，有针对性地选择适合他们的内容，开展教育活动。

第四节　学前儿童的朴素生物学

近20年来，儿童对生物现象的认知也受到了心理学家的广泛关注。但在学前儿童究竟是否拥有朴素生物学上，存在一定的争论。有研究者认为，学前儿童是否用心理的运行机制去解释生物现象，是判断他们是否拥有朴素生物学的重要标准。如果他们完全像皮亚杰所说的那样，用心理原因去解释生物现象，如他们用“人想要变得大一些”来解释生长，不能说他们拥有朴素生物学。

然而，新近的研究越来越支持年幼儿童拥有朴素生物学的观点。格尔曼等明确地将朴素物理学、朴素心理学和朴素生物学列为三大核心领域。

一、学前儿童对生物和非生物的区分

生物区别于非生物的基本特征有很多，如应激性、新陈代谢、生殖和发育、生长、遗传、变异等。① 早期的研究主要集

① 朱莉琪、方富熹：《学前儿童“朴素生物学理论”发展的实验研究》，《心理科学》2000年第2期。

中于学前儿童对“活的”的认识，随后的研究则对这些基本特征都有所涉及，其广度和深度比初期都有极大的拓展。

我们以“学前儿童是否拥有朴素生物学”的争论为线索，介绍学前儿童对生物和非生物的区分。

（一）学前儿童不具有朴素生物学

对儿童的生物概念进行开创性研究的是皮亚杰。皮亚杰在提出著名的泛灵论概念时，就以儿童对生命的概念、认识研究为基础。如大家所知，皮亚杰的泛灵论实际上意味着学前儿童不能做出生物和非生物的区分，因为他们倾向于将心理、意识赋予万事万物。

皮亚杰认为，学前儿童不能在生物和非生物之间进行明确的区分。儿童常将有生命物体的特征赋予无生命物体，如儿童会认为自行车是活的，岩石会感到疼痛，风知道自己的吹动等。皮亚杰将儿童对生命的认识归纳为四个阶段。第一阶段（3～7岁），儿童把生命赋予有用的、活动的或未损坏的事物，如下落的石头、有声响的玩具等。第二阶段（7～8岁），生命只被赋予能动的东西，如汽车、摇椅。第三阶段（9～11岁），生命被限制为能自发运动的物体，如河流、太阳。第四阶段（11～12岁），生命就是植物和运动。在皮亚杰看来，11～12岁的儿童才能区分生物和非生物。

信息栏5-15　什么是活的？——皮亚杰与儿童的对话

皮亚杰：太阳是活的吗？

儿童：是的。

皮亚杰：为什么？

儿童：它发出光。

皮亚杰：蜡烛是活的吗？

儿童：不是。

皮亚杰：为什么不是？

儿童：（是的）因为它发光。它发光时，它就是活的；但当它不发光时，它就不是活的。

皮亚杰：自行车是活的吗？

儿童：不是。当它不动时，它就是不活的；当它动的时候，就是活的。

皮亚杰：一座山是活的吗？

儿童：不是。

皮亚杰：为什么？

儿童：因为它待在那里，什么也没有做。

皮亚杰：树是活动的吗？

儿童：不是。当它有果实的时候，它是活的；没有果实，它就不是活的。

皮亚杰：猫是活的吗？

儿童：是的。

皮亚杰：蜗牛是活的吗？

儿童：是的。

皮亚杰：桌子呢？

儿童：不是。

皮亚杰：为什么不是？

儿童：因为它不能动。

皮亚杰：自行车是活的吗？

儿童：是的。

皮亚杰：为什么？

儿童：因为它能动。

皮亚杰：云是活的吗？

儿童：是的。

皮亚杰：为什么？

儿童：因为它有些时候会动。

皮亚杰：水是活的吗？

儿童：是的。

皮亚杰：为什么？

儿童：它能动。

皮亚杰：它不动的时候是不是活的？

儿童：也是活的。

皮亚杰：苍蝇是活的吗？

儿童：是活的。

皮亚杰：为什么？

儿童：如果它不是活的，它就不能飞。

皮亚杰：自行车是活的吗？

儿童：不是。

皮亚杰：为什么不是？

儿童：因为它是我们人弄动的。

皮亚杰：马是活的吗？

儿童：是的。

皮亚杰：为什么？

儿童：它能帮助人。

皮亚杰：云是活的吗？

儿童：是的。

皮亚杰：为什么？

儿童：哦，不是。

皮亚杰：为什么不是？

儿童：云不是活的。如果它是活的，它就可以想到哪里去就到哪里去。是风把它吹动的。

皮亚杰：风是活的吗？

儿童：是的。

皮亚杰：为什么？

儿童：因为是风把云吹动的。

皮亚杰：小溪是活的吗？

儿童：是的。

皮亚杰：为什么？

儿童：因为水一直都在流。

皮亚杰：汽车是活的吗？

儿童：不是，是引擎把它弄动的。

——Piaget, J. (1929). *The child's conception of the world*. London: Routledge & Kegan Paul, pp. 196-206.

除皮亚杰之外，还有不少研究者研究儿童对“活的”概念的认识，结果发现，学前儿童在认识“活的”概念上存在较大的困难。比如，理查兹和西格勒（D. D. Richards & R. S. Siegler）发现，只有不到20%的4.5岁儿童和不到50%的6～7岁儿童将动物和植物都判断为活的，即使是8岁儿童也很少将植物判断为活的。① 其他研究也发现，只有30%～60%的6～11岁儿童能正确地将植物归为活的事物。凯里（Carey）在研究中也有类似的发现，10岁以下的儿童对“什么是活的”一类问题非常困惑，他们不能将动物和植物划为一类，不能报告这两类对象都是活的。因此她认为，年幼儿童没有获得包括动物和植物在内的生物类别概念。

上面这些研究结论大致为，儿童不能正确认识“活的”，不能理解动物和植物有“活的”的共同特征，甚至将非生物也理解为“活的”。这些结论表明学前儿童无法在生物和非生物之间做出本体论意义上的区分，因而不具备朴素生物学。

（二）学前儿童具有朴素生物学

不少研究者对上述研究进行了改进，得到了与上述不同的结果。这些结果支持学前儿童具有朴素生物学的观点。

这些研究者认为，儿童对“活的”概念的认识，并不能完全说明儿童不能在生物和非生物之间做出本体论意义的区分，因为这种认识可能受到多方面因素的影响，比如文化的影响、

① Richards, D. D. & Siegler, R. S. (1984). The effects of task requirements on children's life judgment. *Child Development*, 55, 1687-1696.

"活的"一词的多种意义等。因此，这些研究者要么改进研究设计，使研究更加敏感，要么从其他的角度（如自愈概念）来探讨学前儿童对生物和非生物的区分问题。

学前儿童能够做出生物和非生物的区分。比如，有研究者要求 18～24 个月的儿童对不同的拥有者和被拥有者的关系做出反应。当涉及动物拥有者的问题（如男孩的花在哪里）时，儿童的完成情况良好；当儿童面临拥有者是非动物这类问题（如花的男孩在哪里）时，他们表现出非常困惑。这表明，处于这一年龄阶段的儿童对不同类型的拥有者已经有所区分。又如，24 个月的儿童在看到一把椅子向他移来时，表现出非常惊讶。研究者据此推断，24 个月儿童已经认识到动物和非动物的区别。

学前儿童具有朴素生物学的另一证据来自一系列对儿童认识的研究。这些研究不是从"活的"，而从与生物有关的其他核心概念的角度，探讨了学前儿童的认识问题。这些概念有生长、自愈、遗传、疾病等。由于后面会对儿童对这些概念的认识做较为详细的介绍，这里只举其中一例。研究者告诉儿童，一些动物、植物和非生物被损坏了，问哪些东西能自己愈合，哪些东西不能自己愈合。结果发现，4 岁儿童就能认识到，当身体受轻伤时，动物（包括人）和植物可以自己长好，而人造物只能由人把它修好。这表明，学前儿童能够认识到生物和非生物的显著区别（是否具有自愈的能力）。①

不仅如此，儿童对动物（特别是人类）的心理和生理也能做出区分。比如：他们知道哪些东西（生物特征）可以遗传，哪些东西（心理特征）不可以遗传；他们知道什么行为容易受到环境的影响，什么行为不易受到环境的影响。

---

① Backschieder, A. A., et al. (1993). Preschooler's ability to distinguish living: A function of regrowth. *Child Development*, 21, 156-184.

图5-7 “嘿，它还动呢!”——学前儿童能够认识到生物和非生物的显著区别
（王振宇提供）

以上所介绍的这些研究结果，以及随后即将介绍的大量研究及其结论，在总体上比较支持学前儿童具有朴素生物学的观点，尽管确实还存在一些争议。

二、学前儿童对生长的认识

在众多区分生物和非生物的特征中，生长特征对学前儿童而言是比较直观，相对比较容易认识的。有研究者认为，生长是儿童朴素生物学的核心概念。

如果学前儿童能够正确认识生长，则应该能够认识到：(1) 只有生物体能够生长，非生物体则不能生长；(2) 生长是物体由小变大的过程；(3) 生长是单向不可逆的过程，即生物体总是由小变大，不能由大变小；(4) 生长是自然现象，而非心理现象，因此不能用心理解释机制去解释生长（如想长大就长大)。

罗森格伦（K. S. Rosengren）等人研究了儿童对动物、植物和人造物在生长特征上的区别。他们发现，儿童认为动物和植物都会表现出生长特征，而人造物不会。他们给儿童看一个中等大小的标准刺激，然后给儿童看与标准刺激相似的大、中、小三种图片，让儿童选择最能代表经历一段时间后标准刺激的图片。结果表明，儿童认为人造物是不会随时间推移而有所改变的。儿童认为，经历一段时间后，人造物仍保持原来的大小，而动物和植物会随时间推移而发生变化：不会变小，可能会变大。①

采用基本相同的方法，我国学者对不同教育条件下的3～6岁儿童对生长现象的认识进行了研究。结果发现，学前儿童对生长现象已经有所认识，表现在他们不仅认识到只有生物体才能生长，而且将不可逆、由小变大（而不是颜色、形状等）作为生长的重要特征。他们对生长的原因进行了解释。动物生长的原因：吃饭，喝水；像人一样，有妈妈；它是动物，有生命。植物生长的原因：浇水，施肥；是人种的；是让人吃的。非生物不生长的原因：没有嘴巴，没有眼睛；不能吃饭，不能喝水；是人造出来的。这说明，学前儿童已经表现出对生长的一定认识，但这些认识还较为粗糙。

三、学前儿童对死亡的认识

成人与儿童一般并不谈论死亡的话题，但这并不意味着学前儿童对死亡一点儿认识也没有。与此相反，有幼儿教师、家长经常反映，学前儿童会提到死。只是此时，作为成人的我们，经常不知道如何与他们交谈。

信息栏5-16　　两位家长的困惑

孩子的奶奶去世了，我和孩子说：“奶奶去世了。”孩子问我：“什么是去世？”我说就是不在了。有一天，孩子喝完杯子里

① Rosengren, K. S., et al. (1991). As time goes by: Children's early understanding of biological growth. *Child Development*, 62, 1302-1320.

的牛奶后，对我说："妈妈，牛奶去世了。"遇到这样的情况，我应该怎么办？

孩子有一天突然问我："什么叫死？"我当时一愣，对他说："死就是到了一个很远很远的地方，那里很美，但现在你还不能去。"我的孩子今年6岁了，这样回答孩子行吗？

有关儿童死亡概念发展的研究很多，结果也不尽相同。纳吉（M. Nagy）于1948年对378名3～10岁儿童进行研究，提出了死亡概念发展的三个阶段，对以后的研究颇有影响。

第一阶段：3～5岁，否认死亡是一定的、最终的过程。此阶段的儿童视死亡是可逆的过程，是一种离去。

第二阶段：5～9岁，拟人化的阶段。此阶段的儿童认为死亡是一个人，叫作死亡先生（deathman），只有被死亡先生抓走的人才会死。所以儿童已知道死亡是生命的终止，但不是普遍的，不希望自己会死。他们认为死亡不是经常发生的，而是神奇的事，死亡和死者被认为是相同的。他们认为死亡是可以避免的，如聪明的人、幸运的人、特殊的人不会被死亡先生抓走。

第三阶段：9岁以上，儿童知道死亡是普遍的，是真实而不可避免的。①

后来的研究者虽然受到纳吉研究的影响，所得到结论却有所不同。比如，斯皮斯（M. Speece）认为儿童的死亡概念要到10～12岁甚或更大以后才相对成熟。我国台湾学者刘惠美研究4～7岁儿童之死亡概念，发现4岁儿童对死亡概念已有了解，年龄越大越趋成熟。我国台湾学者张淑美的研究则发现，儿童对死亡的了解，受学校教育的影响最少，而受自身经验的影响最多。

① Nagy, M. (1948). The child's theories concerning death. *Journal of Genetic Psychology*, 73, 3-27.

斯皮斯和布伦特（S. Brent）提出有关死亡的三个次概念：不可逆性、无机能性、普遍性。真正理解了死亡，应该认识到：凡生物体一旦死亡，则其肉体无法再复活；所有界定生命的机能均停止；所有生物体都会死亡。

我国学者正是根据这一有关死亡的理解，研究了 3.5～6.5 岁儿童对死亡的认知。① 研究报告了我国儿童在认识死亡上的三个水平。

水平Ⅰ：对死亡特征的四个维度（不可逆性、必然性、功能丧失性和情绪性）不能清楚认识，即使在主试的启发下，儿童也不能理解人（如奶奶、妈妈、爸爸、小朋友等等）会死的问题，尤其不能理解动物（如老虎、大象、小花猫等）和植物（大树、花、小草等）会死的问题。儿童认为：奶奶要是生病了，上医院打一针、吃点儿药，就会好的，不会死；老虎凶猛，人打不过它，它永远也不会死；大树、花和小草是直立的东西，不会死。儿童还认为，就是奶奶死了，也会给他讲故事、买好吃的，还会在梦中想念他。他不害怕奶奶死，因为奶奶太老了，走不动，死了也不会起来抓人等等。

水平Ⅱ：能够根据某些具体的原因，比较清楚地解释死亡特征的四个维度，但是，表现出强烈的自我中心意识和情感色彩。就前者而言，儿童认为：老爷爷、老奶奶生病治不好会死，因为他们太老了；自己生病能治好，因为还太小，太年轻，还没上学，永远不会死。就后者而论，儿童认为自己喜爱的人、动物和植物不会死，如妈妈、爸爸、小朋友、小花猫、小松鼠和小草不会死，坏蛋、爱打人的人、大老虎、大灰狼、大树、高大的草会死。

水平Ⅲ：能够依据一定的自然原因、疾病原因和意外原因来解释死亡，认为死亡是生命的结束，人死了不能再活；任何

① 张向葵等：《3.5～6.5 岁儿童对死亡认知的研究》，《心理发展与教育》1998 年第 4 期。

人、动物和植物都会死；死去的人、动物和植物既不能走，也不能想问题，会使人感到伤心、难受和悲哀。这意味着，儿童对死亡特征的四个维度和外延的认知达到较高水平。例如，儿童认为：人会老死，得病治不好会死，车祸、中毒、电击、水淹和被害等事故都会致死；动物由于生病、没东西吃、没水喝也会死；植物因没有阳光、水分和土壤或被人砍伐、毁坏也会死。儿童还对死亡事件普遍地表现出伤心、恐惧、难过和惋惜等情绪。

四、学前儿童对遗传和繁殖的认识

卡格博（Kargbo）等人发现，一些孩子认为在遗传问题上，母亲比父亲的作用更大。同时，许多幼儿认为某些特征，如身高，是由父亲决定的，而另外一些特征，如头发和眼睛的颜色，则来自母亲。

有研究者对学前儿童对遗传方式的理解进行了研究。① 他们告诉儿童，某个孩子的父母有一个很特别的异常特征，如布尔太太和布尔先生天生就有粉红色的心脏。然后让儿童预测布尔夫妇的孩子是否有正常的特征（如心脏的颜色是正常的红色还是异常的粉红色）。结果非常有趣：当告诉儿童异常的生理特征能引起生物学的后果（如粉红色的心脏使布尔夫妇非常有力、非常强健），而非引起社会的或心理的结果（如粉红色的心脏使他们非常气愤）时，儿童往往认为这个特征是可遗传的。斯普林格（K. Springer）因此认为，儿童对此拥有一个一致的、不变的信念，那就是：能引起动物的机能性结果而非社会的、心理的结果的特征都可能是遗传的，即可遗传的特征只限于生物学领域内。

---

① Springer, K. & Keil, F. C. (1989). On the development of biologically specific beliefs: The case of inheritance. *Child Development*, 60, 637-648.

赫斯菲尔德（Hirschfeld）研究了儿童对种族遗传的看法。结果表明，儿童认为种族是一个稳定的特征，它不会因跨种族的收养而改变，比如，黑人生的小孩不会因为有白人收养而成为白人。也就是说，儿童似乎意识到一个人的种族与他的亲生父母有关，而与养父母（抚养者）无关。

格尔曼等研究了儿童对由遗传而获得的发展潜力的认识。他们以讲故事的方式告诉4岁儿童，一个刚出生的小动物或一粒种子由于某种意外与另外一类动物或植物生活（长）在一起，如一头刚出生的小牛犊被带到猪圈里和猪生活在一起，小牛犊从未见过其他的牛。然后让儿童判断这个对象长大后会显示什么样的行为特征和身体特征。结果发现，4岁儿童就能认识到，虽然牛与猪同养，但牛长大后将会哞哞地叫，将会有一个直直的尾巴。他们似乎知道，牛在身体特征上更像牛，而在行为特征上更像猪。儿童对植物也有类似的认识。

另外，学前儿童对繁殖问题也有一定的认识。比如，他们经常提出"我是从哪里来的"这样让成人头痛、尴尬的问题，也逐渐开始理解繁殖的一些基本原理。由于成人觉得"我是从哪里来的"这样的问题羞于启齿，或者讲了孩子也不明白，所以这方面的话题往往刚一开启，就草草收场。

信息栏5-17　"我是从哪里来的？"

好多小伙伴都有一个同样的问题："我是从哪里来的？"100个家长有100个答案。有的说是从大街上、垃圾桶里捡回来的，有的说是从医院里抱回来的。当然也有家长告诉孩子是妈妈生的。然而，当孩子进一步追问是怎么生的时，家长之间往往会相互推诿，或者说"长大了就知道了"，或者说"小孩子不应该问这个问题"，当然也不乏以生动形象的比喻进行科学教育者。

一个小孩问妈妈："妈妈，我是从哪里来的？"妈妈说："你原来是个小小的米粒，和许多同样的小米粒一起赛跑，你跑得最快，第一个跑到了我们家，你就是我的孩子啦！”孩子觉得很奇怪，米粒怎么能跑呢？跑到屋子的什么地方呢？又是怎样变成自己现在的样子呢？可是，妈妈不再回答他的问题了，他的“不解”就只好这样“揣”在了心里。等到他上了小学，在学校的科技长廊里，他看到了一个玻璃瓶子，上面的标签写着“3个月的婴儿”，再往里面看，天哪，那里头竟然装着一个蜷着身子的小人儿！“原来我是从这么小的小人儿变来的呀！我小时候就是小小的人，根本不是小米粒。”他觉得上了妈妈的当。

一个小孩问妈妈：“我是从哪里来的？”妈妈说：“你是我和爸爸从垃圾桶里捡来的。”其后的几天，妈妈发现孩子每天晚饭后就会下楼；后来又发现，他下楼后就坐在垃圾桶不远处的石凳上。妈妈问他干什么，他说他想看看自己是谁丢的孩子。

皮亚杰提出，繁殖概念的形成需要经历以下几个阶段。第一，先人为阶段。在此阶段，儿童对于自己从哪儿来缺少正确概念。第二，人为阶段。在此阶段，儿童对于人之由来已有一定的认识，却不清楚父母的作用。第三，自然阶段。在此阶段，儿童首先明白母亲在繁殖问题上的重要作用，然后才明白父亲的作用。①

五、学前儿童对疾病的认识

探讨学前儿童对疾病的认识的意义在于：第一，疾病是仅发生在生物上的一种现象，学前儿童是否较好地理解疾病，可以作为判断他们是否存在朴素生物学的一个依据；第二，疾病

---

① 王磊等编译：《科学学习心理学》，海南出版社2000年版，第149页。

是较为复杂的一种现象，学前儿童对疾病的认识可以作为进一步探讨他们认知发展的证据；第三，如果发现学前儿童具有理解疾病本质的证据，对教育和卫生预防是有着显著意义的。

关于儿童对疾病的认识，各种研究结果之间还存在一定的争论。接下来，我们从争论的正反两方面来呈现各自的证据。

（一）学前儿童对疾病的了解甚少

比贝斯和沃尔什（Bibace & Walsh）提出一种有关儿童病因知识的皮亚杰阶段论的分析。[①] 第一阶段，3～6 岁儿童对疾病的认识具有即时性和具体性的特点。他们往往将得病前的某一件事情理解成病因。比如，他们可能将“碰了一下树”说成是感冒的原因。第二阶段，较大的儿童说，当其他人接近或接触患病的人之后就会得感冒。第三阶段，11 岁左右的儿童能较为正确地理解疾病。

比贝斯和沃尔什还认为，儿童把所有疾病都看成是有传染性的。他们相信，接近有牙疼的人就会牙疼，接近感冒的人就会感冒，挨着腿擦伤的儿童，自己的腿也会出问题。儿童还常常把得病当成是一种惩罚，比如做了不应该做的事情，所以得病。

这些研究的大致结论是：学前儿童对疾病缺乏认识。他们对疾病的认识常常停留在现象上，而无法看到本质。比如，他们对导致疾病的原因，如传染、污染等，缺乏认识。

（二）学前儿童具有关于疾病的基本认识

然而，不少研究者对上述研究质疑。他们认为，也许是上述研究的方法存在问题，导致我们对学前儿童能力的低估。因此，他们调整、改进了研究方法，得到的结果是：学前儿童具有对疾病的基本认识与了解。

西格勒等人对疾病以及导致疾病的原因进行了一系列的研

---

① ［英］迈克尔·西戈、张新立著：《儿童认知发展研究——一种新皮亚杰学派观》，四川教育出版社 1999 年版，第 101 页。

究。结果表明，儿童并未表现出明显的“惩罚”论调，他们对病症原因是传染和污染有实实在在的知识。下面对他们所做的实验进行简要的介绍。①

（1）疾病是“报应”还是传染、污染所致？儿童观看四段录像，其中两段是关于木偶得了感冒，另两段是木偶患了牙疼。每次得病，木偶告诉录像中的提问人，它是和朋友一起玩时得这种病的，或者告诉提问人，是由于调皮（比如玩了不让动的剪子）而得的。看完录像后，问儿童：木偶的说法是对还是错？对“报应”和“惩罚”类录像，问：“小孩会因为调皮得这种病吗？”对“接近”类录像，问：“小孩会因为和一个有这种病的朋友一起玩而得这种病吗？”结果表明，学前儿童认为感冒与“接近”有关，即大多数儿童赞同木偶感冒是因为与得了感冒的小朋友一起玩的解释。而对于牙疼，则仅有半数左右的儿童（未超过随机水平）认为与“接近”有关。显然，学前儿童对感冒和牙疼的病因是有所认识的。在此过程中，也有不少儿童赞同“报应”的解释。

（2）学前儿童对污染的认识。用录像给儿童呈现三种情景。一只昆虫、一把梳子、一把匙子“无意”中掉到牛奶杯子里，正巧一个小孩正要去喝牛奶。在这种情景中，昆虫是一只死蟑螂，梳子显然是用过的（上面有脏东西），匙子看起来不脏，但未特别说明是干净的。后来，有一个人把这些东西都从杯子中取走了。取出异物前问儿童：“如果喝了带有蟑螂（梳子、匙子）的牛奶，会得病吗？如果会得病，是轻还是重呢？”取出异物后问的问题是：“现在东西取出来了，如果喝了这杯牛奶，会得病吗？如果大人让你喝，你愿意喝这杯牛奶吗？”结果表明，绝大多数儿童都说不喝有蟑螂和脏梳子的牛奶，即使取出来后也不喝，喝了会生病。极少数儿童说要喝有蟑螂和

---

① ［英］迈克尔·西戈、张新立著：《儿童认知发展研究——一种新皮亚杰学派观》，四川教育出版社1999年版，第106—118页。

梳子的牛奶。还有儿童说喝了有匙子的牛奶会得大病，而有的儿童则似乎更担心把匙子喝下去。后面这些令人吃惊的结果似乎可以表明，影响儿童的认识与理解的因素是多方面的，甚至有许多是我们所意想不到的。比如，他们也许这时并没有考虑污染的问题，而是担心把匙子吃下去。

（3）学前儿童对疾病原因的解释。从上面的研究中可以看出，学前儿童对疾病的原因也是有所认识和了解的。根据已有研究，可以看到儿童对疾病原因的认识有四种模型。

第一，联系模型。儿童认为有空间联系就会有疾病传播，疾病传染是因为两个人挨得近而不管两人是否接触。

第二，物理模型。把传染理解为一种物理关系，即物质粒子的转移。持这种观点的儿童认为，是否得病并不是看空间联系（是否隔得近），而是看是否有某种东西从一个人那里转移到另一个那里。儿童也可能说出“细菌”这样的词，但对这种东西的特性还缺乏认识。比如，他们并不把细菌当作生物。

第三，生物模型。把传染理解成生物实体对另一个生物的感染。生物模型更强调细菌是生物，具有生物的特性，比如可以繁殖。

第四，有区别的生物模型。儿童能够理解传染的特殊性，理解不同疾病的生成原因是不同的。①

六、学前儿童对消化的认识

消化，特别是人自身的消化，是一种比较特殊的生物行为。一方面，儿童每天都在经历着吃和排泄这样的活动，另一方面，消化这样的活动又是极其内在的、不可见的，甚至非常神秘的。儿童是如何认识消化的呢？他们怎么样来看待一个吃下去的食物在人体内经历着什么样的历程呢？关于儿童对消化

① 朱莉琪：《儿童对疾病的认知》，《心理科学》2003 年第 1 期。

的认识的研究，目前并不太多。下面我们重点介绍一个新近的研究。①

研究者给儿童一块巧克力、一支铅笔和一张印有人体轮廓的纸。研究者要求儿童先吃巧克力，接着在纸上画出食物（巧克力）经过了身体的哪些部分，然后说出这些部分的名称，以及描述这些部分（器官）是如何工作的，随着食物在人身体内的移动，它们发生了些什么（变化），在不同时候它们（食物）看起来是什么样的。

研究发现，儿童提到的消化器官主要有四个部分：嘴、咽—食道、腹部、肛门。在这四个部分里，嘴、腹部和肛门是最容易提到的，4 岁左右的儿童有时会忽略咽—食道这个部分。对于腹部，4 岁左右的儿童说的是“肚子”，年长的儿童倾向于使用类似“胃”“肠”等比较生物学化的词。对于肛门，25％的 4 岁儿童、67％的 6 岁儿童、100％的 8 岁儿童提到这个部分，使用的词为“屁股”（bottom）。

89％的 4 岁儿童认为，腹部是空的，内部没有什么器官。我们吃的食物存储在这里，但只是很小很小的，因为我们吃下去时是咀嚼过的。对这些儿童来讲，当我们走路、弯腰时，食物就可能会离开肚子。走路时，食物沿着腿的方向离开肚子，在那里食物聚积起来，然后长了身体，增加了体重。弯腰时，食物就落到胳膊里，长了身体，增加了身高。

对于食物在人体内发生了些什么样的变化，主要存在三种认识。（1）所有吃的食物都完完全全地被保存在体内，持这种认识的以 4 岁儿童居多。（2）吃的所有食物后来都离开了身体，持这种认识的以 6 岁和 8 岁儿童居多。（3）所吃的食物，一部分留了下来，另一部分离开了身体，持这种观点的以 10

---

① Teixeira, F. M. (2000). What happens to the food we eat? Children's conceptions of the structure and function of the digestive system. *International Journal of Science Education*, 22 (5), 507-520.

岁儿童居多。下面是一些对话的例子（C 代表儿童，I 代表访谈者）。

第一种类型的例子：

C：当肚子饱了时，我就不再吃东西了。哦，不，我还能吃一点点。当肚子满了时，里边的有些食物必须离开，这样才能吃更多的东西。

I：肚子里的食物到哪里去了呢？

C：到了这儿（曲起右胳膊，用左手指着肌肉）。

I：这叫什么？

C：胳膊。当食物到这里时（指胳膊上的肌肉），它们就待在原来的食物上面。这样，这里就强壮了。这里还有点儿软（他摸了摸大腿）。

I：食物也会到腿上去吗？

C：当然会。你可以看到这里是怎么长大的（摸着他的大腿）。

I：到了大腿还会到别的地方去吗？

C：是的。它到这里（从大腿到小腿），又到了这里（脚指头）。我的脚变大，变壮了。你看，它正在变。

I：哦，真的在变呢。

C：只有这里没有变（指脚后跟）。

第二种类型的例子：

C：食物到胃里后，就被保存在那里了。

I：哦，是吗？食物是静静地待在那里呢，还是有其他什么变化呢？

C：我们拉屎，就出去了。

第三种类型的例子：

C：胃把好的食物变成了血，不好的就到了肠子里。是心脏把食物变成血的，然后把血送到身体的各个部分。

I：那些不好的食物呢？

C：拉屎拉出去了。

可以看出，学前儿童对生物现象是有一定认识的，而且这些认识并非零散的知识点，而是相互联系的。除了上面介绍的，学前儿童对血液、营养、吸引、内部器官、动植物分类，甚至光合作用都是有一定认识的。当然，就像前面提到过的一样，这些认识还仅仅是一些朴素理论，与科学的认识还存在一定的距离。

本章所述，是学前儿童在日常生活中的所思所想。他们既在思考自己和他人的心理状态，也在思考世间万物存在与运行的方式。他们的这些思考，绝不仅仅是一些知识点的零碎的堆积，也不仅仅是只能看到表现的、不能超越知觉相似性的肤浅认识。他们的思考是理论：既具有理论的性质，也具有理论的功能。

大量的证据表明，学前儿童比我们原先想象的要复杂得多。他们不仅是小小心理学家，还是小小物理学家、小小生物学家，还可能是小小的数学家、小小的语言学家、小小的经济学家……。不要以为他们不懂，他们真的什么都懂，只是他们所懂的与我们所懂的有些不一样而已。

思考与练习

1. 简要说明学前儿童对信念、愿望、意图、知识、思维的认识。

2. 以某一具体错误信念研究为例，说明能够通过错误信念测试的儿童和不能通过错误信念测试的儿童在心理发展上的区别。

3. “愿望心理学”“愿望—信念心理学”“信念—愿望心理学”是什么意思？结合学前儿童对信念、愿望、意图、情绪的认识，描述2～5岁儿童在解释他人行为上经历着什么样的变化。

4. 你小时候有没有思考过地球形状的问题（比如，地球下面的人为什么不掉下去）？与不同年龄的学前儿童交流，看看他们是如何说的。

5. 学前儿童对死亡的认识有些什么特点？针对这些特点，与他们谈及死亡时，应注意些什么？

6. 学前儿童对疾病有些什么样的认识？如何利用他们的这些知识进行健康教育？

[第六章]

结语——学前儿童在发展中

本章提要

我们已经从发展、交往、活动、朴素理论等四个维度阐述了学前儿童的心理特点和发展趋势。必须明了的是，选取这四个维度只是为了表述方便，并不意味着学前儿童的心理活动割裂为这四个方面。实际上，儿童心理的活动和发展是整体的、系统的、统一的、复杂的。我们必须充分认识到，学前儿童的心理发展只是人的一生发展中的一个片段，发展是一个终生的任务。这些观点与我们在绪论部分提出的“对心理的基本认识和对个体心理发展应该要树立的几个基本观点”是一致的、自恰的。本章从科学儿童观的层面上阐述了正确理解儿童的心理发展和尊重儿童的基本观点，也就是本书的灵魂：尊重儿童。尊重儿童，就是尊重人类本身。

我们已经阐述了发展中的学前儿童心理、交往中的学前儿童心理、活动中的学前儿童心理，使大家对 0～6 岁学前儿童的心理特点和发展规律有了初步的了解。综观全书，不难看出，一个核心概念始终在指导着我们，那就是：发展。发展是个体在活动中整个反映结构不断改造更新的过程。更准确地说，发展是一种新结构的获得或从一种旧结构向一种新结构的转化的过程。发展并不是简单的数量积累或直观的位置移动，发展也不是单纯的内部次序的轮回。发展，意味着一个结构的内部出现了新性质的改变。当我们学完以上各章的内容后再来认识发展的含义，一定会有更深刻的理解。

第一节　正确理解儿童的心理发展

一、学前儿童拥有丰富的发展资源

在一个相当长的时期里，人们认为儿童刚出生时，只有一些最基本的先天反射，用以维持生命，除此之外，他们什么也不懂，什么也不会。先哲洛克形象地把儿童的大脑比喻为“白板”，认为“白板”上的所有痕迹都是后天经验的结果。尽管我国的心理学教科书大多赞成遗传与环境相互作用论，但在理论深层，还是倾向于认为环境比先天素质更重要，具体表现为过分强调教育对儿童发展的绝对作用。当代发展心理学的大量研究成果表明，儿童带有一定的先天发展倾向，这种发展倾向使某些神经通路更容易激活，或更容易与某些输出发生联系，从而决定着儿童发展的可能性和主观的兴趣。更重要的是，研究进一步发现，婴儿也在积极地寻找能使这些神经通路特异化的刺激。大量研究成果表明，儿童并不是消极被动地接受环境的刺激，而是在环境中主动寻找刺激，分化刺激。通过儿童的主动活动，大脑的结构和功能得到充分的发展。大脑内的这些变化既反映行为，也引发行为。这就是儿童自身拥有的丰富的发展资源。

皮亚杰在改变对儿童发展的看法方面做了许多努力。他强调儿童怎样积极地探究环境，怎样积极地建构对他们所遇到的物体、事件和人的理解。这种看法也得到了行为遗传学家的呼应，他们认为我们总在积极地选择让自己感到舒服的生态小生境①，因为它能与我们自己的遗传素质协调。

的确，我们受许多人的影响。而且，跟这些人的接触往往是身不由己的。但是，同样可以确定的是，我们创造着属于我们自己的环境，影响着周围的人，从而使环境有利于我们自己的发展。正是人的积极行为与变化着的环境之间的相互作用，彼此以互惠的方式相互影响，引导着我们的发展。儿童具有这种非凡的能力。他们既能在母亲的教养方式和态度中形成自己的依恋模式，也能在纷繁复杂的环境中形成自己的认知模式，并依靠这些模式去处理类似问题。即使在典型的学习环境中，儿童也不是消极被动地接受刺激，而是在主动地筛选、过滤可接受的刺激。而且，儿童的每一种学习能力的发展，即便是儿童中期和青少年期的数能力的发展，也包含着环境与儿童自身的相互作用，“部分是源自学校教育的直接结果，部分则源自生命早期对数的非正式的自发性学习的延续”②。儿童能在环境中发现问题，儿童也能按自己的方式解决问题。因此，儿童是他自身发展的动力之一，他拥有丰富的发展资源。这些资源并不是发展的终结目标，但确实是保障儿童利用经验达到目标的能量。只有认识到这一点，才能在教育中真正做到尊重儿童，发展儿童。我们提请大家注意儿童拥有丰富的发展资源，目的在于希望我们的教育要正视儿童的主体性，并不是说儿童发展是一个自发的、单一的、线性的过程。事实上，儿童心理发展是一个十分复杂的、长期的过程。

二、早期发展的适应性

人们往往习惯于用否定性词语来描述儿童的早期发展特

---

① 生态小生境是生物学的一个概念，指一种生物在生物群落中的生活地位、活动特点，以及它与食物、敌害的关系等综合情况。

② ［美］J. H. 弗拉维尔等著，邓赐平等译：《认知发展》，华东师范大学出版社 2002 年版，第 171 页。

点，如水平不高、分化不清、不稳定、不持久、不成熟等。这是一种典型的“成人中心主义”。如果我们调整一下视角，从儿童本身的角度来解读儿童心理，就能清晰地认识到儿童早期心理发展的适应性，认识到儿童行为特点的合理性。简言之，婴幼儿的幼稚是合理的。

我们知道，人类的儿童期比其他任何动物的童年都要长，儿童的身体和心理都要经历漫长的发展才达到成熟水平。

漫长的儿童期有利于大脑的充分发展。从表面上看，个体大脑的形成和发育是非常迅速的，早在受精卵形成后3周，神经板就卷曲成神经管。作为前脑、中脑和后脑的三个鼓起部分，受精后4个星期就已成形，第6周就有了大脑皮质的雏形。怀孕4个月时，人脑的基础构造全部成形。但大脑与神经系统结构和功能的完全成熟需要十多年的发展。大脑发育的要务是形成神经突触。将近83%的树突是婴儿出生后生长的，突触密度一直增至五六岁，有些则延缓至青春期的初期。突触生长有两种模式。一是先长出大量过剩的突触，然后迫使突触相互竞争，根据接受刺激的程度选择性地保留有效突触，删除无效突触，使神经通路变得更有效率。从幼儿期到青春期，每天大约淘汰200亿个无效突触。另一方法是增添和修改新突触，使学习到的新经验得以巩固。后一种方法主要适合于成年人甚至老年人。就本质而言，一个人接受和处理信息的质量和数量，能反映其大脑的结构。或者，我们换一种说法，那就是儿童大脑的结构具有很大的可塑性，它的成长和发育不仅受基因的控制，同时也受环境刺激的控制。延缓成熟期就是为了便于学习。这是儿童对人类社会发展的适应性。从功能上看，婴幼儿的大脑皮质容易疲劳，需要更多的休息和游戏。这对于过滤和调整外界信息的输入是十分必要的。儿童的脑发展的特点为学习复杂的人类文化做好了时空上的准备。从这个意义上讲，儿童大脑的不成熟是必要的。如果儿童一出生大脑就完全成熟，他以后的灵活性和创造性就很少了，那才是人类的不幸！

儿童幼稚的表现之一是“不自量力”。年幼儿童在自我认识方面常常高估自己的能力，显得过于乐观。例如，儿童把对能力的愿望与现实混为一谈，或对自己完成某一任务的能力做过高估计，即所谓“初生牛犊不怕虎”。“这种过于乐观的看法可能是有益的，并且有助于幼儿适应他们的环境。”① 如果儿童缺乏这种高估的倾向，也就失去了尝试和探索的勇气和兴趣，增加了对失败的顾虑。事实上，随着年龄的增长，个体尝试和探索的热情会逐渐衰减。因此，对于学前儿童来说，自我评价方面的幼稚是必要的。有趣的是，对于成人来说，适度保持对自己能力的高估，有利于心理健康。

在情感的发展中，年幼儿童的情感表达方式明朗，很少掩饰，强度也大于成人，这同样也具有适应性。最典型的表现是依恋形成后的儿童与母亲分离时产生的分离焦虑，其适应性的价值就在于保护自身的安全。凡是有利于个体生存的事件引起正向情感；反之，凡是对生存和基因复制构成威胁的事件，就引起负向情感。儿童对成人的跟随、紧抱或哭泣，时常搅乱成人的心情，但对于儿童来说是理由正当的。在许多情况下，儿童的情绪反应放大了事件的后果，实际上对于他们本人来说，这比精确反应更有心理价值。

除了以上三点外，我们还可以从其他方面列举出学前儿童“不成熟”的表现。正因为如此，人类婴幼儿需要更多的护理和更长期的发育，这就大大推迟了成熟的时间。当前有学者把这一现象称为“幼态延续”。从表面上看好像是一种“资源的浪费”，但从进化论的角度看，幼态延续的生理机制就是大脑发展有一个漫长过程。正是这个过程保障了机体学习新知识、新技能和塑造新行为的可能性，也为在发展中遭到挫折和困难

---

① ［美］J. H. 弗拉维尔等著，邓赐平等译：《认知发展》，华东师范大学出版社2002年版，第299页。

的个体提供补救的机会。有鉴于此，我们不主张在儿童心理学中采用成人中心的观点对待儿童的发展，而是主张采用正面描述的方法阐述儿童心理发展的过程和趋势，真正体现出对儿童的理解和尊重。

三、发展是一个终生的任务

学前期发展是一生发展的基础。在这里，我们是以一种郑重的态度使用“基础”一词的。虽然在一般意义上没有人会忽视基础的重要性（“豆腐渣工程”的策划者、实施者和包庇者除外），但事实上，人们总是把敬慕的目光投向摩天大楼的顶端，而很少去欣赏它的基础。

我们关于早期经验对人生发展重要性的认识，首先来自弗洛伊德。他的精神分析学说强调儿童的早期经验决定着人格发展的方向和质量。早期经验好，则今后的发展也好；早期经验不好，则今后的发展肯定不好。皮亚杰也是号召我们关注基础的先哲之一。他从人类认识发生的角度指出，儿童认知发展的第一阶段——感知运动阶段的心理发展，决定着心理演进的整个过程。这个阶段所进行的活动，构成了一种基本训练，为儿童从事逻辑运算做好准备。按照皮亚杰的观点，发展就是从低级阶段向高级阶段的过渡。先前的阶段总是后一阶段的准备。任何一个高级阶段既不可能是传说中的飞来峰，平白无故地突兀而至，也不是游戏中的抢椅子，简单地把低级阶段拱出去。发展过程中的低级阶段总是被高级阶段整合，在高一级的水平上得到改造，同时也使高级阶段得到充实和完善。相似的观点还来自新精神分析学派的埃里克森，他认为人从出生到死亡的整个生命周期中，人生的第一阶段，即婴儿期对人的一生发展具有重要影响。可以说，发展心理学家从不同的理论取向指出早期发展对人的一生发展的深远影响。

但是，强调早期发展的重要性并不等于否认终生发展的重要性，也不等于宣扬早期定型的必然性。

埃里克森将人的生命周期划分为八个发展阶段。他指出，每个发展阶段都有其特定的发展任务，对一生的发展质量都有关键的作用。如果个体在前一发展阶段中顺利地完成发展任务，就能形成积极的人格品质，向新的阶段过渡。如果个体在某个阶段中出现了障碍，没有妥善解决好发展任务，也可以通过教育在下一阶段加以弥补。

自从 20 世纪 60 年代以来，一种强调毕生发展的心理学观点开始形成。毕生发展心理学的代表人物是德国心理学家巴尔特斯（P. Baltes）。毕生发展观认为个体发展贯穿人的整个生命过程，并不是传统发展心理学所描述的那样简单：从出生到成熟是个体心理发展期，成年后处于平稳状态，然后老年期进入退行性发展。事实上，个体发展是多层次、多方面的。个体心理发展的目标包括三个可以转换的机能系统：成长、保持和调整。其中，成长指心理发展到更高水平。保持指个体面临新的挑战或潜在损失，努力维持和恢复正常的功能水平。调整指当原有的心理水平在机能上不能修复时就在较低水平上加以重新整合。在个体不同的发展阶段中，虽然占主导地位的机能系统有所不同，如成长主要体现在儿童期，保持主要表现在成年期，调整主要表现在老年期，但都存在着选择发展方向和目标、优化发展结果和补偿资源丧失三者相协调的心理机能。巴尔特斯指出，个体发展除了受到年龄因素的影响外，还受到历史阶段的影响和非规范事件的影响，前者如社会经济状况、战乱等，后者如疾病、婚姻变故、职业变迁等。每一个人的发展总是在生物和文化共同进化的总体框架中得到实现的。

可见，发展是一个终生的任务。早期经验本身“要么让一个人成功，要么让一个人毁灭”的情况很少。相反，在人的一生中有很多机会去消除由早期创伤所带来的伤害，可以教授新的技能并重新指引一条更富有成效的道路。早期的不利影响的持续或紧接着其他不利影响，可能会造成不良适应的发展结果。但是，如果早期经验的潜在伤害被以后好的经验所抵消，我们可以期望具有可塑性和弹性的人类幼儿表现出强烈的自动纠正的倾向，并表现出适应性的发展结果。

总之，对于学前儿童来说，早期发展既是奠基性的，又是初步的。忽视早期发展的作用是危险的，但过分夸大早期发展的“终生后效”也是有害的。

四、以多元视角看待儿童发展

发展心理学为我们描绘了一整套心理发展的轨迹，使我们初步了解到儿童心理发展的趋势和规律。但事实上，任何一个儿童都比任何一本教科书复杂。我们应该以多元的视角看待儿童的发展。

（一）在特定的社会文化和时代中看待儿童的发展

每一个儿童都生活在特定的文化中，他的心理发展离不开特定文化的影响。发展心理学的大部分研究材料来自西方文化，尤其是美国的中产阶级文化。在这种文化中揭示出的儿童发展规律在多大程度上具有普遍性，是一个严肃的话题。不同的文化和不同的时代对儿童的看法不同，对儿童的规范不同，对儿童的期望不同，因此儿童发展的方向、质量和价值观也是不同的。例如，有学者（陈欣银）研究发现，儿童羞怯在中国文化中是正常的表现，而在西方文化中被看作问题行为。这是文化差异导致心理发展差异的一个典型事例。20 世纪 80 年代我国心理学界曾经有人验证皮亚杰的守恒实验，结果发现中国儿童的守恒出现时间比皮亚杰所说的早，各类守恒相继出现的次序也不尽相同。还有人研究发现，当代青年人进入形式运算的年龄较几十年前有所提前，甚至我国儿童左右概念的发展比早先研究结果有提前的趋势。这些都是不同时代导致心理发展差异的实例。进一步的研究更是发现，个体发展水平越高，对文化资源的需求也就越高。文化资源直接规定着我们的认知技能、读写能力、思维方式、动机倾向、交往策略、情感色彩，总之，影响到个体心理发展的一切方面。所以，当我们阅读心理学教材或心理学实验报告时，要树立一个观念，任何一项具体的研究都是有局限性的，一定要结合社会文化的条件来思考其结果，并且要运用唯物辩证法加以分析，不要简单照搬。在教育教学实践中，我们同样要注意社会文化和时代的差异，不要天真地认为一整套独特的价值观、养育孩子的风格或发展结果的模式对所有人来说都是最佳的。所谓适应性的发展模式可能因文化和亚文化的不同而有很大的差异性，并总是受时代的限制。

（二）关注个体差异

虽然人与人的基因绝大部分是相同的，大脑也不存在本质的差异，但心理的发展受到身心内外诸因素的综合作用，每个人都有自己独特的发展轨迹，最终的发展水平也是不相同的。当代心理学的一种动态系统理论告诉我们，儿童拥有的遗传基因和人类社会发展的基本规律，为发展编织了一个无限宽广的网状框架，每一根网络连线都是儿童的一个潜在的发展空间。根据自身的能力和所处的特定条件，儿童在这个网络的任何一个节点上，都能得到相应的发展。因此，对于每一个具体的儿童来说，发展都是特殊的、有差异的。应该说，这是大自然的杰作。从进化的角度看，这种多样性甚至代表着适应，因为具有不同特征的种系在环境发生灾难性的变化时幸存下来的可能性更大。从这个意义上讲，儿童发展的个别差异是人类发展有力量、有前途的表现，也是教育赖以存在的理由。因此，为了真实地解释人类，我们必须承认和欣赏发展的多样性，保护发展中的个别差异，千万不要抓住一个模子去“塑造”你心目中的儿童。在所有教育中统一“模具”是极愚蠢、极有害也是最无效的行为。在这个多元的世界中，我们应学会用多元的眼光看待儿童的发展。

第二节　尊重儿童就是尊重人类本身

蒙台梭利（M. Montessori）指出："我们只有在儿童身上才能领悟到大自然的雄伟。"① 因此，我们应该尊重儿童。尊重儿童是从更高层次上热爱、教育和保护儿童。

一、尊重儿童的游戏权

婴幼儿时期是人生的第一个时期，尊重儿童的关键是尊重儿童的游戏权。本书专门阐述了游戏对儿童心理发展的独特作用。我国传统文化的主流是不注重儿童游戏的。"业精于勤荒于嬉"，嬉者，游戏也。封建士大夫的家庭教育儿童"生而凝重，少不嬉戏"，相传清人魏源从小终日静坐攻读，大门不出，二门不迈，至7岁入塾就读，"偶出，犬不识，群围之吠"，竟成佳话！时至1998年，一项全国性的调查表明，19%的被调查人士不同意"儿童有玩的权利"，10%的人不同意儿童"自主参加游戏和娱乐活动"，21%的人比较赞成"儿童接触娱乐信息越少越好"。三项加起来正好占50%！可见，传统观念多么顽固。而发展心理学的理论告诉我们，游戏是儿童的工作，游戏是儿童的生命，游戏是儿童的权利。1989年12月第44届联合国大会通过的《儿童权利公约》明确提出，儿童有权受到保护，以免受到对身心健康的有害影响。儿童有权自由发表自己的意见，表达游戏的愿望，可以自由选择同伴。我国政府也制定一系列法规，指出游戏对学前儿童的重要性。但在教育实践中，包括家庭教育和托幼机构教育中，游戏还远未得到应有的重视，远未产生应有的效果。尊重儿童的游戏权，本质上

① ［意］蒙台梭利著，任代文主译校：《蒙台梭利幼儿教育科学方法》，人民教育出版社2001年版，第420页。

是承认儿童是一个独立、平等的权利主体。游戏的权利是儿童的，因此行使游戏权利的主体只能是儿童。尊重和保障儿童的游戏权利绝不是空话，而是关乎是否真正保护儿童权利、关乎社会民主的大事。是否尊重和保障学前儿童的游戏权利，是衡量家庭和托幼机构教育质量的核心标准。

二、尊重儿童的年龄特征

儿童不同于成人。人类真正认识这一点，竟花费了数千年的工夫。儿童期是人生的一个必然阶段，它既是向成熟过渡的阶段，又是一个独立的、充实的、不可省略的阶段。学前期的婴幼儿有其特殊的身心特点、特殊的发展任务和特殊的活动方式。本书不厌其烦地讲的就是这么一个道理。婴幼儿期也是人生之中最美好、最纯真的时期，儿童有权利快乐、充实地过好它，成人不应该为了自己的功利目标而剥夺儿童的欢乐。一切早期教育机构的教育工作者也应处理好理论与实践的关系、教育目标与教育过程的关系、教育传统与教育改革的关系、教育内容与儿童发展的关系，真正贯彻一切为儿童发展的原则。当然，要真正贯彻这一原则不是一件容易的事。当前，普遍的问题是不尊重儿童心理发展的固有规律，过高估计学前儿童的发展，表现为对儿童期望过高，使得儿童压力过大，负担过重。强制性的灌输和无休止的加压，以牺牲儿童的乐趣来满足成人的奢望，这是对儿童“有情的摧残”。2004 年 2 月 10 日《文汇报》载，南京一个五年级小学生怀揣 44 本各类证书，从古筝考级到各类才艺大赛应有尽有，也就是说，0～11 岁，每年平均 4 本。有些孩子放学后赶场子补习，有时一天只睡两三个小时。有孩子说：“长这么大，我还从来没到过公园去玩过。”早期教育到了这个份儿上，儿童权利安在?!

三、尊重儿童的可教育性

儿童的智力是从对周围环境的认识开始的。儿童具有惊人的探索环境的勇气和兴趣。人们往往一长大，就似乎忘记自己小时候不断提问的往事，全然不领会儿童提问的迫切和快乐，实在是一件憾事。一位哲人讲过："成人与儿童讲话最好是多用提问式，同时准备接受挑战，而我们成人却常常回避挑战，用发怒对待。"① 其结果是使儿童与成人的关系变得很疏远，儿童独立的智力探索精神遭到打击。尊重儿童的可教育性，就是要我们以积极的姿态面对儿童的提问，以诚实的态度与儿童一起提问，随时随地向儿童学习并竭诚地为他们服务。

尊重儿童的可教育性还体现在：尊重儿童实践和体验的权利，让儿童承担一定的生活责任，如做一些力所能及的家务活，收拾玩具，整理房间和游戏角等；培养儿童从小对自己的行为负责，对自己的承诺负责，让儿童从小体验到社会规则与自己的关系。这远比考几个证书更重要。

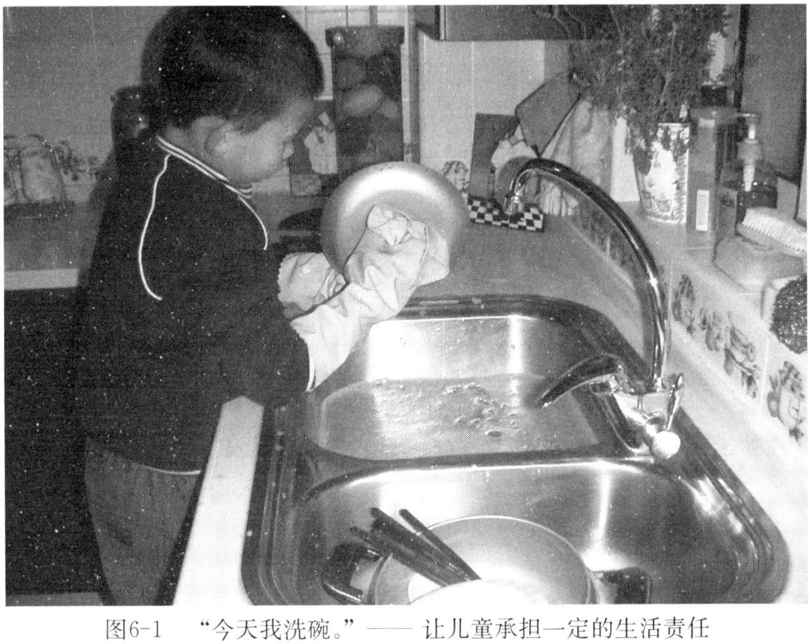

图6-1 "今天我洗碗。"—— 让儿童承担一定的生活责任

（林琳提供）

① ［美］马修斯著，陈国容译：《哲学与幼童》，三联书店 1989 年版，第 25 页。

四、尊重儿童的文化传递作用

人类文明之所以薪尽火传是得益于儿童有一个漫长的学习期和令人激动的可教育性。儿童是人类文明的传递者。我们要树立新的思维方式、行为习惯、民族特性、社会风气、道德风貌，就必须把注意力集中在儿童身上。还是蒙台梭利说得对："如果我们真的渴望在大众中更为广泛地传播文明之光，那么要想达到这一目标我们必须求助于儿童。"①

"每一个特定社会中儿童的地位，是反映社会进步的标志之一。尽管它不是社会进步的原因，但作为社会发展的一个结果在表现着社会的进步程度。"② 人们通常认为，儿童是由成人造就的。但是，当我们换一个角度，就不难体会到，正是儿童创造了成人。不经历儿童，不经历儿童的创造，就不存在真正成熟的、成功的成人。哪一个成人的身上，没有铭刻儿童期形成的认知、情感、社会化的特点呢？哪一个成人的个性中找不到他的童年经验和影响呢？儿童是在塑造人类本身，这难道不是真理吗？因此，尊重儿童，就是尊重人类本身。

思考与练习

1. 上互联网查一下有关儿童心理发展因素的研究，然后就遗传与环境对儿童发展的影响谈谈你的认识。

2. 学前儿童的"幼稚"有什么适应价值？

3. 如何正确评价早期经验对发展的影响？现实生活中总有一些人急匆匆地要开发大脑，培养神童，你对此有什么

① ［意］蒙台梭利著，任代文主译校：《蒙台梭利幼儿教育科学方法》，人民教育出版社 2001 年版，第 397 页。

② 王振宇等著：《儿童社会化与教育》，人民教育出版社 1992 年版，第 53 页。

看法？

4. 个体差异的发展价值是什么？

5. 你认为儿童值得尊重吗？为什么？

主要参考文献

曹中平著：《儿童游戏论》，宁夏人民出版社 1999 年版。

陈帼眉编：《学前心理学》，人民教育出版社 1989 年版。

丁祖荫主编：《幼儿心理学》，人民教育出版社 1986 年版。

郭本禹主编：《当代心理学的新进展》，山东教育出版社 2003 年版。

李丹主编：《儿童发展心理学》，华东师范大学出版社 1987 年版。

林崇德著：《发展心理学》，浙江教育出版社 2002 年版。

刘金花主编：《儿童发展心理学》，华东师范大学出版社 1997 年版。

孟昭兰著：《人类情绪》，上海人民出版社 1989 年版。

庞丽娟、李辉编著：《婴儿心理学》，浙江教育出版社 1993 年版。

桑标主编：《当代儿童发展心理学》，上海教育出版社 2003 年版。

王桂琴等：《儿童心理理论的研究进展》，《心理学动态》2001 年第 2 期。

王振宇编著：《儿童心理发展理论》，华东师范大学出版社 2000 年版。

王振宇编著：《儿童心理学》，江苏教育出版社 2000 年版。

王振宇主编：《心理学教程》，人民教育出版社 2001 年版。

王振宇等著：《儿童社会化与教育》，人民教育出版社 1992 年版。

熊哲宏、李其维：《模拟论、模块论与理论论——儿童“心理理论”发展的三大解释理论》，《华东师范大学学报（教育科学版）》2001年第6期。

杨丽珠、吴文菊主编：《幼儿社会性发展与教育》，辽宁师范大学出版社2000年版。

杨丽珠主编：《幼儿个性发展与教育》，世界图书出版公司1993年版。

杨雄里著：《脑科学的现代进展》，上海科技教育出版社1998年版。

张奇编著：《儿童审美心理发展与教育》，北京师范大学出版社2000年版。

张文新著：《儿童社会性发展》，北京师范大学出版社1999年版。

中国心理学会编：《当代中国心理学》，人民教育出版社2001年版。

周宗奎编著：《现代儿童发展心理学》，安徽人民出版社1999年版。

朱莉琪、方富熹：《学前儿童“朴素生物学理论”发展的实验研究》，《心理科学》2000年第2期。

朱曼殊主编：《心理语言学》，华东师范大学出版社1990年版。

朱智贤著：《儿童心理学》，人民教育出版社2003年版。

朱智贤主编：《中国儿童青少年心理发展与教育》，中国卓越出版公司1990年版。

左任侠、李其维主编：《皮亚杰发生认识论文选》，华东师范大学出版社1991年版。

［英］迈克尔·西戈、张新立著：《儿童认知发展研究——一种新皮亚杰学派观》，四川教育出版社1999年版。

［英］艾森克著，闫巩固译：《心理学——一条整合的途径》，华东师范大学出版社2000年版。

［英］卡米洛夫-史密斯著，缪小春译：《超越模块性——认知科学的发展观》，华东师范大学出版社2001年版。

［美］L. E. 贝克著，吴颖等译：《儿童发展》，江苏教育出版社 2002 年版。

［美］布兰思福特等编著，程可拉等译：《人是如何学习的——大脑、心理及学校》，华东师范大学出版社 2002 年版。

［美］W. 戴蒙、R. M. 勒纳总主编，林崇德、李其维、董奇主译：《儿童心理学手册》，华东师范大学出版社 2009 年版。

［美］J. H. 弗拉维尔等著，邓赐平等译：《认知发展》，华东师范大学出版社 2002 年版。

［美］墨森等著，缪小春等译：《儿童发展和个性》，上海教育出版社 1990 年版。

［瑞士］皮亚杰、英海尔德著，吴福元译：《儿童心理学》，商务印书馆 1980 年版。

［瑞士］皮亚杰著，傅统先译：《教育科学与儿童心理学》，文化教育出版社 1981 年版。

Bergen, D. (1987). *Play as a medium of learning and development*. Portsmouth, NH: H. E. B. Publishing House.

Bower, T. G. R. (1974). *Development in infancy*. San Francisco: W. H. Freeman.

Bowlby, J. (1969). *Attachment and loss, Vol. 1: Attachment*. New York: Basic Books.

Eisenberg, N. & Fabes, R. A. (1998). Prosocial development. In W. Damon (Ed.), *Handbook of child psychology*. New York: Wiley & Sons, Inc.

Flavell, J. H., Mumme, D. L., Green, F. L. & Flavell, E. R. (1992). Young children's understanding of different types of beliefs. *Child Development*, 63, 960-977.

Moses, L. J., Coon, J. A. & Wusinich, N. (2000). Young children's understanding of desire formation. *Development Psychology*, 36, 1, 77-90.

Piaget, J. (1929). *The child's conception of the world*.

London: Routledge & Kegan Paul.

Piaget, J. (1930). *The child's conception of physical causality*. London: Routledge & Kegan Paul.

Rubin, K., Bukowski, W. & Parker, J. G. (1998). Peer interactions, relationships, and groups. In W. Damon (Ed.), *Handbook of child psychology*. New York: John Wiley & Sons, Inc.

Shaffer, D. (2002). *Developmental psychology*. Belmont: Wadsworth/Thomson Learning.

Taylor, M., et al. (1994). Children's understanding of knowledge acquisition: The tendency for children to report that they have always known what they have just learned. *Child Development*, 65, 1581-1604.

Teixeira, F. M. (2000). What happens to the food we eat? Children's conceptions of the structure and function of the digestive system. *International Journal of Science Education*, 22 (5), 507-520.

Thompson, R. A. (1998). *Early sociopersonality development*. In W. Damon (Ed.), *Handbook of child Psychology*. New York: Wiley & Sons, Inc.